廣告學原理
The Principles of Advertising

許安琪、樊志育◎著

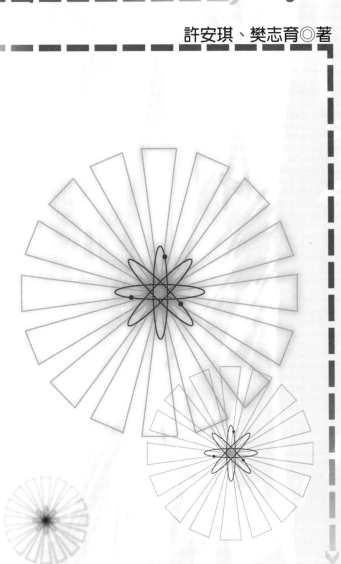

「廣告經典系列」總序

　　廣告是每個現代人日常的經驗。一早睜開眼睛到晚上睡覺，只要接觸到大眾媒介，就會看到、聽到廣告。即使不使用大眾媒介，走在路上看到的招牌、海報、POP都是廣告；搭乘公車、捷運，也會有廣告。廣告既已成為日常經驗的一部分，現代人當然有必要瞭解廣告。

　　廣告是種銷售工具。在早期，廣告銷售的是具體的商品，透過廣告可以銷售農具、肥料、威士忌；現代的廣告則除了銷售具體的商品外，還可以銷售服務與抽象的觀念（idea）。因此我們看到廣告告訴我們「認真的女人最美麗」，藉此來說服大部分自己覺得不美麗但工作很賣力的女生來用他們的信用卡。同樣地，我們也看到政黨與政客們透過廣告告訴選民，他們多麼「勤政愛民」、多麼「愛台灣」。

　　換言之，現代的廣告已大量地使用社會科學的理論與知識來協助銷售，這些理論可以用來解決廣告的五個傳播因素：

(1)傳播者（communicator）：如何提高傳播者的可信度（source credibility）、親和力（attractiveness），或是提升消費者對傳播者的認同。

(2)傳播對象（audience）：瞭解傳播對象的AIO（態度、興趣、意見），他們的人口學變項、媒介使用行為，甚至透過研究來探討哪些人耳根子比較輕，容易被說服。

(3)傳播訊息（message）：瞭解哪種訴求可以打動傳播對象的心，帶點威脅性的恐懼訴求（fear appeal）如何？訊息的呈現應平鋪直敘或花俏一些比較好？但太花俏的創意會不會讓消費者產生

選擇性的理解（selective perception）？廣告文案要長還是短？

(4)傳播通路（media）：四大媒體（電視、報紙、廣播、雜誌）以及網路，哪一種最適合作為廣告媒體？理性說服應使用何種媒體？感性訴求又應使用何種媒體？廣告呈現與媒體內容是否應搭配？

(5)傳播效果（effect）：銷售並不是廣告效果的唯一測量指標，認知（cognition）、情感（affection）的提升都可以用來探知廣告效果。

由此可以瞭解，社會科學理論的加入，使得廣告從「術」變成「學」。即使在美國，廣告成為知識體系的時間也只約略百餘年的歷史，十九世紀末九〇年代，Nathaniel C. Fowler發表了三本有關廣告的著作（*Advertising and Printing*、*Building Business*、*Fowler's Publicity*），開啟了廣告書籍的先河，二十世紀初，已有廣告主用回函單（mail-order response rating）以及分版印刷（split-run）的方式來測量廣告效果；一次大戰後，心理學的研究被導入廣告，二次大戰期間，開始有了廣播收聽率調查，也有了雜誌廣告閱讀率的研究。

在台灣，廣告教育始於國立政治大學新聞系，該系於一九五七年開授「廣告學概論」，由宋漱石先生任教，隔年由余圓燕女士接任；而中興大學的前身台灣省立法商學院，亦於一九五八年於企管系開授「廣告學」，由王德馨教授任教。

而將傳播理論導入廣告學的則是徐佳士教授，徐教授是第一個有系統將傳播理論介紹到台灣的學者，他在政大新聞系開授廣告學時，即運用傳播理論以說明廣告的運作，為廣告學開啟了另一扇窗。

半世紀來，台灣廣告學術當然有了更大的進步，一九八六年文化大學設立廣告系，接著一九八七年政治大學設立廣告系，一九九三年政治大學廣告系出版《廣告學研究》半年刊，為我國第一本廣告學術期刊，引導廣告學研究；一九九五年輔仁大學廣告傳播系獨立成系，

一九九七年政治大學廣告系碩士班首次招生，開始了研究所層級的廣告教育。

　　承先啓後，前輩學者爲廣告學術啓蒙，作爲後進的我們當然應該接棒下去，因此我和幾位學界、業界的朋友接受了揚智的委託，做了一些薪火傳承的工作——撰寫整理廣告學術書籍，這套叢書有一部分新撰，有一部分是來自樊志育教授的作品。樊教授出身業界，後來任教東吳大學企管系，著作極豐。樊教授這些早年的作品自有其價值，然因台灣近年社會變遷快速，自然有必要加入新的資料，因此我們請來幾位年輕的學者改寫，一起爲這些作品加入新活力。

　　這套叢書經與揚智總編輯陳俊榮先生（朋友們都叫他「孟樊」）研究，命名爲「廣告經典系列」，稱爲「經典」，一方面爲表彰樊志育教授對廣告學術的貢獻，另方面也是新加入的作者們的自我期許，凡走過必會留下足跡，他日是否成爲「經典」，且待時間的焠煉。

　　是爲序。

鄭自隆　謹識

二○○二年三月於政治大學廣告系

自 序

　　德國英雄人物Siegfried稱廣告為「光之擴散」，美哉斯言！

　　廣告無遠無屆的力量，猶如光之擴散：消費者因此獲得商品或服務的滿足，廣告主因而傳遞產品或服務的價值，廣告代理商從而創造需求和策略經營市場，媒體巧扮遞送訊息和形象之責，閱聽眾經意或不經意感染了廣告與生活，這就是「廣告」！

　　這是一本經典的廣告專書！定位（position）為肩負啓蒙興趣與開發廣告智能之責！本書最大的特色是融合廣告學術先進的智慧結晶——蒐羅整理無數的廣告理論；和實務先輩的實知實踐——廣告代理商、媒體、廣告主和廣告人等角色和工作檢核表。其中作者最為推薦的部分是：廣告理論、廣告策略與企劃的案例研討和廣告效果調查的方法，這是本書有別於坊間的其他廣告專書之處，也是本書的獨特銷售點（USP）。

　　第一章以導論的形式介紹廣告的基本概念，分別說明定義、功能和廣告的各種形式，並說明其行銷和消費者行為的關係。

　　第二章廣告經營，則巨細靡遺介紹廣告產業、廣告代理制度和廣告相關業務範疇等，並將廣告公司提供廣告主的作業服務、功能和關係詳加解析。

　　第三章廣告媒體，從媒體企劃的基本概念、媒體多元形式的介紹、擬訂媒體策略的要領，到媒體效果評估等完整流程，提供廣告媒體思考的完整形貌。

　　第四章廣告計畫，說明實務廣告作業流程的架構和企劃書撰寫，並作廣告目標明確化的邏輯提醒。

The Principles Of Advertising

第五章和第六章則以創意思考和執行兩面向切入介紹廣告最吸引人之處——創意，讓有控制力和策略性的創意，透過媒體執行的評估，發揮廣告終極價值。

第七章則是將廣告相關的推廣活動——銷售促進逐一說明，並檢核和評估推廣的適切性與效果。

第八章和第九章分別從心理學、消費行為、傳播學、行銷學等基礎學門延伸出（borrowed theory）的廣告理論作統整介紹，堪稱國內廣告學相關書籍之首舉。

第十章廣告策略，從策略面和執行面檢視廣告企劃的成效，並以成功和失敗的案例輔助說明，使初學者或入行者從中吸取日月精華，足為典範。

第十一章廣告調查，將廣告調查與市場調查之異同分別解析，並聚焦於廣告調查的目的和方法的討論。

第十二章以全球化趨勢衝擊下首當要責的國際廣告為主題，分析國際廣告、行銷、媒體和調查等的策略和操作模式，以應廣告產業朝向全球化發展、在地化操作的無國界願景發展。

最後一章所談及的廣告倫理，回歸廣告人的自律與法律的思考面向。面對商業競爭的市場環境，廣告人唯有在自我規範的社會責任認知和法律設限的社會保障下，取得自然平衡，才能永續經營自我的廣告生涯。

本書提供許多檢核表以及「AE手冊」，對實務界人士而言，可以不斷檢驗和提醒自己的「廣告標準動作」；而對新手，則是建立「廣告基本動作」的最佳準則。

感恩

卸下廣告人的身分，拾起廣告教育的使命，「廣告傳教士」一直是我心中的自我承諾。

廣告生涯進入第十個年頭,感謝樊志育老師的啓蒙和郭良文所長的提攜,讓我在廣告傳承的路上,始終勇敢且無悔!

　　感念　先父對我的栽培與永恆的支持;感激母親無私的奉獻與鼓舞;外子和姊妹們始終如一的包容與陪伴,讓我爲擴散廣告之光而努力。

　　同時,完成此書,政大廣告系教授鄭自隆博士的協助與指導,揚智文化公司閻富萍小姐的信任與耐心,我的學生啓倫和玥燕的協助,都是成就此書的力量。

　　廣告傳教士正持續發光發熱!

許安琪　謹識

2002年6月於木柵

世新大學公共關係暨廣告學系

目　錄

The Principles Of Advertising

第一章

廣告概念

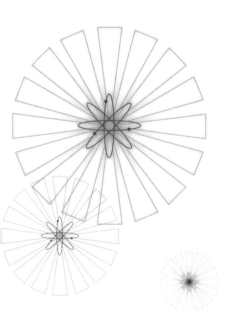

廣告的定義

　　廣告無遠弗屆的魅力，人盡皆知，也正是許多學者專家投入廣告研究不遺餘力的原因。儘管百餘年的研究歷史，但各個學者的定義卻莫衷一是：

　　廣告人甘迺迪（John E. Kennedy）定義為「廣告是一種平面印刷的銷售形式」（slaesmanship in print）。

　　美國廣告學者包頓（Neil H. Borden）認為：「廣告者是把想要購買財貨或勞務的人，或者為了對企業、商標等採取善意的行為，或使其抱持好感，向特定的大眾告知，或予以影響為目的，將訊息用視覺或語言向他們所作的活動。」

　　廣告學者高立（R. H. Colley）認為：「廣告是一種付費的大眾傳播，其終極目的，在於傳達商業訊息，為廣告主創造有利的態度，並誘使廣告業對象採取行動，一般所謂銷售商品或勞務。」

　　格拉翰（Irvin Graham）認為：「廣告是銷售商品或勞務的個人或組織，針對顯在或潛在的購買者，將銷售訊息作非當面的傳播。」

　　美國經營學者Paul N. Nyatrom認為：「廣告是將商品、勞務程序、創意、制度等，以非當面的銷售活動，向潛在消費者提示，使其產生好感，並對廣告主心存印象，現示喜好。」。

　　日本學者小林太三郎教授也說明廣告的目的與行銷目的皆然，在於滿足消費者或使用者，及滿足訴求對象的需求。

　　美國行銷協會（American Marketing Association, AMA）的定義則是：「廣告是由特定而明示的廣告主，將其創意、商品、勞務等銷售，以付費的方式所做的非人際傳播。」

　　由以上各種意義，可歸納以下各點（許安琪，2000）：

(1)廣告要特定而明示廣告主——廣告的對象，人數眾多，對社會影亦大，而且非人際當面提示商品，為明確責任所在，必須明示廣告主。

(2)廣告以商品、勞務、創意為內容——所廣告的如果是商品，要闡明品牌、性能、特徵、便利性等。如果是服務業，如銀行、保險公司、航空公司、鐵路局等，要闡明其所能提供的勞務。其他如針對特定的觀念，如提高公司信譽、形象、公共事務等。

(3)非人際的傳播——廣告與人員銷售不同，並非以個人為對象，通常將產品透過大眾傳播媒體，向非特定多數人提示，非強制地說服對方，與人員親身銷售（personal selling）的壓迫感不同，希望顧客理解領悟後，自動採取購買行為。

(4)廣告是付費的——廣告主必須向媒體支付刊播費用。如果廣告主將有關商品、勞務、創意等資料，提供給媒體公司，任其判斷增刪，以新聞體裁刊播時，則免收刊播費，此種情形，一般稱之為公共報導或訊息發布（publicity）。

綜合以上各點，廣告的定義應如下述：「廣告者，係訊息中所明示的廣告主，將商品、勞務或特定的觀念，為了使其對廣告主採取有利的行為，所做的非個人付費的傳播。」

在廣告學領域裏，經常提到"advertising"和"advertisement"二字，前者指廣告活動，後者指廣告作品，一為動的，一為靜的。

表1-1　與廣告相關的字彙

中文	英文	拉丁文	德文	法文
廣告	Advertising	Advertere	Reklame	Réclame
廣告製作物	Advertisement			
宣告	Announcement	Annuntio		
公共報導	Publicity	Publico		

廣告的功能

　　所謂廣告，是由廣告主透過各種媒體，對商品、勞務或創意所進行的商業訊息的傳播，通常是付費的，並且具有說服力的。廣告除了有助於行銷外，它還提供了傳播的功能、教育功能、經濟功能以及促進社會的功能。

▌行銷上的功能

　　在行銷的運作上，廣告提供下列幾種功能：

(1)確認及識別產品。
(2)傳達有關產品的訊息。
(3)引起新使用者對新產品的嘗試，並藉由目前使用者的建議促使購買。
(4)刺激某一產品的分配。
(5)增加對產品的使用。
(6)增加對品牌的偏好及忠誠度。

▌傳播上的功能

　　廣告有許多不同類型，可按目標視聽眾（target audience）來分類，如消費者、產業者；可按地理學來分類，如區域性、國際性；可按使用媒體來分，如電台、電視；以及按廣告的功能或目的來分，如商品廣告、非商業性質的廣告、直效行銷廣告等。
　　廣告的來源相當早，當時大部分的人還不會閱讀或寫字。二次大

戰後，是電視廣告突飛猛晉的成長期，經由商品定位策略（positioning strategies）引起激烈的行銷競爭，並透過商品定位策略或其他技巧，增加了對產品的嘗試。

教育上的功能

廣告提供免費的知識，不管是科技的、生活或是人文等，無所不在地潛移默化閱聽眾，例如DHA使我們頭好壯壯、全區通話使溝通無障礙、童玩節促進台灣鄉土意識等，都是藉由廣告讓知識、常識和見識在專業與非專業的範疇中，教育閱聽眾。

經濟上的功能

廣告所引起的經濟性的衝擊，可比喻為撞球時開球的一擊，其連鎖反應影響廣告主，及其公司之競爭者、消費者，以及企業團體。

在大量分配系統中，一個較大規模的廣告活動，常被認為是一種制動器（trigger），使製造業者以大量、低價、標準的品質來生產消費者所需的產品。廣告因而也產生一些爭議，這些爭議較重要者有：廣告究竟是否會激勵競爭，是否能增加產品價值，是否會使產品更貴或較便宜，是否會影響消費者的需求，是否會增加總消費需求，是否會拓展或減少消費者的機會，以及是否對國家的商業循環有實質的影響。

這些爭論大部分與經濟問題有關，由上述這些爭議而衍生出來的原則，可以充分說明了廣告的重要性。同時也表示了在自由經濟狀況下，有更多的產品或勞務被消費，廣告可使消費者知道他們的選擇範圍，並且有助於企業做更有效的競爭。

＊社會促進的功能

廣告創造生活，生活創意廣告。廣告使大眾生活增加娛樂性、話題性和多樣性，例如和信輕鬆打創造了「這個月沒有來」、「選安琪，還是選琳達？」，SKII的「你可以再靠近一點」、「我每天只睡一小時」等話題，不但使產品銷售量增加，也成為閱聽眾茶餘飯後的「問候流行語」，形塑同儕意識、價值與文化力。而消費者意識的提醒、社會道德規範和廣告經營的永續發展等，都是透過廣告與閱聽眾的溝通，得以發揮加成效力，促進社會進步。

廣告與行銷

「行銷」一詞，代表所有企業活動所欲達成之目標：(1)找尋顧客群及消費者的需要；(2)開發產品以滿足消費者欲望；(3)將產品送達消費者手中。簡而言之，行銷就是公司用以滿足消費者需求及獲取利潤的過程。

廣告與上述第三步驟有關。它是行銷人員的一種工具，通常用來通知、說服及提醒消費者有關的產品及勞務。然而，成功的廣告仍有賴於其他行銷活動的適當執行。

所謂市場是指一群人參與分配某一商品或勞務的共同需求，並能夠供給所需。關於市場有幾種類別：消費者、生產者、轉售者、政府，以及國際間。

通常利用市場調查及市場區隔尋找出潛在市場。基於消費者的共同特性，將大型市場分為較小的、較有意義的群體，公司便可從這些群體中選擇一個目標市場，以便將來進行行銷活動。

每個公司皆可增加、刪除或修正行銷計畫中的四個元素，以達成

所期待的行銷組合。行銷組合元素被喻爲四P，即商品、價格、通路及推廣。

當商品成爲行銷項目時，它所代表的是提供給消費者的利益或價值。這些價值可能包含機能上的、社會上的、心理上的、經濟上的或消費者其他的滿足。行銷導向的（marketing-oriented）公司首先決定他的商品用以滿足何種需求最爲適當，然後據此進行產品設計。

爲滿足消費者需求及欲望，業者必須建立起商品的差異性，甚至連產品的包裝也是商品概念（product concept）的一部分。商品概念也要發展出獨特的市場定位，以利在消費者心中與競爭產品相抗衡。

如同人類歷經的生命循環（life cycle），商品亦是如此。決定了產品在生命循環中的位置，也就決定了廣告的主要範圍如何。

價格是指對一個商品，消費者如何支付及支付給商品什麼樣的價格，通常有許多共通訂價策略。某些商品是以基礎價格相競爭，但也有許多並非如此。

通路一詞表示商品在何處及如何分配、買賣。公司可利用直接或間接的方法分配。可是消費品製造商，常同時運用數種型態的分配策略。

推廣是指在於銷售者及購買者之間有關行銷的傳播。促進組合的元素包括人員銷售、廣告、公共關係、銷售促進，及以上各項並行。

廣告被認爲屬於非人員的銷售，當消費者對商品有高度需求時最有效果，廣告是表現商品差異的手段，告知消費者商品潛在特質的重要性，是用以加強感性訴求的機會。

♦ 行銷組合4P與傳播的延伸：4C和4V

一九六四年行銷學者John McCarthy提出行銷組合（marketing mix）的觀念，傳統4P以廠商（賣方）立場思考；而進入九〇年代，B. Lauterboum教授顚覆此架構，認爲必須以消費者（買方）4C立場著

眼。輔以4V的創意概念連結，才是未來行銷之大趨勢，因此形成整合行銷傳播（integrated marketing communication, IMC）的蓬勃發展（許安琪，2000）。

(1)產品（product）—消費者（consumer's needs & wants）—變通性（versatality）：產品應以滿足消費者需求和欲求爲主，並融合環境趨勢的變通性考量。

(2)價格（price）—物超所值（cost to satisfy）—實質價值（value）：傳統定價皆以製造商成本、競爭等考量，而忽略提供消費者物超所值得滿足感和無形價值的利益點，以建立續購和忠誠度。

(3)通路（place）—便利性（convenience to buy）—多元化（variation）：通路的設計以消費者便利購買且具多元變化才是符合現代行銷的重點。

(4)推廣（promotion）—溝通（communication）—使消費者產生共鳴感（vibration）：行銷推廣中所使用的人員銷售、廣告、促銷和公關活動等，皆須以與消費者雙向溝通爲主，其中產生共鳴感極爲重要。

╽產品生命週期觀

新產品發展（即商品化過程）的基本目的是讓市場接受新產品，行銷的目的則是以產品生命週期的概念描繪產品市場銷售所經歷不同的發展階段。這些階段分別是（許安琪，2000）：

(一)導入期（introduction stage）

產品生命週期導入期的階段產品創新和商品化歷程的開始，也是引進產品品類進入市場的先趨。其主要任務是刺激創新採用者和早期

採用者，並取得配銷通路，因為市場上尚無競爭者，所以需要投資高額的行銷預算和廣告建立產品的認知，而利潤幾近零或負數。

(二)成長期（growth stage）

產品進入成長期不但已有顧客基礎，也吸引早期大眾型的消費者購買產品，產品的銷售量自然增加，相對競爭者也開始進入市場共同加速市場成長。因此行銷策略著重於開創新的市場區隔以延伸產品線，滲透市場取得高佔有率，而廣告的重點則從產品類別轉至個別品牌。

(三)成熟期（maturity stage）

成熟期產品銷售量已趨平穩，晚期大眾型消費者也加入消費，使市場競爭飽和，創造差異性和建立消費者購買忠誠與偏好是取得優勢之處，因此廣告多規劃「生命週期延伸策略」──延伸商品成熟高峰。策略包括發展的市場區隔（找出新的消費者或發展新用途）、差異化商品（發展既有使用者不同的使用方法）或改變其他行銷組合（增加使用頻率）。

(四)衰退期（decline stage）

在此階段銷售的利潤急速下降，市場上僅剩落後使用的消費者，而行銷目的以減少支出（包含廣告和各項行銷費用）和榨取剩餘價值為主，及淘汰弱勢產品、作產品改良和重新定位，以進入新的產品生命週期。

廣告與消費者

經濟發展邁入成熟期後，市場上產生供過於求現象，此即所謂市

場飽和。人們在物質方面豐衣足食，由於物質生活的豐盈，改變了人們的價值觀，人們所要求的從物之所有，轉變為如何使生活更充實，選擇商品的標準在於是否適合個人生活目的，以嗜好作為主觀判斷標準。因此消費市場的主導權，既非產品製造者，亦非路徑上的流通機構，而被消費大眾所掌握，人們由各自追求自己實現的欲望，推動選擇時代的來臨。

市場上的消費者，基本上有兩種類型——個人消費者（personal consumer）與組織機構消費者（instituional consumer／organizational consumer）。通常個人消費者，不究其購買是否為己用，多握有最後的購買決策大權。而組織消費者係負責組織的採購活動，所以是以組織的立場而非己身立場作考慮與決定，不過，其接觸廣告或其他行銷傳播訊息時，仍然透過個人角度的（劉建順，民84）。

在購買過程中，消費者扮演的角色多重，也可能有很多人參與其間，分司不同角色，譬如有些人對購買決策有實質影響，有些人實際去購買，而有時購買者卻又不一定是產品的使用者，總括而言，購買活動中可能牽涉的消費者角色有五種（Englel et al., 1995）：

(1)發起者（initiator）：有如守門人，率先考慮與提議購買產品或服務，引發購買活動之序。

(2)影響者（influencer）：對選購產品或品牌，其意見舉足輕重，有實質影響力的人。

(3)決定者（decider）：是否買？買哪樣？決定者是握有最後購買決定大權的人。

(4)購買者（buyer）：無論是親赴零售通路、電話、網路、郵購或其他任一形式，他／她是完成交易、帶回商品、使購買實際發生的人。

(5)使用者（user）：使用產品的人。

瞭解消費者的各種角色，有助於廣告訊息策略與媒體策略的發

展。採用不同的廣告內容與設計、不同的媒體安排，來接觸並打動這些購買者。認識消費者形形色色的角色，釐清廣告訊息的目標對象，才能有效地傳遞訊息，達成廣告使命（黃深勳等，民87）。

過去我們常用「消費者」這個名詞，現在已不恰當，現代的人們面對自我實現，是創造自我生活的一群生活者。針對此種時代特徵，行銷所應採取的課題是：「生產合乎人們意向的產品，向需要這種產品的人們建議，請它們挑選。」換言之，現在是從販賣的時代，邁向懇請消費者購買的時代。這和過去所採行的「市場對應型」的行銷不同，現在是「市場創造型」的行銷。

選擇時代的廣告，只以促進商品或對企業的認知，已不符合消費者的需求，選擇時代的廣告戰略，並非只訴求商品機能的優越性，而必須提供一些使用這個商品能創造何種生活，合乎消費者意願的生活情報不可。現在的廣告從促進商品認知的目的轉向建議生活的提案。因此，為使廣告成為生活情報，其戰略重點是：

(1)市場目標——要掌握價值觀相同的群體，必須對目標市場人們的生活型態徹底研究。

(2)訴求內容——以商品優越性為基礎，必須建議商品對生活會帶來什麼好處。

(3)媒體——向來考慮媒體時，以傳播量為優先考慮，這種觀念有重新檢討必要。現代的人們是個人價值觀被群體化（cluster），人們各自尋求自己的生活方式，因此在選擇媒體上，不要先考慮傳播量大的電視和報紙，而應重視分層（class media）的媒體。

廣告的種類

╋ 非商業及政治性的廣告

　　商業與非商業性廣告最明顯的差異在於廣告的內容及贊助者即廣告主之不同。商業性的營利公司，它的廣告內容通常為有形的商品及勞務，反之，非商業性廣告通常強調動機、創意、態度及觀點。至於商業與非商業性廣告的廣告目標，更有顯著的不同，一個是希望銷售產品或勞務，另一個則是企圖改變大眾態度，或使社會運動普及。

　　非商業性廣告可依發起人之不同而予以分類，其中包括非企業機構（教堂、學校及慈善機關）、協會（勞工團體、商業及專業組織及公民團體）、政府機關（軍隊、郵政服務及觀光事業部門等），以及政治組織（圖1-1）。

　　為推動公共利益中的某一重要主張，在第二次世界大戰期間美國的廣告業會員組成了廣告議會（Advertising Council），該一議會組織運作的四十年間當中，每年曾指導了高達三十種不同的活動。由大眾傳播媒體捐贈價值百億美元的免費廣告空間與時段，以有助於議會中自願義務企劃公益廣告活動的會員公司，從事創作活動。

　　政治性廣告，如同產品廣告，也要發揮行銷的功能。然而，政治性的商品就是人類，它的目的或許是要促進某個特殊意識型態或觀點。政治上的目標市場是指候選人的選民（選區內的投票者），而且「產品的銷售特色」即指候選人的政治主張。它和產品行銷一樣，必須克服各種行銷上問題。

　　依據市場調查資料，便可延伸出競爭活動及廣告戰略。戰略運用時，通常要考慮到選民對特殊問題所持的態度，候選人的地位，或關

於這些問題的記錄、經費預算，以及各種媒體的有效運用。

　　一旦戰略訂定後，便可創作廣告。就如產品行銷一樣，廣告的品質便反映出產品品質。

　　至於社會問題，政治性廣告面臨了重要的倫理問題，其中包括活動的財源、誹謗的言論，及廣告中的眞實性。

● 地域性的廣告

　　地域性廣告在企業中通常著眼於特殊的城市或鄉村，並且針對該一地區的消費者。地域性的廣告非常重要，因爲它將決定你在當地競爭場所的銷售成功或失敗。然而國際廣告主所利用的原則也適用於地域性的廣告主，但地域性廣告主有特別的問題，他們必須熟悉。地域性廣告可以刊登產品的廣告或是公益性廣告。產品廣告可以進一步細分爲有系統的價位廣告（price-line ad.）、推銷產品的廣告，及出清存貨的廣告等。

　　若從強調重點及時間性來看，地域性廣告的方針就和國際性廣告不同。地域性廣告主的要求勢必要較迅速。此外，通常希望能增加交易量、存貨週轉率，或立即招徠新顧客。

　　成功的地域性廣告主應瞭解行銷及廣告計畫的重要性。這其中包括分析當地的市場狀況、分析競爭情勢、指導適當的研究、決定目標及戰略、建立一個落實的預算、企劃媒體策略，及決定出創造性的廣告方針。

　　地域性的業務常具有高度的季節性，藉著周詳的計畫，來建立整年的預期銷售類型，企業經理人可以將每年總廣告的百分比分配到每個月。一般而言，大部分廣告費的投入，通常多在消費者開始反應之前。

　　有些媒體有利於地域性的廣告主，其中包括報紙、個別的購物指南、地域性雜誌、地域性廣播、電視及戶外廣告。

　　或許地域性廣告主最大的問題在於決定廣告創造性的方向。幸好有許多資料來源可以幫助你。這些來源包括地域性廣告代理商、地方媒體、免費的諮詢中心及顧問公司、流行服飾店、藝術聯合服務組織、批發商、製造商以及配售者。

┃團體的廣告及公共關係

　　公共關係是用來管理一個組織與各界公眾關係的過程。這些公眾包括組織的職員、消費者、股東、競爭者及一般大眾。大多數公共關係活動涉及媒體傳播。但無論如何，各種不同的產品廣告，並非常被消費大眾支持或自願掏腰包。

　　為了在市場上創造一個受人喜愛的信譽，於是公司必須運用廣告技巧，以促使大眾對企業產生良好印象，進而購買產品。這種為了加強對企業好感的廣告，有四種類型：公共關係廣告、團體的或非為推廣品牌的廣告、企業整體形象廣告，以及徵募廣告。

　　團體或非為推廣品牌的廣告通常用來建立公司的知名度、在財經社團建立良好的印象、影響輿論、激勵目前的從業員，或吸收新的人才。

　　企業整體形象廣告，通常用來傳達名稱或形象的改變、所有權的變更，或共同特性的改變，或為了提昇更高的知名度（**圖**1-2）。

　　徵募廣告具有吸引求職申請的單一目標，這些廣告最常出現在分類廣告部分。

　　公共關係活動有很多形式，包括發布訊息、出版代理、研究調查、籌措資金、吸收會員及演說等。無論如何，執行者最重要的任務就是籌劃並執行公共關係計畫。

　　公共關係所運用的工具也不勝枚舉，包括新聞發布、各種媒體、攝影、小冊子、信函、年報、機關報、演講、海報及展覽、視聽用具、開放參觀，以及表演活動等。

圖1-1　非商業性的廣告。
圖片內容：流浪動物之家基金會—天長地久系列
圖片提供：時報廣告獎執行委員會

廣告種類檢核表

依廣告性質	依揭露地區
□商品廣告。	□全球性廣告。
□企業廣告。	□全國性廣告。
□商品、企業綜合廣告。	□地區性廣告。
□公共廣告。	
□政府公告。	依商品種類
□個人廣告。	□衣著類廣告
□建築類廣告。	□食品飲料類廣告。
□交通工具類廣告。	□化粧品類廣告
	□文具類廣告。
依傳播媒體	
□大眾傳播體廣告。	依訴求對象
□促銷廣告（SP廣告）。	□產業廣告。
	□消費者廣告。

在緊要關頭或遇天然災害等變故，新聞傳播媒體便依據組織內公共關係指導人之指示來發布消息。在政府方面，公共關係人員通常就是公共資訊官員。政府內大部分公共關係人員都位居高度新聞性需求的職位。

除了敏感性範圍外，從企業組織中需要向外傳播的新聞不多，因此，公共關係人員的任務必須不斷創造新聞。至於非營利事業組織的公共關係任務，通常就是建立公眾的認知，及鼓勵奉獻。

在組織內部的公共關係和它的外部一樣，有許多發展性的機會。希望從業人員對於專門技術的範圍能夠均衡發展，包括企劃、管理、產業關係、社會關係、政治關係、傳播及教育等。

廣告的時代角色

全球環境一日千里，廣告面臨一個什麼樣的時代，它扮演什麼角

色，值得深思。由於工業發展助長了經濟繁榮，而人民生活水準普遍提高，這種結果應歸功於大量生產的關係。然大量生產必須以大量消費作後盾，那麼促進大量消費，則應歸功於廣告。現代消費生活的特徵，可歸納下列數點：

♦ 汰舊換新率加速

現代市場競爭是技術研發速度的比賽，各行各業積極地佈局生產技術汰舊佈新，因此，產業結構也產生重大變化。我們面臨此一時代，以生產者而言，不能沿用往昔那套生產方式，而消費者也不以過去的價值判斷來購買商品，技術革新帶給消費者心理莫大衝擊。

在這樣激變的技術革新時代，擔任生產與消費橋樑任務的就是廣告。換言之，為使機械化時代的經濟得以圓滑運作，廣告扮演著生產與消費相契合的齒輪角色。

♦ 同質化的市場

行銷演進的過程中，由製造商導向的產品生產到銷售導向的產品推銷，至以消費者導向的需求行銷，傳統製造商由致力於產品技術研發到努力於銷售商品的轉向，但都不敵市場競爭的結果——所有製造商都以同樣的技術製造和銷售相同或相似的商品，因此「同質化」的結果增加消費者選擇權。是故，廣告肩負產品行銷上「區隔」任務，讓消費者區辨商品與商品間的差異，提供消費者更多的資訊，並設法說服他們，就有賴廣告。

♦ 全球化市場趨勢

在世界市場時代當中，無國內市場和國外市場之分，只有一個

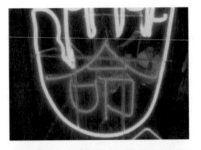

圖1-2　企業形象的廣告。
圖片內容：安泰人壽算命篇
圖片提供：時報廣告獎執行委員會

「全球化市場」而已。國與國間的距離縮短了,加以國際貿易自由化,大大地削減了國境障礙,因此促進了物質和人文的交流,資訊的交換,通訊的交換,通信的頻繁,在在都驅使國際廣告的增加(許安琪,2001)。

◆ 廣告是光之擴散

　　往昔對產品之銷售,只局限一定地區,可是現代由於大眾傳播技術或交通發達,不論任何時間,不論任何產品,想把產品品牌告知全國,甚或全世界,是輕而易舉的事。它不但突破區域社會的障礙,也縮短了時間的距離。只要產品有價值,瞬息之間就可遍及全球,這也是全球化行銷的首要任務——品牌的行銷傳播,猶如光之擴散,是廣告的功勞。德國傳說英雄人物Siegfried稱廣告為「光之擴散」,誠哉斯言。

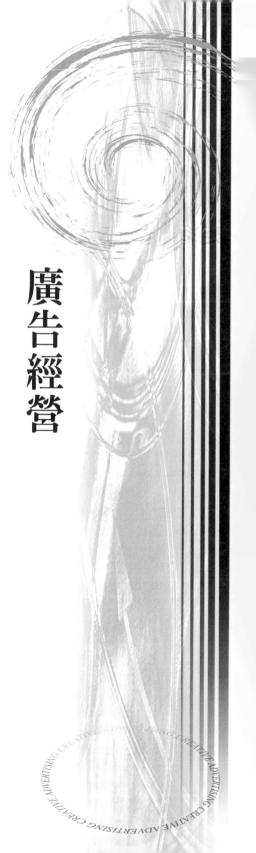

第二章

廣告經營

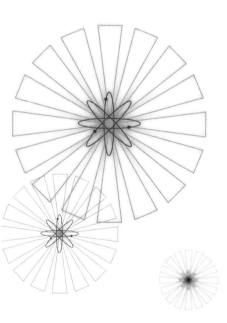

廣告產業生態

　　一個公司的廣告，按其規模之大小，在運作上雖各自不同，但一般而言，常常涉及組織裏每一個人，大規模的企業，設有廣告部門，需負擔起計畫、管理、預算控制及協調其他部門或外部廣告製作等責任。此外，有些廣告部門負責廣告製作、媒體的選擇及其他行銷營運問題。某些公司甚至已發展出專屬廣告代理業（in-house advertising agencies），希望藉著正常的代理商佣金制度來節省經費。

　　廣告代理商屬於獨立性的組織，由一群廣告製作者及業務人員致力於廣告業務的發展及廣告策略的規劃，並爲客戶從事其他銷售促進的工作。

　　爲完成行銷工作，廣告代理商爲客戶提供廣泛的服務項目，內容包括調查計畫、創作服務、印刷及電波媒體廣告製作、與媒體公司協調、預算控制，以及會計服務等。

　　至於報酬制度，代理商可能索取實費或由媒體公司支付佣金。

　　在傳播作業過程中，媒體是屬於將訊息由廣告主傳達至消費者的媒介，並且是重要的一環。目前可供利用的大眾傳播媒體包括印刷、電波媒體、戶外廣告、交通廣告及直接郵寄（DM）等。其他媒體尚包括影院廣告、突出看板及記分板廣告（score board advertising）。

　　每種媒體都設有業務推廣部門與當地廣告主及代理商接洽有關出售版面及時間問題。此外，大部分媒體皆能協助廣告製作、市場分析、銷售促進或商品化計畫等服務，大部分的重要媒體與代理商訂定契約出售版面或時間給廣告主。

　　除了媒體之外，廣告供應者（advertising supplier）對於企業的成長亦扮演重要角色，這些供應者包括藝術工作者、印刷業者、攝影業者、影視公司以及市場調查研究公司等。這些公司同時亦對專業化的

廣告業提供了發展機會。

廣告代理業的沿革

　　廣告代理業（advertising agency）是爲廣告主從事廣告業務的專門企業。美國最早的廣告代理店，是由V. B. 珀瑪先生於一八四一年在美國費城創立的。日本最早的廣告代理店，是一八八四年江藤直純所創立的「弘報堂」。台灣最早的廣告代理業，是一九五九年溫春雄先生創立的東方廣告社。

　　McLaughlin（1997）宣稱，廣告代理業早已在二十五年前便嘗試提供客戶整合行銷傳播的服務，然而這個概念當時並未被廣告主所接受，大部分的廣告主並不認爲將所有傳播服務集中在同一個廣告代理商能得到明確的成本效益，他們對廣告代理的能力也缺乏信心，深恐一旦要轉換代理將會付出重大代價。

　　然而，七〇年代末八〇年代初，廣告主將預算由傳統媒體轉到消費者與中間商促銷，爲迎合廣告主，廣告公司也發展公關、直銷、促銷的技能，此外，代理佣金的成數下降，廣告公司必須從別處彌補。至九〇年代，IMC成爲行銷趨勢話題，研究發現，客戶認爲由廣告公司負責整合會比其他傳播機能的公司更合適（Caywood, Schultz & Wang, 1991; Duncan & Everett, 1991）。 Duncan & Everett在一九九三年以 "Advertising Age" 訂戶中的傳播或行銷經理爲對象的調查報告也發現，半數以上的廣告代理提供客戶除了廣告以外的其他服務，並且廣告主將行銷傳播需求委託於廣告代理商的比例遠高於其他傳播代理商。另一份評估「廣告代理商提供整合行銷傳播服務的效益與程度」的研究報告亦指出：過半的廣告代理商認爲本身提供客戶良好的整合服務，並表示其整合服務能夠降低客戶整體的行銷傳播經費。此外，絕大多數的代理商也建議使用資料庫來掌握企業利益關係人的資料以

建立關係（Schneider, 1998）。

然而，在面對整合行銷傳播時，廣告代理仍然有一些有待克服的關卡：對內，公司的企業文化不利於整合者的角色扮演，無法建立公允、可行的收費制度；對外，廣告代理提供整合傳播服務的動機泰半利己多於利人，前者是讓廣告代理無法義無反顧，而後者則是無法理直氣壯地成爲客戶整合中心的障礙（Schultz, 1993）。雖然如此，有學者指出，大型廣告代理商藉整合之名向客戶推銷額外的服務，以設法挽回流失到其他傳播工具的經費，並無損於整合行銷傳播原始的美意，廣告代理仍應是客戶最佳的整合中心，核心問題仍源自於客戶的疑慮及對整合效率與效益的不瞭解（Novlli, 1990）（摘自劉美琪，2000）。

就以廣告最發達的美國而言，當廣告代理制度初創的四、五十年間，仍以版面掮客（space broker）的方式進行業務。它是從報社買進版面，再將其賣給廣告主。時至今日，由於廣告主的希望以及同業之競爭，廣告代理業除向廣告主提供廣告創意、協助廣告表現之製作等廣告業務外，更涉及市場調查等複雜的作業。

廣告代理業之由來，如果從其機能演變過程加以劃分，可大致分爲：(1)版面銷售時代；(2)版面掮客時代；(3)廣告技術服務時代；(4)行銷導向時代；(5)生活導向時代（**圖2-1**）。

◆版面銷售時代

版面銷售時代可以說是廣告代理業的發軔期。世界最早的一家廣告公司，是一八○○年英國倫敦一位名叫James White所創立的White & Sun公司，White在倫敦完成學業後，留在母校擔任會計工作，當時他有位同學任職於地方報社，委託White於工作之餘，招攬倫敦地區的廣告，並允重酬，結果這種業餘工作所得反比本職薪俸爲高，利之所趨，他毅然辭掉正業，專營銷售版面業務，此即所謂space seller。

一八四一年，美國費城一家號稱Volney B. Palmer的公司開始營業，Palmer之父當時在紐澤西經營《鏡報》，為了替《鏡報》招攬廣告，才成立這家廣告公司。

所以早期的廣告代理業是以媒體公司代理者的立場而誕生的。換言之，它本身屬於報社，將報社的報紙版面推銷給廣告主，向廣告主收受廣告費，然後按報社所訂的佣金歸為個人酬勞。所以早期的代理業並非獨立自主的。

┃版面掮客時代

隨經濟之發展，各企業廣告活動頻繁，本來專為一家報社推銷廣告版面者，也推銷他家報社的版面，進而脫離媒體公司各自獨立，蛻變為版面掮客（space broker）。這種自主的掮客已不再如過去充當媒體公司的業務代表，而是介於媒體公司和廣告主之間，成為獨立的契約當事人，換言之，非為媒體公司版面銷售者而為購買者，從媒體公司以批發價格大量購買廣告版面，再將其分割，高價零售給廣告主，獨享買賣差額利潤。

版面掮客雖各自獨立經營，可是對報社確保一定的廣告版面，不斷開發新客戶，減輕報社招攬廣告之勞，負擔廣告費呆帳風險，在職能上仍保有媒體公司業務代表的性格。

┃廣告技術服務時代

企業的廣告活動日益頻繁，掮客業者不斷增加，業者間競爭激烈，任由版面掮客削價競爭，難保業務穩定，所以一部分報社、雜誌社為了拓展廣告業務，在其自己組織內，紛紛設置版面推廣部，另一方面，由於企業廣告水準提升，不論媒體本身推廣部門或版面掮客，其服務內容已難滿足廣告客戶之要求，因此急需具備媒體專門知識、

A.

B.

圖2-1　廣告代理業者為廣告主設計出各種不同的廣告。
圖片內容：A. 麥肯廣告地獄篇
　　　　　　B. 智得溝通企業形象─溝通系列
圖片提供：時報廣告獎執行委員會

(續)圖2-1　廣告代理業者為廣告主設計出各種不同的廣告。
圖片內容：C.意識型態廣告公司21世紀系列—網路公民、平凡偉人、三宅一生篇
圖片提供：時報廣告獎執行委員會

能向廣告客戶提供創意、具建議廣告策略能力之廣告專業公司產生。如此，一方面可爲廣告主促進繁榮，另方面對媒體公司同蒙其利。若以廣告代理業的主場而言，漸從媒體公司的業務代表轉向廣告主的業務代表，其業務並非只推銷空白版面（white space），進而推銷廣告製作技術，轉向所謂廣告製作（black space）的業務。

因此，以廣告製作技術爲要務的廣告代理業，隨著企業間廣告活動多樣化、專門化，深感責任重大，不僅提供廣告製作技術服務，甚至選擇廣告媒體，實施通盤的廣告活動，其服務範圍日益擴大。

▌行銷導向時代

時至近代，企業單獨實施銷售活動，難竟其功，必須採取綜合的行銷（marketing mix）活動。那麼掌握消費者需求、防止生產過剩、降低投資風險等，成爲企業行銷活動之一環。面臨此一情勢，廣告代理業的業務內容，從廣告爲中心的銷售促進，更要從事市場調查、商品化計畫（merchandising）、探究廣告效果並回饋給廣告主等業務，涉及行銷的所有領域。總而言之，現代的廣告代理業必須具備行銷導向的性格。

▌生活導向時代

現在的消費者，消費意識提高，消費者運動抬頭，對環保公害問題極其關注，認爲企業發展與經濟成長未必帶來幸福和富裕，一般大眾擺脫了過去企業單方面促使購買商品的立場，與其說「必須買什麼」，莫如說「如何生活」，純以生活者的立場決定是否購買。所以現代的企業並非一味地追求利潤，而是以社會要求爲基礎，積極增進社會福祉。

因此，廣告活動也並非只是以刺激消費者欲望，擴大其需求爲職

志，而是在生活者的生活體系中，以如何將企業所提供之財貨或勞務，予以定位（positioning）爲考量重點，轉換爲生活情報型的廣告。

廣告代理業的角色

廣告代理業是爲廣告主之廣告活動提供服務的企業，此一定義迄今未變。可是由於各大企業對行銷活動認識提高，企劃廣告活動要作通盤的考量，所以近年來廣告主對於廣告代理業之要求有極大之變化。換言之，現代化的廣告代理業，以廣告活動爲作業的核心，連帶地要從事市場調查、市場分析、銷售促進、商品化計畫等，向廣告主提供有關行銷活動的全盤服務。

的確，企業的廣告活動係行銷活動之一環，而廣告代理業扮演著廣告主利益代表的角色，爲了達成這種任務，以行銷活動爲著眼點來實施廣告活動，可以說是必然的趨勢。

但是，現代的廣告代理業，雖如上述，它是企業行銷的代理，協助或代行廣告客戶全盤的行銷活動，提供與廣告活動有關的服務，可是除非廣告與行銷無關，否則難以期望發揮效果，所以從事廣告企劃，必須根據廣告主的行銷目標、行銷活動，考量其相關問題，提供和廣告相關的各種行銷活動服務。

如上所述，廣告代理業的功能及其服務範圍，隨其發展階段而不同，以現階段而言，據美國廣告代理業協會（American Association of Advertising Agencies）認定的廣告代理業基本的作業標準如下：

(1)檢討廣告主之商品或勞務，研究其優劣點，並探討其競爭關係。

(2)從下列觀點分析廣告主商品、勞務或服務之現在的、潛在的目標市場：(a)銷售可能之地區；(b)銷售可能量；(c)季節變動；

(d)市場的經濟狀態；(e)競爭狀態。

(3)檢討銷售及分配有關之各種因素，並掌握如何因應這些因素之知識。

(4)為了正確傳達商品或勞務，必須選擇適當的廣告媒體及其利用方法，因此，應具備下列知識：(a)媒體性質；(b)媒體影響力；(c)媒體的到達力——進而對其量、質、地區之檢討；(d)有關廣告製作之充分知識；(e)媒體費用。

(5)訂定明確的廣告計畫，提供給廣告主。

(6)實施廣告計畫。包括：(a)作成廣告文案、設計及其他訊息；(b)簽訂廣告版面、時間等契約；(c)將廣告訊息透過機械的操作，經具體化後，交付媒體公司；(d)檢核廣告之插播、刊載，並予以確認；(e)請求廣告費及其他費用，並支付之。

(7)為提高廣告效果，支援廣告主銷售活動。

(8)進行包裝設計、銷售調查、銷售訓練、銷售用印刷品之製作，PR、publicity之計畫及實施。

以上係現階段廣告代理業基本的功能，針對廣告主的這些功能，間接地對媒體公司，尚包括以下的功能：

(1)廣告代理業必須負擔廣告費呆帳之風險，廣告代理業為了對媒體公司負擔支付廣告費的全部責任，扮演著確保廣告費安全之角色。

(2)廣告代理業不斷開發新的廣告客戶，對整體廣告市場之發展有極大之貢獻。

(3)廣告代理業代行媒體公司的版面或時間之買賣契約業務，簡化媒體公司信用業務，減輕其業務開銷。

(4)由於廣告代理業肩負招攬廣告或製作廣告之勞，因此，媒體公司得以專心於自己業務。

(5)廣告代理業與其他銷售促進手段相競爭，促進廣告創意之開

發。

(6)廣告代理業促進廣告技術之發展與改善，提高廣告之生產性。

(7)廣告代理業以廣告作爲促使銷售之要素，負擔廣告文案之製
　　作。

如上所述，廣告代理業活動範圍相當廣泛。爲了使廣告充分發揮
效果，必須提供與廣告有關作業，尤其與促銷有關之服務，例如包裝
設計、銷售調查、商品展示設計、宣傳小冊製作、公共關係等各項服
務。

廣告公司組織

美國廣告代理業協會將廣告代理業定義爲：「廣告代理業爲一個
獨立之事業體系，由創意與業務人員所組成，主要進行媒體廣告的發
展、籌劃與安排，幫助賣方爲其產品與服務尋求客戶。」在一般人心
目中的「廣告公司」，亦即提供廣告服務的單位，常常無法由公司名稱
中得知，而是應該檢視公司實際服務範圍，所謂「綜合廣告代理」
（full service advertising agency），在「綜合」這一部分說明了它的工作
內容，就是凡是廣告主對於廣告相關要求或服務，它都能提供。最直
接的廣告業務就是「創意」和「媒體」。除此之外，「業務」是自然形
成的功能，負責溝通，所以綜合廣告代理商一定具有基本滿足客戶的
要求的部門，包括業務、媒體和創意的功能。但事實上絕大部分的綜
合廣告代理公司隨著客戶對廣告面向要求的增加，服務範圍也不斷地
增加，以下將詳細介紹（引自劉美琪等人，2000，pp.47-49）：

有效經營廣告公司檢核表

☐ 利潤——利潤之獲得，在於為顧客提供卓越的服務。

☐ 士氣——要員工相信他們是在世界上最好的廣告公司工作，要所有員工以此自豪。

☐ 尊重——廣告公司擁有一項無價的財產，就是尊重顧客以及受人的尊重。

☐ 人才——廣告這門行業是一種挑戰性的工作，人才就是公司的財產。

☐ 合作——廣告公司的所有員工，像圍坐在一張圓桌一樣，沒有明顯的專制條律，和
　　　　　貶低身分的長幼次序。
　　　　　管理的成功其關鍵在於合作，總經理和同僚之間，是以圓桌的方式合作。
　　　　　AE與創作人員互相合作。要公司的每個單位，克服其盲目的排他主義。

☐ 調查——一般廣告代理業，大都對調查的功能缺乏認識和重視，尤其在廣告創作領
　　　　　域的調查。
　　　　　調查監督和創作人員，在工作上應互相配合，同時創作人員要能儘快獲得
　　　　　調查資料，並予以活用。

☐ 領導——典型的員工，只做好其本身的專業職務是不夠的，也必須是一位領導者。

◆ 資源集中式（部門別）

　　資源集中式的公司組織乃是將提供相同服務性質的人聚集在同一單位中，這種功能分類法最常使用的單位名稱便是「部門」，除此之外，國內也有一些公司將其稱為「處」或「科」的。因為大多數的資源集中作業是以部門稱之，以下也將以部門說明其內容。

(一)業務部（Account Service Department）

　　業務人員負責廣告公司與廣告主之間的溝通協調，是兩者之間的橋樑。某些廣告公司設有企劃部或行銷研究部，專門負責廣告之企劃，若無，則業務部亦負責其客戶的企劃事項，當一個公司內部沒有一個專門負責行銷企劃的單位時，業務部也將要負責企劃的工作。

(二)創意部（Creative Department）

　　創意部可算是廣告公司最重要的生產單位，部門之中包含至少三

種性質的功能：設計、文案及完稿。設計人員（designers）主導平面設計或任何平面視覺之表達；文案人員（copywriters）主導創意內容文字部分；完稿人員負責平面稿最終的校核。現在絕大多數廣告公司都以電腦繪圖作稿，因此設計與完稿可以是同樣員工完成。

(三)媒體部（Media Department）

媒體部包括媒體企劃（media planning）及媒體購買（media buying）兩部分。媒體企劃人員（media planners）提供客戶媒體資料、建議媒體選擇、排期、估算媒體效益，企圖以有限的廣告預算達到最大的廣告效益；媒體購買人員（media buyers）則負責向各個媒體訂購版面、時段，爭取最佳的購買條件。

(四)控管部（Traffic Control）

控管，顧名思義便是控制管理，控管部的同仁的職責便是維持廣告工作的流暢性與品管，以避免工作塞車、延緩。

除此之外，一些公司另設有：製片（commercial film, CF）部——專司與製片公司的溝通協調；市調部——執行從日常資料簡報到廣告測試、行銷研究等工作；公關部——企劃、協調或執行公關活動；網路行銷部門——為客戶設計網頁甚至購買廣告；行銷企劃部——從事行銷策略的擬訂等等。

在廣告相關的部門之外，廣告公司，正如同任何性質的事業體，還有其他負責行政事務的單位，如財物、會計、人事、管理、總務等。

◆ 小組作業式（專戶）

專戶乃是廣告公司內為特定廣告主所設之全服務小組。此小組至

少包括業務、設計及文案人員，由於專門只服務單一客戶，因此專戶內的人員無論在對產品的瞭解、與客戶的溝通，甚至服務的面向，都會比部門作業模式來得更深入且廣泛。對廣告主來說，可以得到最佳的照顧；但對廣告公司來說，將會增加人事與場地成本，因此，若是廣告主所委託的廣告經費不夠大，是無法享有專戶的特殊待遇的。

廣告業務

廣告公司內部組織大致分為業務、製作、媒體三大部分。

業務部門折衝於廣告主與廣告公司之間，推動整個廣告活動之運作。有的公司稱AE（account executive）為業務人員，也有的公司稱為聯絡員。其實AE不是聽差的，稱為聯絡員極不妥當，AE不但是廣告公司的火車頭，帶動公司的運作，更要具備豐富的廣告學識、端莊的儀表、溝通的技巧。一個標準的AE要具備五A精神：

Analysis（分析）——分析你的廣告商品、分析市場情況，甚至你的客戶廣告負責人的生活情況都要分析。

Approach（接觸）——和公司內部廣告作業人員接觸，和廣告客戶的經營者、廣告負責人不斷地接觸。

Attach（聯繫）——對人接觸固然重要，但不要忘掉時時刻刻要對工作加緊聯繫。

Attack（攻擊）——採取主動向廣告主提供商品計畫、廣告計畫。

Account（利益）——爭取廣告業務固然重要，但收回廣告帳款，不使呆帳，更為重要。

製作部門是擔任印刷媒體廣告或CM的企劃和製作工作。

印刷媒體廣告時，在美術指導（art director, AD）之下，一般設有撰文人員（copywriter）、美工設計人員（designer）、廣告攝影專家

（photographer）等專業人員。

電波媒體廣告時，固可委由製作公司（production）製作，但廣告公司必須擁有一批優秀的創意人員，這些人員最好選自美工系或文學系出身者，先從助手（assistant）開始，數年後，再升為AD（art director，藝術指導）、CD（creative director，創意指導），它們應具備企劃CM、繪製CF故事版（story board）的能力。

媒體部門係從事電台、電視台、報社、雜誌社等媒體之連繫工作。對電台或電視節目或印刷媒體版面之更新，籌劃廣告對策，以及預算方面之折衝斡旋等日常業務。

以上所舉係一般廣告公司實例，當然因廣告公司規模不同，組織亦異，因而其職稱或責任範圍也不同。再者美國與歐洲的廣告公司，其組織制度不同，譬如美國在art director之上，設art supervisor、copy chief、copy director等職稱。

▍廣告業務的運作

現代的廣告代理商已從舊式四處周遊的型態中演進過來，它基本上的運作是：假設某大製造商僱請一家廣告代理商負責其廣告計畫。這個製造商我們稱之為廣告主，他會指出其廣告計畫的目的和費用。然後廣告代理商開始準備廣告，選擇廣告媒體，安排媒體檔期或位置，而所有這些處理都必須經過廣告主認可（漆梅君，1994）。

廣告主展開廣告活動時，廣告主與廣告公司、媒體公司，基本上在四種空間中，保持互信互助、休戚與共的關係。首先，廣告主和廣告公司之間有所謂「共鳴空間」。以廣告公司而言，並非只取得廣告業務而已，而是確實掌握廣告客戶行銷問題所在，向廣告客戶提出建設性的提案，保持長期的夥伴關係。再以廣告主而言，為了從廣告公司獲得合乎行銷目的的提案，就是企業非公開的資料，也必須提供給廣告公司，作為訂定廣告計畫之重要參考。

AE職責檢核表

- [ ] 經常關切客戶的業務。
- [ ] 保持你客戶銷售穩健。
- [ ] 先贏得客戶的尊重，關愛自然隨之而生。
- [ ] 尊重你的客戶。
- [ ] 壯大客戶信心。
- [ ] 凡事都要搶先客戶一步。
- [ ] 不要捲入客戶內部紛爭。
- [ ] 使與你合作的創意人員建立信心。
- [ ] 學做一個優秀的推銷員。
- [ ] 學習如何與他人溝通。
- [ ] 書面意見，以扼要為主。
- [ ] 提供創意是你的天職。
- [ ] 要有膽識。
- [ ] 要負責任。
- [ ] 做事要積極。
- [ ] 對事不對人。
- [ ] 隨時注意市場狀況。
- [ ] 讓廣告公司每一部門參與並熟悉你的客戶。
- [ ] 你代表的是廣告公司整體，而非你自己。
- [ ] 假若你想成長壯大，應該放開胸襟，任其自由發揮。

　　因此，廣告主與廣告公司之間，爲了意氣相投，必須經常保持共鳴的空間。

　　其次廣告公司與媒體公司之間，存有「剴切空間」關係。例如廣告公司對於報紙版面，常有全部承攬的情形，爲了隱瞞版面煞費苦心。廣告主本來要充分活用媒體公司的長處，認爲任何時間版面都可活用，若有毫無計畫的臨時要求發稿情事，委託廣告公司向媒體洽商的話，廣告公司常有力不從心之感。對電視媒體也是同樣，對於想得到的節目或插播時間，就想到手，而且認爲爭取廣告時間是廣告公司的職責，所以廣告公司和媒體公司，若不建立剴切關係，斷難獲得通融（圖2-2）。

　　廣告主和媒體公司之間，有所謂「支持空間」，譬如電視台播出低

俗節目，招致非議，但以高視聽率矇混而取得廣告客戶的插播業務。或者，廣告主方面，漠視人權的CM、瑕疵商品的CM等問題，時有所聞。廣告主與媒體公司各有目的，必須充分瞭解雙方立場，保持互相支持的關係。

如上所述，廣告主、廣告公司、媒體公司三者關係，各以「共鳴空間」、「剴切空間」、「支持空間」，針對最終目標消費者的願望建立關係，為了這三個空間妥善契合，達成目的，作為三者共通的空間，有所謂「信賴空間」的存在。

⏺ 廣告服務費用

廣告公司是否維持圓滿週到的服務，端賴是否由廣告客戶取得足夠的營收，產生公平合理的利潤。但廣告公司站在夥伴的立場，亦應全力為廣告主向媒體及供應商，爭取合理的使用成本，其應收費用及標準為：

(1)媒體費用：按媒體之定價收費，按定價所獲佣金之收入，為廣告公司主要之財源。而廣告公司最大之支付項目，在於龐大之人事費用。尤其在修改策略方向、重複提案，是造成廣告公司虧損之主因。

(2)執行製作費用：當廣告客戶同意廣告公司所提出之草案（如草圖、腳本概念等），且開始執行之後，所發生的費用。

但即使在現代的代理界中，也還保留很多舊習，尤其是在收費方面。如同很早以前四處周遊的推銷人，當今的廣告代理商仍是主要靠廣告媒體付費，雖然他們是受僱於廣告主，也是為廣告主工作的。

其中有些服務，廣告代理商是無法賺取佣金的，包括設計和舉辦商展，籌備所售物品的價目表，或執行產品設計階段的研究工作。通常在這些情況下，廣告主都要為廣告代理商所耗用的時間心血附加費

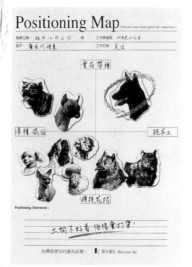 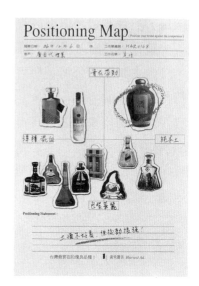

圖2-2　廣告公司形象廣告。
圖片內容：黃禾廣告公司形象─土狗篇、土酒篇
圖片提供：時報廣告獎執行委員會

用，或者給廣告代理商某一定的金額做為手續費（漆梅君，1994）。

　　有些客戶不願支付製作費用，理由是廣告公司已經有佣金收入。如果此一理由已經成立，為何接受拍廣告影片要支付製作費用？因為廣告影片與平面稿比較之下貴了很多，同時，廣告影片之拍攝是找製片公司，平面稿之製作，經常由廣告公司執行（外國則有健全的平面製作公司，平面亦委由平面製作公司製作），這是不正確的觀念。

　　我們必須肯定，廣告公司對廣告主的價值，在於為廣告主產出有助產品銷售的創意能力。製作平面稿或相關素材的完稿，並非廣告公司對廣告客戶的價值所在。真正的價值在於廣告公司的創意，這些創意可使你的產品在市場上造成重大差異。然而，廣告公司仍主動執行平面稿及相關素材製作完稿的工作，其原因有二：第一是必要性，因為到一九九二年為止，台灣沒有具備專業條件的平面製作公司。其次為了廣告製作物的品質控制，廣告公司有義務管理廣告物之品質。因

爲一個好的創意可能由於不良的完稿作業而毀於一旦，爲確保平面媒體上的最佳效果，將完稿的品質管制視爲己任。第二，使廣告效果發揮至極限，必須產出最佳的完稿。

所以，在廣告製作執行階段，如果廣告客戶把廣告公司視爲製作公司，那就應當支付製作費用。製作費視廣告主及廣告公司之作業習慣分爲兩種方式：

(1)因個案不同，採事先預估方式：
　(a)時間成本：指草圖通過後，進行細部規劃、撰寫文案、潤飾、量字、完稿或與影片製作公司檢討分鏡腳本、製作細節等人員所花費之時間成本。經廣告聯誼會（The Association of Accredited Advertising Agents of Taiwan）會員共同決定，每小時平均成本爲新台幣一千元（暫定）。
　(b)外付成本：包括植字、道具、平面攝影、廣播製作、廣告影片製作、噴修、模特兒……等。
　(c)收費計算方式爲（NT$1,000 ×X小時）＋（外付成本 × 117.65％）
(2)事先議定之固定收費方式：採用本方式可避免廣告主與廣告公司間，因時間成本認定不同而發生爭執。
　(a)代辦費：因廣告主之要求，所產生之出差、交通費、代購材料、資料等費用，廣告主應以實付淨額乘以117.65％支付廣告公司。
　(b)非廣告本身之服務，如調查、PR、SP等費用。此項費用，應視爲廣告公司「獨立之服務項目」，而非免費項目。但是廣告公司須事前提出估價，經廣告主同意後，方可實施。

此外，有關廣告客戶付款票期，廣告公司的營運費用，幾乎85％以上是現金支付，所以合理的付款票期，應在三十天以內。其計算方式：例如九月份之費用，由十月一日起算三十天。但媒體費用，由廣

告公司代為支付，其票據應與廣告公司支付給媒體的日期相同，即廣告主開給廣告公司的票期與廣告公司開給媒體的票期相同（**圖2-3**）。

● 廣告主與廣告公司之合約

廣告主與廣告公司為長期夥伴關係，在發生關係開始，就應簽訂合約，列明權利、義務以及相關條件，以免日後發生糾紛。合約項目包括：

(1)代理之商品及服務範圍。
(2)收費標準及付款期限。
(3)合約終止條件。

廣告主與廣告公司是長期的夥伴關係，廣告之收益亦應是長期累積。合約中本不應有截止日期，短期的合約會造成不正常的作業心態，但雙方應保有隨時終止合約的權利，並應設定如終止合約，應在六十天前通知對方。

● 比稿

如果你嘗試了上述方法仍無法決定一家適合的廣告公司時，可能「比案」或「比稿」就需要了。雖然每家廣告公司都不願比案，但仍需參加，比案的經費對廣告公司而言是相當驚人的。比稿的內容通常分為兩種方式：一為策略性看法，對市場的看法及如何以廣告來解決問題。二為完整的廣告計畫，即提出市場分析、廣告策略、創意表現及媒體計畫。

如採用第一種方式，通常廣告公司不收費用，如採用第二種比案方式，廣告客戶應付部分成本，但如不採用，其版權仍屬提案之廣告公司保有。

如何選擇廣告公司

選擇廣告公司如同選擇配偶一樣，因為它是你的長期事業夥伴，要緣份亦要方法：

(1)把你的需要列出來——用書面寫出你的問題，或是公司目前的狀況，並給公司決策階層過目，取得他們的同意。如果此刻想更換廣告公司，趁早對現在的廣告公司開誠佈公直說，如此方能將雙方的傷害減至最小。

(2)做一些準備工作——你可從雜誌、報紙或電視上發掘一些令你心動的廣告，打聽那些廣告是出自哪幾家廣告公司。從這份名單中，你必須剔除那些正為你的競爭者工作的公司。同時一一分析剩餘的這些廣告公司的背景、規模、財務是否健全。

(3)會見名單上的廣告公司——安排時間和每家廣告公司的經營層、創意指導或將來可能為你服務的主要負責人見面。你必須能感覺到彼此之間是有可能真正溝通及瞭解，如此才可能有愉快的結合與結果。

(4)最後選定幾家廣告公司——與他們分別會談，把他們所要知道有關你的一切告訴他們，使他們集中精力在思考你的特定問題上，看他們有什麼力量和方法解決你目前的問題。

(5)要保持謹慎——要向你未來可能的新廣告公司表達誠意。

(6)按照你的需求來做最後的抉擇——鼓勵他們提出一些非正式的建議及坦率的分析。在這個階段中，提問題比作回答更有益。提防那些膚淺的東西，比如說快速的辦法、輕易的承諾及過頭的熱心。

(7)審查你所作的第一選擇——跟那家廣告公司的目前客戶或過去

圖2-3 廣告公司形象廣告。
圖片內容：智威湯遜廣告—金箍圈篇
圖片提供：時報廣告獎執行委員會

的客戶談談，會有很大的幫助。好好談談付款的情形。請慷慨
些，他們會以更好的服務品質來回報。然後再和他們簽個長期
合約，這會使他們更加賣命，並且也不易為別的競爭者所引
誘。當你選定了事業夥伴後，請坦誠和他相處，這種關係好比
婚姻一樣（圖2-4）。

如何運用廣告公司

運用廣告公司不是容易的事，這裏有十點建議，提供參考：

(1)請給廣告公司充分的資料，分享你對市場的瞭解及期望。如果
你能提供給廣告公司更多的資料，它將會衍生更多出奇制勝的

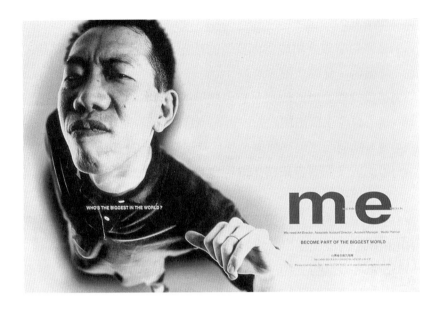

圖2-4　廣告公司形象廣告。
圖片內容：麥肯廣告─男狂、女傲篇
圖片提供：時報廣告獎執行委員會

想法。

(2)讓你的廣告公司成為你公司的延伸，成為平等的事業夥伴，共守機密，分擔危機。

(3)避免採取高壓的政策，忠心耿耿的夥伴，在不平等的強壓下，是不會產生傑出創意的，否則，它們只是一群聽話的侍從。

(4)雙方共同設定最高標準，並且持續堅持這項標準。

(5)書面成文的廣告策略，既經雙方同意，就應貫徹到底，不達目的，絕不干休。

(6)不要讓你的廣告決策及創意作品，經過太多層次的審核。多層決策不可能決定出有效的廣告活動。

(7)仔細聆聽廣告公司的建議、觀點，尤其當他們與你的觀點不一致時，更要聆聽。同時也要小心不要被提案演出（presentation）的技巧所蒙蔽。

(8)不要吝於新的嘗試，如果你不冒風險，你可能冒不被消費者注意的風險。

(9)讓你的廣告公司獲得合理的利潤及合理的作業時間，不要讓廣告公司幫你週轉。倉卒作業，只會降低廣告物的品質。

(10)每年做一次正式的評估，包括雙方的業績以及作業的品質。

ᛝ 如何向廣告公司做簡報

廣告主對廣告公司做簡報是它的應盡責任，這項工作成敗與否，直接影響廣告策略及作品的形成。但有些廣告主卻認為，廣告公司為廣告主做廣告，理應他自己去蒐集資料，原因是：測試廣告公司的能力，看看這家廣告公司是否具備這種能力，有無資格成為我的長期夥伴。其實這種觀念實有再檢討之必要，因為充分的資料使廣告公司對你更加瞭解，尤其一些機密資料，絕非外人所能蒐集到的，以下是對廣告主一些建議：

(1)以充分的資料，淹沒廣告公司——調查、產品、市場等資料。

(2)確定正確的參加企劃人員——AE、AE的主管、主要的創造人員。

(3)讓作業人員親臨工廠或研究發展單位觀摩——深入你的產品，使雙方有關人員生活在一起。

(4)熱忱——你的熱忱，是廣告工作的動力，推心置腹，互信互重。

(5)由公司開始說明——歷史、成長、組織、公司文化、公司理念。

(6)仔細解釋產品——成分、特點、尺寸、形狀、包裝、口味、消費者認為首要的利益點、其購買動機是感性或理性。

(7)探究消費者對產品的問題——根據調查資料，消費者對產品有何議論，感覺如何。

(8)品牌的歷史——何時發售？過去之行銷策略、廣告策略結果如何？市場佔有率之變化如何？價格之變化及反應如何？促銷及廣告活動之反應如何？

(9)市場全盤狀況——市場量（數量、金額）、一般趨勢（成長率及其他）、季節性、區域性、通路狀況等。

(10)競爭分析——各品牌之佔有率、趨勢、產品之差異、促銷、價格、包裝，何者品牌威脅最大？優勢品牌成功的原因為何？廣告策略成功的主因何在？

(11)分析你的消費者——誰在使用或可能使用？誰在影響購買？誰在購買？重複使用者是否佔有主要的購買量？

(12)產品的通路系統——直銷與經銷商的比例如何？如何訓練業務代表？購買地點之特性如何？你的通路系統與競爭者之區別如何？

(13)產品地位——用起來怎樣？印象如何？有無改進計畫？

(14)行銷目標及策略——銷售目標及獲利目標、商品化及促銷計

畫，廣告在你的計畫中佔何分量與角色？廣告預算是否具有競爭力。

(15)讓廣告公司為你的廣告作效果評估——事前測試、追蹤測試。

(16)最後的建議——要求廣告公司為你公司建立簡報檔案，並不斷更新資料。每年最少做一次正式簡報。

♦ 廣告公司作業時間

廣告公司為其廣告客戶創造具有銷售產品能力的廣告，是它矢志追求的目標。如同醇酒一般，深具銷售力的廣告極需時間來醞釀。廣告公司要求充裕的作業時間，將投注在策略擬定、更傑出的創意和具有銷售力的想法。這一切都是為了銷售客戶的產品，當商品對象看到或聽到這些廣告時，他們對這些廣告的製作花費多少時間毫不介意，他們所關心的是廣告產品是否豐富他們的生活，否則他們將會跳過你的廣告，翻到另一頁或轉換另一頻道，這將損失相當可觀的媒體費用，而廣告公司的任務也將宣告失敗。

廣告公司的功能

為廣告主從事廣告有關業務的專業服務機關，稱之為廣告代理業（advertising agency），即俗稱廣告公司或傳播公司。

從廣告公司來看，廣告主站在僱主的地位，所以稱它為「顧客」（client）或「委託人」，正式的稱呼為廣告主（advertiser），但電波媒體的廣告主則慣稱為sponsor。

在眾多廣告主當中，有的公司自己擁有設計師（designer）或撰文員（copywriter），可是現在大都以廣告主的責任者自居，按產品類別擔任廣告的監督執行任務，將廣告、CM之製作，發交外部廣告公司或

廣告客戶對廣告公司評估表

在下列各項的陳述中，請將您對代理商的感覺用等級分數表示出來：1.－完全不同意，
2.－部分不同意，3.－沒意見，4.－部分同意，5.－完全同意。

1.對客戶的業務與需求之整體瞭解
　□代理商對我們的業務界相當瞭解。
　□代理商將瞭解我們的業務視為其工作的一部分。
　□代理商與我們高階人員維持密切的關係。
2.解決問題的能力
　□代理商是結果導向的。
　□代理商在診斷病因問題上有幫助。
　□代理商在解決方案上有創意。
　□代理商並不匆匆下結論；思考過程周密完整。
　□代理商在解決問題上是堅決的。
　□代理商總是思考周密並有平衡的觀點。
3.承諾
　□代理商讓我們覺得我們對他們是很重要的客戶。
　□代理商讓我們在作業上有參與感。
　□除了日常工作中的特定事項外，代理商亦對我們有熱誠。
　□代理商並非靜待我的指示行事，他們能預作準備。
　□代理商為我的業務提供優秀的作業人員，同時亦涵括足夠的人。
　□代理商的表現一直都超過我的期望。
　□代理商專注於銷售商品和服務。
　□代理商已經與我們建立起超出業務範圍的關係。
　□代理商是我們預算的最佳管理員──讓我們的投資獲得回收。
　□代理商的服務費對我們而言是物超所值。
4.易於共事
　□代理商人員態度親切。
　□必要時代理商能迅速調整態度，有所彈性。
　□代理商在溝通上沒有專業術語的障礙。
　□代理商易於共事。
　□代理商充分告知工作進度。
　□代理商與我方人員關係良好。
　□代理商專注傾聽我們所提出的意見。
　□代理商讓我們參與工作計畫中的重要部分。
　□代理商回電迅速。
　□代理商事先讓我們知道有那些工作要做。
　□代理商不會浪費我們的時間。
　□代理商對於其所完成的工作及為何如此做的原因皆有清楚的解釋說明。

（續）廣告客戶對廣告公司評估表

□代理商公開並迅速地處理雙方關係的問題。
□代理商在工作範圍上如有任何改變皆能立即通知。
□代理商堅守其所承諾的期限。
□代理商隨時追蹤作業進度。

5.創意
□代理商提供一流的創意。
□我們的業務由恰當而合適的創意人員負責。
□代理商在創意作品的製作方面具有成本概念。
□代理商所提的作品皆能符合策略。
□代理商非常歡迎我們對創意提出看法。
□代理商在訂定創意決策方面很有彈性而且迅速。
□代理商創意與業務的管理階層合作無間。

6.媒體
□代理商能有效管理我們的媒體預算。
□代理商在媒體計畫上富有創意。
□代理商在媒體選擇上有廣泛的瞭解。

7代理商業務目標的提供
□代理商提供能獲致極大效益的創意決策。
□代理商有優秀的人員。
□代理商就適當時機提出全面整合且精密的成品。
□代理商在客戶服務層面提供最佳的品質。

客戶：
評估者：
日期：

廣告製作公司，即按每一種商品，例如每一電視CM，以廣告主擔當者的身分，負擔作品責任。

AE（account executive）係廣告公司之一員，站在廣告主的立場，執行（executive）廣告預算（account），相當於廣告專家或老練者（veteran）（圖2-5）。

廣告公司的功能，隨時代的進步，活動範圍日益擴大，與世界大企業站在同一立場，為傳播界提供心力，業務內容一再擴大，宛若情

報化時代之一環，扮演重要的角色。

其主要功能如下：

(1)廣告活動之企劃：在什麼時期，用多少廣告預算，以何種形式
來展開廣告戰？

(2)媒體選擇：如果要用電視集中播出商品名稱時，那麼插播
（spot）數量如何？選定哪一家電視台？或者用日報，那麼用什
麼日報？刊出多少批篇幅的廣告？採用交通廣告時，例如公車
車廂廣告，那麼要登多長期間？以何地區作中心？媒體選擇是
否妥當，是廣告戰略成敗之關鍵。

(3)預訂廣告時間與空間：訂購報紙版面，稱之為訂購空間，爭取
插播CM或節目CM時間。

(4)廣告作品之企劃：如何表現商品特性，是作品企劃階段，即
CM製作最先開始的創作作業。創意構想由廣告公司企劃指導
（director）以及製作公司之企劃人員（planner）或製作人
（producer）共同進行。

(5)廣告作品之製作：CM或海報等是廣告作品具體的製作工作。
平面廣告創作，涉及廣告文案撰寫者（copy writer）撰寫文案
（copy），以及視覺設計之美工設計者（designer）。CF及Video
CM之製作，由於製作過程複雜，多由廣告公司AE和廣告主共
同協商，委由外部CM製作公司製作。

(6)廣告管理業務：將完稿之廣告，按預訂之刊出日期，如期刊
出，CF或Video CM則送交電視台按既定時間播出，不得有任何
差錯，此稱之為廣告控制或管理（traffic）作業。

(7)有關調查作業：從消費者商品使用調查開始，更從事知名度調
查、市場調查、印刷媒體閱讀率及注目率調查、視聽率調查等
工作。

(8)市場計畫服務：從PS廣告（point of sale）開始，更對批發業、

圖2-5　好的廣告公司能為廣告主設計出吸引人的廣告。
圖片內容：Club Med廣告人旅遊
圖片提供：時報廣告獎執行委員會

廣告代理商評價檢核表

	無法接受 1	勉強 2	尚可 3	滿意 4	非常卓越 5
藝術					
作品的全面品質。	☐	☐	☐	☐	☐
對創作策略完美的配合。	☐	☐	☐	☐	☐
比競爭者的作品更有效。	☐	☐	☐	☐	☐
製作					
忠於創作的構想而且執行富有創造性。	☐	☐	☐	☐	☐
在預算內準時完成。	☐	☐	☐	☐	☐
對外部勞務（外包）的控制。	☐	☐	☐	☐	☐
媒體					
完善的媒體調查。	☐	☐	☐	☐	☐
有效的媒體策略和選擇。	☐	☐	☐	☐	☐
在預算內達成目標。	☐	☐	☐	☐	☐
計畫的執行和交涉得心應手。	☐	☐	☐	☐	☐
定期檢核計畫和預算。	☐	☐	☐	☐	☐

公司評核者：
職稱：
廣告代理商代表人：
職稱：
評核期間從＿＿到＿＿　是否適用於任何部門或產品。

(9)活動（event）企劃與執行：所謂活動，主要基於某種企劃，在某特定場所，聚集廣大群眾，從事裨益廣告主之宣傳活動。如 sales show、試乘會、參觀工廠時分發樣品、各種比賽等活動都屬於 event 之範圍。

廣告主與廣告代理商的關係

當整合行銷傳播代之而興起之際，美國企業界（廣告主）為突破景氣低迷、因應市場結構迅速變化和組織變革所衍生的廣告革命性理

優良的廣告主檢核表

☐ 找尋偉大的創意——首先應致力於商品定位以及找出品牌的個性。絕不容許單方面的廣告，不管它有多出色，都要堅守你的商品定位或品牌個性。

☐ 運用技巧來指導創作會議——首先應闡明重要的問題，例如行銷策略、對消費者利益以及商品的來龍去脈。

☐ 培養誠實美德——對廣告代理商要說實話，確定你的廣告是實在的，而且童叟無欺，並且永不容許廣告創作者辯駁「忠實」是件愚蠢的事。

☐ 要具有熱誠——如果你欣賞這個廣告，要讓創作人們知道，因為讚美是振奮他們職務的支柱。

☐ 倘若你不欣賞那則廣告，就該坦白表示。只要能提出否定的理由，撰文員絕不會怨恨你，甚至他們對你的觀點極表贊同。

☐ 使廣告代理商覺得你是一位可信賴的經營者，而不是一位吹毛求疵者。告訴他們他們的想法那裏錯了，而不是如何去斥責他們。

☐ 要求卓越的廣告，是理直氣壯的事——讓代理商知道你對他們有信心，不僅限於傳達一個優秀而有實據的廣告，瞄準目標，找尋新方向，甚至不惜冒險。一壘安打是比全壘打安全多了。

☐ 訂定目標——如果你正期待應採取的行動和結論，你必須知道該向何方向走。訂定目標就是為你的廣告和業務訂立目標。

☐ 你應當激勵廣告創作群，而非驅使代理商。預防逐漸衍生的主要空隙中，發生不必要的爭執。倘若發生問題，就要求加入新的工作者來取代。不同的廣告撰文員或AE加入，可能提供意想不到的創意。

☐ 確認廣告代理商應該獲得利潤——唯有短視的客戶才會對代理商要求過多的額外免費服務。代理商不會因更高的利潤而轉移目標。應該建立良好的互信關係，因為代理商是隨廣告客戶的成長而成長的。

☐ 必須通情達理——試著以個人的角度而非一個企業體的角度去對待廣告創造者，縱使如此做是違反正軌的。

☐ 堅持創作訓練——專家並不受制於訓練，策略可以幫助創作群瞄準目標，但切記這些法則只是個起點。

☐ 網羅創作群，參與你的業務——成功的撰文員和你一樣想知道你的產品最近的市場佔有率，告訴他們你的公司一切業務是好是壞、銷售量、消費者反應以及不可思議的花招，這一切對創作群都是有助益的資料。

☐ 不要從創作群中隔離出你的高層人員——代理商希望能直接得到你的廣告目標，而非經過粉飾後的謊言。然而大部分計畫不需涉及高階層管理，一個大價值的遠景，並不局限於日復一日的工作。在參與的氣氛下完成良好的工作，而非在孤立的氣氛下完成。

☐ 避免孤僻，不要讓自己與他人隔離——在工作時、在網球場、在雞尾酒會上，強迫自己要超越一個獨享舒適生活的境界。

☐ 成為廣告主的顧慮——創作群盡其力為廣告主而共同努力。典型的廣告主並不表示是不嚴格的委託人。一個廣告代理商甚至為爭取某些廣告客戶也急欲網羅最佳的撰

（續）優良的廣告主檢核表

文員和AE。
☐ 建議共同的溝通期間——建立非正式的參與討論方式。撰文員能夠提供初步構想，你可談論你所設定的目標。這段期間對於廣告代理商，著手探討複雜的廣告課題之前，是特別有助益的。

廣告代理業種類檢核表

☐ 綜合廣告代理業。
☐ 專門廣告代理業。
☐ 媒體專屬代理業。
☐ 媒體直屬代理業。
☐ 廣告主專屬代理業。
☐ 廣告主直屬代理業。

論，美國廣告代理商協會別出心裁將之命名為「新廣告」，其標榜「整合廣告、宣傳活動等與促銷的相關要素，並以數據和科學的方式發揮傳播功能」的基本理念（Schultz, 1996）。

以綜合廣告代理商的服務項目角度來看，廣告代理的服務項目可以分為基本服務與附加服務兩部分。所謂的基本功能包括了：幫助客戶企劃廣告、從事廣告創作、協助客戶選擇傳播媒體等。在台灣也衍生出所謂的「第四代廣告概念」，因此稱之New Advertising（動腦，1994）。廣告概念的發展，自廣告分離期始，經過廣告綜合代理期（full service）、廣告傳播分離期，而至今統合傳播期（整合傳播）：而台灣元老級廣告公司國華廣告親身經歷台灣廣告之發展和演進，分析廣告發展的過程為：媒體組合（media mix），經市場理論被提出後，進入行銷組合（marketing mix）階段，第三階段則偏向促銷組合（sales promotion mix），第四階段是傳播組合（communication mix）。

如此的發展讓廣告公司跨出原來領域，作組織變革，成立新的分公司或部門，主要原因是原來的服務已無法滿足廣告主的需求了，廣

告主為突破行銷困境，將廣告預算重新調整，希冀藉由其他有效的行銷或傳播工具來迎戰市場的詭譎多變，廣告代理商會主動將整合行銷傳播的概念包含在對客戶的提案之內，並常態性地提供廣告之外的相關行銷傳播服務，即便一些代理商並不將廣告之外的服務視為本業而主動提供，但會在客戶的要求下或同業比稿下，視個案滿足客戶的需求。國內所謂的「綜合廣告代理商」，確實都跨越了廣告直接業務，成為一個傳播服務中心（許安琪，2001）。

以廣告觀點側重的整合行銷傳播，以傳播為廣告的延伸。然而，自整合行銷傳播概念發展後，廣告代理商和廣告主之間的關係、認知和期許出現重大變革（Gronstedt, 1996; Beard, 1996）：傳統廣告主和廣告代理商之間呈現上對下之「垂直」的客戶和業務代表關係，轉變為「平行」的合夥人或工作團隊；而以往彼此皆以短期合作、短期目標、獲取短期利益為企劃重點，取而代之的是以兩造雙方共同建立長期關係、創造長期利益、分享長期效果為依歸。

廣告代理商和廣告主關係變化之比較（agency-cilent relationships）（Gronstedt, 1996）如下所述（引自許安琪，2001）：

傳統廣告代理商和廣告主的關係：

(1)代理商被賦予短期任務。

(2)代理商視廣告主如同客戶。

(3)廣告主擁有眾多代理商。

(4)代理商執行廣告主的策略。

(5)代理商之間具競爭關係。

(6)代理商必須為成果負責。

(7)代理商與廣告主各自獨立作業。

(8)代理商建議，廣告主決議。

(9)代理商因害怕失去客戶，而玩爾虞我詐的遊戲。

(10)代理商對某些促銷性技術存有偏見。

(11)代理商以短期計畫為主要著眼點。

(12)代理商以自身利益為主。

整合行銷傳播概念下的廣告代理商和廣告主的關係：

(1)代理商和廣告主共同創造長期關係。

(2)代理商待廣告主如同「合夥人」。

(3)廣告主只有少數代理商。

(4)代理商與廣告主共同作策略規劃和執行。

(5)代理商之間進行合作。

(6)代理商與廣告主共同承擔結果。

(7)代理商與廣告主形成工作團隊，電腦連線作業，代理商參與廣
告主業務會議，甚至加入廣告主之員工教育訓練。

(8)廣告主和代理商共同決議。

(9)廣告主和代理商共同營造開放和諧與彼此信任的氣氛。

(10)代理商是媒體中立者。

(11)代理商以廣告主長期效果為依歸。

(12)代理商以廣告主利益優先。

第三章

廣告媒體

媒體計畫及選擇

廣告是要透過媒體傳遞訊息的，媒體的種類可以說是包羅萬象，有些是大家耳熟能詳的，有些則可能比較陌生或沒有受到特別注意。

一旦我們知道如何創作正確適當的廣告來幫助銷售觀念、產品或服務之後，我們必須將這些創意訊息傳達給正確選擇的消費者。這些用來傳遞廣告給潛在消費者的傳播媒介，我們稱之為廣告媒體（advertising media）。注意媒體這個字是複數，意味著有很多不同的媒體，一個單一的媒介，譬如電視，稱為Medium（單數）（漆梅君，1994）。

媒體計畫的決定，猶如美術指導的視覺創意及文案撰寫員的文案創意一般，也要運用創造力，媒體的決定，應基於健全的行銷原理及研究，不可僅憑經驗及直覺。

廣告運動的偉大構想甚少出自於媒體計畫者，但媒體策略對財務之影響則極為深遠。通常廣告預算中最大之項目為媒體費用，在某些情況下，特別是消費品，會占全部行銷費用的最大部分。許多產品與服務，每年投資上千百萬美元之巨於廣告上，因而會承受「讓預算發揮最大效用」的莫大壓力。雖然發展有效果的媒體策略能得到那麼多的支持，但切記「即使最好的媒體計畫也不能解救差勁的創意製作」。在另一方面也要注意，如果毫無效率地送達一件正確的製作或是指向錯誤的潛在顧客，都可能會形成浪費。因為有效果的廣告既需要第一流的文案，也需要適當的送達訊息。

在一九五○年代電視出現之前，選擇媒體較為簡單，所選的不過是一些報紙、幾家發行量大的雜誌以及廣播。而電視比其他個別廣告的媒體影響都要來得大，電視依恃其成為大多數人娛樂、新聞的主要來源而改變了人們的生活，並且開啟了技藝的演進；而此一演進，更

對廣告業發揮重大的影響（Schultz, 1996）。

　　媒體機能的發揮，包括兩個基本過程：媒體計畫及媒體選擇。媒體計畫是以決定主要的目標視聽眾作為開始，然後設定目標或方針以期與這些視聽眾溝通。媒體目標可以表達在到達率（reach）、頻度（frequency）、影響效果（impressions）、總視聽率（gross rating points）及連續性（continuity）上。

　　廣告主隨時在尋求更好的方式去推銷其構想、服務與產品。廣告媒體同樣也有極大的變化。包裝財貨製造商的廣告寵物——電視，自五○年代後期至七○年代後期產生了穩定成長的視聽眾，因此，廣告代理公司、廣告主及電視執行人員都會對這些持續成長的潛在視聽眾心有指望。然而，隨著有線電視、卡式錄影機以及付費電視相繼出現，對視聽眾的調查研究卻顯示出意想不到的混亂：視聽眾最初只有小幅度的移轉，但近來則在傳統收視方面呈現衰退現象（Schultz, 1996）。

　　發展適當的媒體戰略時，計畫者務必要考慮到許多變數。這些變數包括市場的範圍、訊息的性質、消費者的購買型態、預算標準、媒體的限制、競爭戰略、廣告主的商品需求，以及媒體本身的基本性質。

　　媒體戰略發展之後，便著手選擇個別媒體的作業。有無數的因素會影響選擇方式：(1)活動目標及策略；(2)每一種媒體之視聽眾其規模及特性；(3)地理上的範圍；(4)每種媒體的注意力、揭露及刺激價值；(5)成本效益。

　　一旦選定了特殊的個別媒體（media vehicles），便繼而產生如何運用的問題；也就是說，將如何買入每種媒體的空間或時間單位及分配時段。有許多方式可以編訂媒體活動，從穩定地、連續性地刊播廣告，到不規則變動地刊播廣告。這個決定通常就是媒體戰略的一種功能。

　　最後結果，一定是一個合理的到達率、頻度及連續性的份量，以

媒體選擇檢核表

☐ 媒體修正意見的出現基於需要或其他機會的變動？
☐ 廣告主或廣告公司與媒體之間的關係如何（如訂約、新聞宣傳的配合，以及版面的更動等項）？
☐ 媒體選擇、運用和產品銷售區域的配合為何？
☐ 媒體建議是否考慮了其他可行的媒體利用價值？
☐ 媒體建議是否清楚而完整無缺？
☐ 媒體建議在被同意之後，是否按照計畫執行（以廣告目標及廣告預算為衡量基準）？

使廣告活動及所耗經費的效率，發揮到極致，這就靠媒體計畫的藝術了。

廣告媒體的形式

對大多數人的傳播，稱為大眾傳播（mass communication），它利用同一時間將同一資訊，傳達給無數的廣大群眾。

所謂的「四大媒體」應代表了兩方面的意義，一是指媒體在人口普及度與滲透率上的強度，另外便是從廣告的角度來看媒體，如廣告時段、版面購買運用的多寡（劉美琪，2000）。通常所謂四大傳統媒體指印刷媒體（print media）的報紙、雜誌，和電波媒體（electric media）的廣播、電視。

在媒體的普及度上，台灣最為普及的媒體莫過電視，一般大眾收看電視的行為高達90％，經常看電視的人口也高達86％（A. C. Nielsen Media Index 1996-1998），事實上隨著台灣民生日漸富裕，電視機的普及率已超過99％，幾乎是一戶一機全然滲透，其中更不乏一戶多機的擁有率，電視機與看電視已是大眾文化中不可或缺的一環（圖3-1）。

其次則是報紙，媒體涵蓋率為66％，這個數據與聯合國公布的全世界人口閱報率相較，明顯高了許多，表示台灣的人民關心時事，當

然，隨著近一、二年電子報透過網路傳送，對傳統平面媒體有著不少的衝擊，《中國時報》、《聯合報》也相繼投入電子報的開發與經營，至於長期的影響如何，還有待觀察。

普及率的第三大媒體則是廣播，廣播長久以來一直是一個低調而保守的市場，一直到新興中小功率頻道陸續上市，才打破了以往較為陳舊的格局，由一九九六年到一九九八年的媒體涵蓋率節節上升來看，廣播市場的角色已日益活潑與重要。

在雜誌方面，由於分眾的屬性，雜誌的普及率居於四大媒體之末應該不會令人驚奇與遺憾，甚至，由於消費者對媒體內容選擇要求越來越高，雜誌的市場區隔也越來越精確，使得個別雜誌的客層固定甚至窄化，但雜誌數量的蓬勃興起，倒是擴張了整個雜誌市場（劉美琪，2000）。

這四大媒體，利用印刷機或收發信機作為傳播的工具。因此，利用「機械」是大眾傳媒體共同的特徵。media是medium的複數形式，medium的原意是媒介、導體的意見，凡具有傳輸功能的所有傳播工具，都可作為廣告媒體。

▌電波媒體

電波媒體（即廣播電台與電視台）的數量雖少於印刷媒體（報紙、消費者雜誌，以及專業刊物），但是選擇及購買電波媒體廣告時間更為複雜。

電波媒體分為Audio和Video兩種路徑，Audio和Video是從拉丁語轉來的，前者係「我聽」，後者係「我看」之意。AUDIO＝RADIO，VIDEO＋AUDIO＝TV。

電視廣播網及電台的視聽眾們隨時在改變。廣告主無法確定在一個廣播或電視節目中，究竟有多少人且是哪一種人在收看或收聽他們的廣告。廣播電視節目所提供的資訊看過就隨之而去，且難以保存供

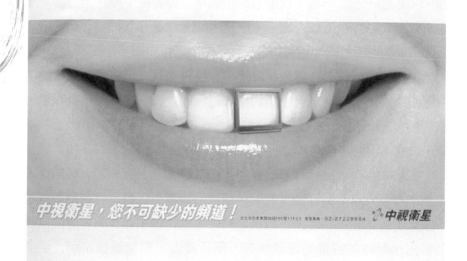

圖3-1 一個頗具創意的有線電視頻道廣告。
圖片內容：中視衛星節目－不可缺少的頻道篇
圖片提供：時報廣告獎執行委員會

日後參考。即使人們接收了廣告訊息，但他們也可能懶得記住（漆梅君，1994）。

　　據調查人類之日常生活90％有賴於視覺，其餘從6％到8％有賴於聽覺，而有賴於觸覺、味覺或嗅覺者可以說微乎其微。從這些數據可以說明電視媒體的力量如何強大。而廣播媒體，收聽者是對所傳播的聽者，揣摩它所傳播的訊息意義，是收聽者「感覺補充型」的傳播。因此，隨收聽者心理狀態，對傳播內容的感受不同。另一方面，因收聽習慣可一面工作一面收聽，譬如在廚房裏工作或正在開車，都可收聽廣播，所以「邊做事邊收聽」是廣播媒體最大的特徵。

　　以前台灣電台家數有限，其中許多脫離不了官方色彩，廣播一直是一個較為傳統與保守的產業，自從民國八十二年政府陸續開放中小功率頻道，並且接受頻道申請以來，目前國內廣播頻道已經增至將近

一百三十餘家，在頻道網上幾乎滿檔，其中，全省性的大功率頻道有八家，北部四十四家，中部二十八家，南部三十家，外島兩家，另外還有數不清、抓不完的眾多地下電台，使得這個市場一下子變得活潑、激烈起來。電台與電台之間不但要競爭節目收聽率，還要競爭廣告投資量，這對頻道開放以前的既有競爭者來說，產生極大的威脅，以往囊括主要廣播廣告媒體量的中國廣播公司因而被瓜分掉不少廣告量（劉美琪，2000）。

電台廣播系統係將音波變換成電氣信號，以其作為電波，無線播出，收聽者經由收音機將電氣信號再現，是屬於聲音的電波式傳播。電波一般依波長（周波數）分為：中波（medium frequency）、短波（high frequency）、超短波（very high frequency, VHF）、極超短波（ultra high frequency, UHF）、centimeter波（super high frequency, SHF）。

標準的電台廣播是AM（amplitude modulation）調幅調音廣播，周波數一定，但電波振幅隨信號強弱而變化。至於FM（frequency modulation）是調頻廣播，其電波振幅一定，但周波數變化。一般而言，FM廣播，雜音少，音質佳。AM廣播或短波廣播，由於對電離層或地表的反彈效應，傳播領域廣闊，無遠弗屆。

有人曾說，印刷媒體記錄性強，電波媒體記錄性弱，但速報性優越。可是伴隨video library system而來的帶式錄影錄音機（video tape）的影像記錄，或最近出現的video disk，使記錄資料變為可能，這些影像記錄與再生系統，大大地提升了電波媒體的記錄性。

所謂「電視廣告時間，是上洗手的時間」這種說法已成過去。電視不僅可以創造豐富多變的感覺，也擁有廣闊的收視範圍，因此它往往是全國性廣告活動的主要媒體。儘管電視廣告擁有潛在的說服力量，但是它的昂貴花費已經使得行銷人員逐漸考慮到互補的媒體。雖然行銷人員可以把其他的媒體廣告用來擴及與說服那些沒有接觸到電視廣告的目標市場，但是次要的媒體廣告也可以用來強化或補充電視

廣告（吳宜蓁，1999）。由於科技的進步，現代的電視廣告與往昔不可同日而語，那唧唧（sizzle）作響的烤肉聲，和大快朵頤的美妙鏡頭，透過兼具視聽功能的電視媒體，極具聲色之妙，令人嚮往，令人陶醉。

再者，由於近年來電視機映像度（resolution）日益精密，能把食品的味感，以超高的影像，使視覺感受如眞，例如奶油、巧克力以及柔軟感的化粧品面霜等，這些商品廣告都能宛若實物般地呈現在螢光幕上。

廣告記憶是廣告效果研究裏一個極重要的指標，一直受到廣告研究者的重視（Dick, Chakravarti & Biehal, 1990; Olsen, 1995），很多廣告研究者相信，加深消費者對廣告的記憶，可以間接增加其購買意願。這樣的發現很自然地吸引了廣告主的注意（圖3-2）。

廣告界用來測量廣告記憶的標準大抵有二：一是回憶（unaided free recall），另一個則是辨認（recognition）。回憶，指的是在未經任何提示下，受訪（測）者所能回憶起的任何廣告片段或全部，通常是要求消費者列出最近看（聽）過的廣告或要求他們列出某一特定節目裏出現的廣告。辨認，則是指在提示的幫助下（例如暗示產品類別、包裝、品牌），受訪（測）者所能聯想起的任何廣告片段或全部。兩者中，以「回憶」較能精確測量出受訪（測）者的認知狀態（陳尚永，1998）。

✦ 印刷媒體

印刷媒體廣告（print media ad.）亦稱graphic ad.，係海報、報紙廣告、雜誌廣告等經過印刷的廣告之總稱（圖3-3）。

所謂graphic本來是以線繪爲主的設計手法。目前，把所有印刷廣告都稱之爲graphic，它多是用紙所作的平面印刷，又稱「平面廣告」。相對地，電波媒體出現的廣告稱之爲「立體廣告」。

近年來，彩色印刷技術發達，尤以彩色照片所表現的廣告，傑作輩出，歎為觀止。以超高技巧拍攝的食品sizzle感、化粧品的優美感，以及衣料的纖細質感、色彩美等，可以說是女性雜誌廣告graphic的典型。

與大眾傳播媒體相對，有所謂「小眾」傳播媒體，「小眾」傳播媒體係指訴求目標有限的特定媒體，例如業界報、都會報、情報雜誌、DM等。

舉凡平面媒介物，無論是大眾媒體如報紙、雜誌，亦或較為小眾如看版、手冊等都屬此類。平面媒體共同的特性就是都是被閱讀的、可攜帶的、自選性的吸收資訊，以及可以共同分享的。一般而言，平面媒體大多屬於文字性媒體，可以承載大量資訊，說明性質較強；而由於它體積小、可摺疊的特色，使得便於讀者攜帶並隨時隨地可以吸收資訊，方便性極高；這些媒體上的資訊由於是由讀者主動選取、吸收的緣故，它們的訊息自選性非常的強（摘自劉美琪，2000）。

最近「小眾」傳播媒體正擴大了訴求領域，一種「中眾」傳播（medium size communication）媒體出現，例如影像應答系統（VRS）、CAPTAIN system等媒體應世。首先將大眾傳播媒體及小眾傳播媒體特徵歸納如下：

(1)大眾傳播媒體：

  (a)對不特定多數，能作迅速的訴求。

  (b)公告效果甚大，能廣泛地向社會傳播，提高企業士氣。

  (c)加強社會對企業的權威感，製造共通話題，增加對企業之信賴感。

(2)小眾傳播媒體：

  (a)對特定少數人，能確實地掌握需要階層，有效地瞄準市場目標。

  (b)與大眾傳播媒體相比，廣告成本低廉。

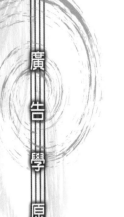

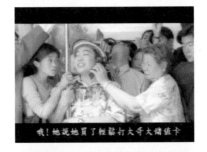

圖3-2　一個有創意的廣告能加深觀眾的記憶。
圖片內容：輕鬆打上市系列－沒來篇、大哥篇
圖片提供：時報廣告獎執行委員會

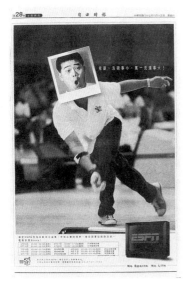

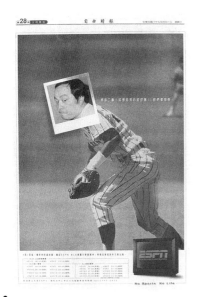

圖3-3 一個有趣的平面媒體廣告。

圖片內容：ESPN STAR SPORT—no sports, no life

圖片提供：時報廣告獎執行委員會

(c)對業界廣告，注目率高，易獲得對該業界之信賴。

如上所述，媒體可分爲大眾、中眾、小眾等傳播媒體。將其範圍縮小，可分類如下：

(1)以期間爲主之分類：長期的廣告媒體包括戶外廣告、雜誌廣告等，適於維持現有商品或企業的信用。短期的廣告媒體包括電視或電台插播廣告，適於新產品或具新聞性之商品。

(2)以地區爲主之分類：全國的廣告媒體包括報紙或雜誌、電視或廣播聯播網，再如衛星傳送等，可向全國傳播之媒體。地區的廣告媒體則是與地區密切關聯之交通廣告、戶外廣告、廣播等爲代表。

(3)以特性爲主之分類一種是海報看板（poster board）、影像揭示板（video sign）、廣告塔等，用作告知企業的CI（corporate identity）；另一種是直接信函（DM）、傳單、月曆等，直接向對方郵寄者，用作維持現有顧客，或爲獲得潛在顧客爲目的者。

廣告媒體分類檢核表

按期間分
□長期廣告媒體。
□短期廣告媒體。
按地區分
□全國性廣告媒體。
□地域性廣告媒體。
按接受者立場分
□直接的廣告媒體。
□間接的廣告媒體。

按感覺分
□視覺的媒體。
□聽覺的媒體。
□視聽覺的媒體。
□嗅覺的媒體。
按一般形態分
□印刷媒體。
□電波媒體。

▌店頭媒體

　　流通業界常用視覺行銷（visual merchandising，VM）一語，它就是指店面的商品陳列或店鋪整體形象的展示從事行銷，擴而言之，可以說它是用店頭演出法，將企業整體的CI向消費大眾表現出來，那麼店鋪便成爲媒體，POP廣告係店頭廣告最具代表性的。

　　POP（point-of-purchase advertising）廣告包括商店中的各式陳列物，通常是由製造商及批發商爲零售商準備的。店中的商品擺設也是一種店頭推廣。從某種角度來看，店頭廣告不僅僅是一種廣告媒體，它可以說是零售商與行銷人員的賣場促銷工具。由於各式付費廣告媒體經常需要店頭廣告做爲補強，它們可以提醒顧客廣告訊息，而且又由於廣告企劃都要加入這類店內的推廣部分，所以瞭解這一媒介是非常重要的（漆梅君，1994）。POP廣告亦稱購買時點廣告。種類繁多，難以例舉，例如裝飾在零售店面的各種廣告物、櫃檯上的display廣告、貼在店內的海報，甚至店內所播報的CM等，都可稱之。

　　現在自助式的商店中，顧客自己挑選商品，再到櫃檯結帳，減低了店員的影響力。結果，其他幫助及影響顧客的方式因而發展出來，主要是透過店頭廣告的使用及店內的陳列與展示。又因爲現在的消費者都會尋求更多關於所售物品的資訊，所以店頭廣告有很大的作用。事實上，超過三分之二的消費者說，他們注意到這類廣告且對其果然有所影響，而幾乎有三分之一的消費者說他們是因爲某項店內的促銷才買了某項物品。

　　有些廣告主對使用店頭廣告感到猶豫，因爲它佔據了商店中的通道，而且又會使人聯想到「平價」商店的折扣味道。於是許多大型且強調服務的百貨公司和部分零售店較喜歡做他們自己特別的陳列物，而不願意使用批發商或其他供應商提供的店頭廣告；這可以使商店對所有的商品保有自行設計的促銷主題，且維持了他們自己的品質形

象。但請記住，大部分消費者的採購都是在自助商店內進行的，那也是店頭廣告最具效力的地方（漆梅君，1994）。

在電視或報紙等媒體，不論如何強調商品功能或特性，可是那些商品對使用者，常有未能統一傳達的感覺，這是因爲未考慮到店面媒體的原因。

美國最大一家連鎖企業，曾有計畫地展開其旗下店鋪的正統對應政策。這家連鎖企業過去曾以「好的商品不斷地降價」作口號，展開了行銷活動。它是以品質和廉價作號召，可是現在大半國民所得水準幾無差別，如果不以個人欲求來對應的話，在這時代洪流中，勢必坐失商機。基於此一意義，今後的行銷必須重視店鋪的商圈範圍、立地條件，並採取適當的店面廣告策略予以因應。

戶外廣告媒體

戶外廣告媒體指任何住屋外面的廣告媒體，其中包括了牆面、商店招牌、路旁海報、路旁廣告牌（如火車行駛路線旁的大型廣告牌、高速公路兩旁巨幅看版）、遊樂區指示牌、霓紅燈塔等等。戶外廣告的原理也適用於許多政治海報、巨幅海報的活動預告、甚至學校布告欄上的公告（蕭富峰，1998；漆梅君，1994）。

在主要廣告媒體中，戶外廣告提供了最低廉的每一單位訊息傳遞的成本。此外，此種媒體還具有吸引力的特質，其中包括立即的品牌到達度、非常高的頻度、極大的適應性，以及衝擊力。其缺點包括訊息過於簡潔，所能到達的對象有限等。此外，初期所應準備的高成本及每個廣告牌物理性的檢查，往往令廣告主裹足不前。

就像其他媒體一樣，戶外廣告的收費與其觀看人數多寡有關。另一個重要因素涵蓋率（coverage），它是指戶外標誌在都會區分布的情形。戶外廣告費率傳統上是按照到達一區域全部流通人口所需的廣告看版數量而定的。這個看版數量叫做百分之百展現（Number 100 showing），意味廣告看版裝置廠保證有足夠的廣告看版，能在三十天的週期內使本地區100%交通人口至少看到一次。其他廣告到達程度的選擇還有如百分之五十的展現，是指比百分之百展現少用一半的廣告看版；或百分之二百展現，則是使用二倍於百分之百展現的看版（漆梅君，1994）。

標準化的美國戶外廣告企業，由大約六百個區域性的操作員所組成，而國際性的廣告大多數由戶外廣告商所組成。

標準的戶外廣告結構，有二種最普遍的廣告形式──海報看板（poster panel）及布告牌（bulletin）。海報看板是最基本的形式，每單位成本最低，並適用於各種尺寸。彩繪布告牌是為了作為長期使用，而且通常是設置於交通繁忙及能見度高的最佳地點。有些廣告主採用旋轉式布告牌而克服了因粉刷布告牌而耗用較高的相關費用。

日新月異的戶外媒體，將繁華的都市生活點綴得五彩繽紛，而電子類的戶外媒體，便靠著其快速提供資訊，成為眾所矚目的第五大媒體。

第五大媒體針對的是戶外行動中的人，就戶外廣告發展過程而言，戶外媒體是由傳統的靜態、固定、較消極的表現方式，走向動態、積極的表現方式。

舉最傳統商店的招牌為例，北京市的招牌仍只在商店前門中央，平貼著某某商店的字號。這種招牌基本上是固定的、靜態而被動的，是人在找店，不是店找人，距離遠一點就看不到在何方。

台北市的招牌已少見這種平貼形式，絕大多數不但立起來，還加霓虹燈，主動招徠顧客，更先進的已用LED板跑馬燈的形式，逼你非看不可。

戶外廣告主關切著爭取觀眾的注意力，正如其他媒體的廣告主一樣。廣告看版座落的方向稱為面向（facing），廣告主都不希望每一面向有太多廣告看版（即在同一處地點眾家廣告看版並列，競相爭取觀眾的注意）。戶外廣告主喜歡將廣告看版分散至市場各處，而不是僅僅

集中在某一鄰近地區。當然，如果某位店主想要購買該店附近的看版，那也是可以的。廣告看版的位置也會受到年度某些時候觀眾流量改變的影響。譬如在夏季很多人到遠地度假，所以郊區看版位置相形之下變得重要。但到了冬季，城內的廣告看版就會有較多的觀眾，因為聖誕節購物、影劇觀賞，以及去附近的娛樂場所等，在在增加了城區的交通量（漆梅君，1994）。

就類別來看，戶外媒體可粗分為電子類和非電子類兩種。非電子類的廣告看板，雖不及電子類以驚人的方式表現，但也日新月異，較新的產品有音樂海報機、資訊驛站、車體廣告、熱氣球、飛行船；較傳統的則有張貼於頂樓或大樓側面的大型印刷壁面廣告，或大型搭架式的廣告。電子類的戶外廣告媒體不勝枚舉，有電視牆、Q板－電子快播板、LED電腦顯示板、電腦彩訊動畫看板等。

由於都市的開發、道路的擴展、商圈人口的匯集以及國人生活型態的改變，消費者在戶外活動的時間增長，因此，有人開始利用十字路口的牆面、路衝等地發展廣告版面，由於電子看版的畫面會動，故較一般平面戶外看版更加生動。台灣電子看版發展的歷程大致可分為「燈泡式發光體字幕看版」、「單色系LED字幕看版」、「雙色系LED字幕顯示看版」、「雙色系超亮度動畫顯示看版」，目前台灣的電子看版多屬於「多色系動畫顯示看版」。

電子看版廣告完全是以畫面與文字來呈現訊息，目前尚未有聲音的輔助（由於電子看版多位於十字路口或是人車來往的地點，在人聲、車聲等喧囂聲中，即使有聲音也未必能發揮什麼功效，反而會增加噪音程度）。由於電子看版是固定性媒體，它的目標對象集中於出入該處的行人、車輛與住戶，屬於「點」性的地方性媒體，適合地方性產品、服務、活動的告知，尤其電子看版可不斷地重複播放，可以產生提醒作用（劉美琪，2000）。

電子看版的缺點以及限制則有：(1)電子看版無法傳遞複雜的訊息，而且廣告時間短（每檔以十秒計），訊息稍縱即逝；(2)目前無法明

確計算接觸率，對刊登者而言，廣告效益不易評估；(3)由於技術面仍有缺陷，有時畫面設計刻板、大晴天時亮度太強、單向的溝通不易引人注意，而導致受眾的關心度低；(4)十字路口經過的人車形形色色，不易針對產品的市場區隔掌握目標對象；(5)最後，電子看版的位置與設置的高度通常無法滿足四面八方的人車能見度，具有高度與方向性的限制（劉美琪，2000）。

(一)Q-Board

Q-Board原名Quick Board，取其能以極短時間將重要訊息製作完成播出，突破傳統戶外看板的呆板限制。Q板所以能擺脫戶外看板無法立即變化的限制，其關鍵就在靈活地利用電磁效用，操作這四色旋轉體。成千上萬的旋轉體，各有四種顏色，加上數十種混和色階，使Q板成為極富變化的超級大拼盤。使用者可依排列組合拼出心裏想要的文字和圖案。Q板也有耐久，不怕風吹、雨淋、日曬的特性，主要源於樹脂小方塊材質，本身即具有耐久、防熱、防火、防靜電、防紫外線等功能，所以Q板在相當長的期限內，均不致有毀損之虞。

(二)T-BAR

如同路牌，座落於高速公路兩旁的T-BAR也是一個遍布全省的戶外媒體，目標對象專門鎖定高速公路上的車輛。由於這個媒體設置地點的特殊性，往來受眾的行車速度極快，故而圖面設計是否能夠立即抓住駕駛與乘客的目光便是一個重點，並且文字必須精簡易於閱讀，字數不可過多，字級不可過小。在廣告價格上，以某家代理商（青廣廣告公司）為例，所代理的T-BAR超過五十座，媒體費用約為新台幣兩百萬元一面，因為T-BAR的廣告製作技術並非一般廣告主所能自行完成，媒體費中已包含代理商的廣告製作費，廣告主要特別注意的是，一些緊鄰高速公路兩旁的T-BAR並未合法取得營業執照，在委託前必須深入瞭解清楚（劉美琪，2000）。

(三)LED電腦看板

LED電腦看板是由成千上萬個LED粒子所構成。LED（light emitting diode）粒子，中文名稱叫二極發光體，是一種有顏色的發光半導體，呈圓球狀。目前國內使用的LED有紅、綠、黃、黑四種顏色，能排列組合成千變萬化的圖案及文字。如利用色階的差異性和快速的變化，也能表現出立體感和動畫的效果，透過軟體網路，與新聞、社會脈動結合，發揮戶外小型電視台功能。

(四)電視牆

另一種更大型的電視叫DV（diamond vision），是由許多細小矩陣式平面映像管所組成。DV的組成，是依小光點、色元素、螢幕元件、螢幕單體、螢幕組件組合，然後再依裝設場地的大小，組成為一九○吋到六百吋的大電視，甚至有更大的顯示螢幕。DV等大電視在性質上與Q板不同，因為DV基本上就是個電視，有電視色彩艷麗及直接播放等基本功能，它能與畫面同步發音，更是其他戶外看板所無法達到的。

但大電視的致命缺點是放在室外，容易受光線影響，畫面太亮而看不清楚。電視牆可提供聲光、色彩、動作，在熱鬧的都會區，尤其是逛街購物地段，最能吸引年輕人的注意，也因此頗為適合以都會年輕人為目標對象的時尚性產品。以台北市新光三越百貨公司前的大型彩色電視牆為例，該媒體於民國八十五年度起用，廣告租期最短以一個月為單位，每一檔三十秒的廣告收費兩萬六千四百元，可一天重複播出十六次，一個月總共播放四百八十次。以台北市、高雄市火車站內的電視牆為例，廣告租期最短也是以一個月為單位，每一小時播出兩次，一個月總共收費十五萬元（劉美琪，2000）。電視牆是一種高科技的傳播媒體，雖然是由許多小電視組合而成，但影像顯現、文字顯示、特殊效果顯示，均能輕鬆應付自如，還能與電腦連線，發揮電傳

視訊、實況轉播等功能。

電視牆的缺點是畫面分割過於明顯，近處不易看出螢幕顯示的影像，畫質不如一般電視。

日本電通PROX與Aoi Studio兩家公司，共同研發一種叫著Search Vision的新媒體，它是利用電腦自動追蹤氣球或飛艇的同時，以超大型投影機，將影像投射其上，作爲廣告傳播的媒體。這個新開發出來的媒體，不但滿足了廣大群眾對夜空的好奇感，也解決了廣告客戶長期以來，對飛艇或汽球無法在夜間發揮廣告效果的煩惱。

還有一種新電視媒體是「雙面電視車」。「雙面電視車」是由二十五吋和一百吋的兩台大電視構成，架在一輛小貨車上，沿著馬路邊跑邊放廣告。

┃其他廣告媒體

除了上述印刷、電波、店鋪、戶外等重要媒體外，尚有不勝枚舉

如何使戶外廣告奏效檢核表

□尋找一個偉大的創意——這已沒有所謂不可思議的餘地了。戶外廣告是一種顯眼的媒體。你需要設計一則海報，以便迅速而明確地把創意表現出來，一則「視覺上的驚異」會引起觀看者震撼而認知。

□保持簡潔——除去所有多餘無用的文字及圖片，並集中要點，戶外廣告是一種簡潔的表現藝術。只需要一張圖片，或不超過七個字的文案表現，尤以少於七個字較好。

□儘可能使其個別適用——個別化的海報是實用的，剛好適合短期的。提示一個特別的地理區域，或以當地的銷售公司為名。

□尋找詼諧幽默、富有感情的內容以讓人永久記憶——對於飢渴而又無聊煩悶的旅客，這無異是一種娛樂消遣的媒體。

□利用豐富的色彩來增添其可讀性——最容易讀出興味的就是黃底與黑字的結合，其他顏色的組合也可引起注意力，但僅止於運用原色，但忌用對比顏色。

□選定適當張貼位置以增進效益——很多社區利用其他地利之便張貼海報廣告：「如果你住在這裏，你現在已經到家了」（"If you live here , you'd be home now"）。利用戶外廣告告訴開車者，你的餐館就沿著這條路下去，你的百貨店就在街道對面，不要忽略戶外廣告到達鄰近地區的能力。針對你的消費對象來調整適用的語言及模式。

的各種媒體。例如交通廣告媒體，在車內中央懸掛的所謂「中懸廣告」、車窗上橫掛的所謂車廂內部廣告、車身外部的車廂外部廣告、車站張貼的海報，以及車掌報告站名時一同播報的簡短CM等，都可列入交通廣告範疇。交通媒體包括公共汽車、火車、計程車等交通工具車內與車身部分，以及車站、機場等交通設施內外部空間，以及站牌等與交通運輸有關的媒體，如車廂內廣告（car cards）、車體廣告（或稱為車廂外廣告）等等（蕭富峰，1998）。車廂廣告通常成行排列在車窗上方。交通廣告也可以放在車輛外部。如果有高架電車或地鐵系統，車站內也可見海報廣告。另外，在許多城市，計程車也在車頂或車身上安置交通廣告（漆梅君，1994）。

交通媒體主要針對的目標對象為行動中的個人，次要的對象則包含所有行進中的車輛，甚至可從室內觀看到室外景象的住戶或辦公大樓。刊登廣告的業者可依搭乘各種交通工具的主要族群、該族群選擇搭乘這種交通工具的情境，以及廣告暴露的地點與位置等因素，作為購買的判斷。

捷運系統交通網的建構與逐日增加的載客數對捷運廣告效果具有正面的意義。整體而言，捷運廣告站別的選擇大致需考慮：捷運站附近的商圈屬性（如商業區、住宅區等）、該站的人口流量、該站進出人口的人口基本資料特性分配（如年齡、性別比等）、消費傾向，以及適合的廣告型態、位置（劉美琪，2000）。

交通廣告在非常低廉的成本下提供高度的到達率、高頻度、揭露地區廣泛，以及注意力高等特質。此種方式不僅能使廣告主之訊息，有較長的揭露時間，而且提供不同品牌的廣告反覆的使用價值以及良好地理位置之適應性。此外，廣告主對於使用空間的大小，也具有彈性的選擇餘地。

至於它的缺點，當然也有不少。它並不涵蓋某些社會區隔，它可擴展到非選擇性的觀眾，威信力不高，並且廣告文案數字受到相當的限制。

再如戶外招牌、霓虹廣告、電桿廣告、汽球廣告、飛艇、門簾（長而大者稱為褌襠子）、三明治人（sandwich man）等都是SP廣告媒體。

免費分發贈品（give away）、便條紙、火柴盒等也是常用的廣告媒體。傳單（hand bill）的用途也十分廣泛，小者介紹餐飲，大者用彩色graphic介紹高級住宅，或介紹鄰近超級市場的特賣品等，它縮小顧客範圍，是一種限定地區型的廣告媒體。再如隨報紙配送的稱為夾頁廣告，舉辦event時分發的廣告物，例如月曆、鉛筆、煙灰缸等，這些小物品一般皆選珍奇者，此稱之為novelty。

公司內部刊物（house organ）不僅是內部溝通的橋樑，也是公司對外的PR工具。再如電影院播放的戲院CM，也是大眾傳播以外的媒體。

最近，企業CM或介紹新產品等，製作成Video CM的情形，大為增加，CM時間比三十秒或六十秒電視CM大為增長，常超過十分鐘以上，十五分鐘甚至二十分鐘更為常見。這種CM之製作稱之為VP（video package），VP用於event會場，對密集的群眾更有傳播效果。這種video廣告與大眾傳播媒體廣告大異其趣，但在某種意義上，也可以說它是電視CM的延長。當然，這是因為它具有Audio Visual的特性，而且它和短的電視CM不同，可詳加解說廣告內容，用作廣告媒體，可發揮獨特的效果。

其他如郵寄信函廣告（direct mail, DM），近年來其設計、印刷品質日益高級化，消費者透過DM型錄，以電話直接訂貨，所謂「無店鋪銷售」大為盛行，直接行銷（direct marketing）已成為最新式的行銷方法。而「無店鋪銷售」是近年來在臺灣頗流行的一種銷售方式。從有線電視上的「無限愛買購物頻道」（at-home shopping channel），到郵購目錄（direct-mail marketing）等各種不同的直接行銷形式。這些新的行銷方式不僅能幫消費者節省許多時間及相關成本，並同時提高了消費的便利性；然而，卻產生消費者無法在購物時接觸產品實體的障礙

廣告函件如何奏效檢核表

☐ 確定你所提供的是合適的——你提供什麼給消費者，是以產品的角度、價格或獎賞，這將造成不同的效果。考慮整體組合以取代單一單位的隨意贈品。

☐ 展示你的產品——隨函附寄樣品，贈送樣品是絕對成本中最昂貴的一種促銷方式，但它卻如此有效。對一個具有企業規模的公司而言，此項投資很快就會回收。如果你計算每件寄出的DM所得利潤的反應，有時候多花費幾分錢也是值得的。

☐ 利用封套來傳遞你的訊息——你的封套設計必須在數秒內引起潛在顧客的興趣，否則未拆封就被丟進廢紙桶中。

☐ 利用文案戰略——就像其他廣告媒體一樣，如果你預先決定目標讀者的重要議論、消費者利益，及生活費用、風氣及個性等，則DM將產生更多利益。然而，你的承諾必須特別關於你的產品，據專家說，在DM中最有效的訴求是如何賺錢、如何省錢，或如何不勞而獲。

☐ 緊扣讀者的注意力——每位初學撰寫DM文案的人，一定會學AIDA法則。這些字母則表示了一封推銷信函的理想結構，應當具有注意力（attention）、興趣（interest）、慾望（desire）、行動（action）。尋找一個予人深刻印象的開頭，以一種非常個人化的方式告訴的讀者。

☐ 不必害怕長的文案——你告知的資料愈多，將賣出愈多。特別是你正要求讀者花大筆的金錢或投資時，美國一家Mercedes-Benz Diesel汽車公司的廣告信函長達五頁。一封Cunard Line的海上漫遊旅行信函長達八頁。長的文案之關鍵在於「真實」，必須是特殊的，而非一般的。使信函具有視覺上的吸引力。將文案拆成幾小段並以畫線或手寫的註解來強調重點。一封函件裏包括好幾篇這樣內容經常會增進讀者的反應。

☐ 別讓讀者跑了——留一些事給你的讀者去做，如此他們才不會延遲採取行動。可利用像是非填寫卡的設計活動，附在回函上，使其參與活動是最重要的。激勵他們立即採取行動，可以設定一段固定期間，例如十天，利用相當簡單的問題，以誘導讀者能夠對你所提示的問題提出反應。但終歸一句話，就是要求其訂購。

☐ 預先測試你的承諾及標題——不要依自己的猜測來決定什麼樣的標題或承諾會吸引讀者，有許多方式可以推銷你的產品利益，而且也有很多測定方法。避免運用滑稽可笑方式、魔術戲法或其他花招，認真嚴肅、切合實際的方法較有助益。

（施東河、陳宇佐，1998）。直接函件這個傳統名詞是代表直接由郵遞方式寄達的廣告及商品訂單。我們現在則使用直效行銷一詞來泛指所有直接向消費者或購買者進行銷售，而不經其他媒介之手的行銷方式。我們也用它來代表一種廣告媒體，這種廣告媒體請顧客直接用郵購或電話訂購的方式購買，而不是到零售店或其他地方購買（漆梅

君，1994）。有些人視直接函件廣告為「垃圾郵件」。然而，垃圾郵件通常是當廣告到達許多不是該物品潛在顧客的時候。根據事先選擇好的郵寄名單來寄送廣告的話，收件者就不太可能把它當作「垃圾」了（漆梅君，1994）。至於DM的缺點包括每一揭露成本高，在傳遞方面較大眾傳播媒體遲緩。DM廣告有多種型態，如推銷信函、小冊子，甚至有明信片形式等，都可作為DM廣告，其傳達的訊息可短至一句話，亦可多達數頁長。

新媒體時代來臨

　　本節所謂新媒體中，擬舉出幾種衛星傳播和一些新媒體。這些新媒體群，與企業界普遍使用電腦、機械人、OA機器等相互依存，正洶湧地滲入各大企業界。這些新媒體以聯播網的型態，有效地統合在一起，使INS（高度情報通信系統）的構想夢幻成真。

　　在一九八〇年代中，幾種視覺傳播媒體被期望成長進入重要娛樂形式，並改變其他消費者媒體衝擊力。這些更新式的技藝會成為一些廣告主的資產，使其能用更有效果的創意方法與對人口統計變數有更大的選擇力。在另一方面，這些新媒體也可能為那些廣告主尋求大規模的視聽眾侵蝕既有媒體的價值。因此，新媒體可能既為一達到目的之合適機會，又可能為一破壞者（Schultz, 1996）。

　　本節就眾所矚目的新廣告媒體之現狀以及今後發展之趨勢，逐項論述：

(1)文字多重播映：在電視公司所設置的電腦上，打入「新聞」、「氣象預報」、「購物指導」、「娛樂資訊」等文字，趁電視電波的空隙將它發出信號，視聽戶用控制器（control pad）將文字顯示在電視機上的一種傳播系統。

(2)CAPTAIN System：把資訊以文字或圖形，輸入設置在播映中心的電腦中。利用此項資訊者，可透過電話回線檢索所需要的資訊，顯示在家中電視機上，一種嶄新的情報媒體。此種系統於一九八〇年，在日本開始實驗，一九八五年十一月邁入實用階段，成立了CAPTAIN System公司。目前由廣告公司、報社、通信社、出版社、廣播公司、百貨店、旅行社、金融業、製造業等，參與資訊之提供，備受各方注目。此種系統今後普及時，將使電話購物愈益發展，進而透過此一系統預訂飛機座位或購買機票，足不出戶即可進行。雖然申請方法、品質及資訊內容等，仍有部分問題有待解決，但這種新資訊媒體之出現令人喝彩與鼓舞。

(3)CATV：CATV按其機構、機能之發展階段，有共同受像電視（common antenna TV）、社區共有電視（community antenna TV）、同軸電纜電視（cable TV）、cable and communication TV等各種稱呼。它是用同軸電纜或光通信電纜，播放電視節目之一種系統。CATV原本為了消除高山部落收視困難地區而開發的，歷史相當悠久，美國於一九四九年，日本於一九五五年就有CATV，也許不能稱之為新媒體。CATV因為利用同軸電纜，與電話同樣，使雙方溝通變為可能。利用此種性能，能發揮廣告效果測定或簡單地事前測驗等功能。

(4)高度情報通信系統（INS）：INS係日本電通公社於一九八二年發表的構想。利用光纜或自由交換機等技術，使高速向廣大地區傳送變為可能，它是集看、讀、聽、寫於一體綜合的電信網，預定到二十一世紀開始啟用。INS計畫的著眼點，在於資料通信，各大企業正被採用的OA系統，僅行之於公司內部，到目前為止，與他家公司連線，尚有嚴格限制。但是日本於一九八三年十月，實施資料通信回線第二次自由化，除特殊個案外，連接通信回線已成為可能。結果，使過去不同業種間不可

能的回線共同利用，使其變爲可能。更進一步，由於INS使全國性資料通信網容易形成。例如，CAPTAIN system，銀行或通信銷售業能各自電腦連線，消費者從電視顯示的型錄來選擇商品，由家庭終端機訂購，將所訂購之商品，傳入通信銷售業者電腦內，然後由通信銷售業者配送商品。至於貨款，由消費者儲金帳戶撥給通信銷售業者銀行戶頭，雙方交易即告完成。日本電通公社於一九八四年於東京等地區開始試驗INS計畫，正式實施時必定會爲金融、流通業、廣告、出版、報紙、廣播、教育、行政、家庭等各方面，掀起極大的震撼。

新媒體及網路廣告的崛起

從有線系、電波系、電送路表示型態等觀點，新媒體可分很多種類。這些新媒體逐漸高性能化，但仍難全部用作廣告媒體。即或具有作爲媒體的潛力，但權衡現有媒體力量，其可能性相當遙遠。

新媒體要作爲廣告媒體，必須具備媒體力量。當設定媒體計畫時，媒體價值判定標準，一般採用媒體涵蓋範圍（vehicle coverage）、廣告認知、廣告衝擊力、購買行動效果等作爲指標，要想把新媒體用作媒體時，也必須根據這些標準來衡量，它是否能與其他媒體抗衡，這是值得正視的。

現在寄望廣告傳播的，是雙向溝通，目前能做到這種功能的，有雙向CATV、CAPTAIN文字傳送等。新媒體不論用作商務交易媒體，或用作提供資訊的情報媒體，都必須具有雙向性。因此，這些媒體從廣告傳播成本來看，與傳統的媒體相比昂貴，效率也不顯著，廣告主用這些新媒體作廣告媒體，爲時尚早。

現在是直接行銷、直接反應時代，只有雙向CATV、Videotex（在日本屬於CAPTAIN系統）的媒體性格，適合這個時代，備受廣告業重視。

廣告訊息如果從意見領袖（opinion leader）口中，向他人口口相傳，通常稱之爲口頭傳播，換言之，「人」成爲廣告媒體。這種媒體，相當於過去酒店、米店的推銷員。酒店的推銷員，對於顧客家庭成員之興趣、生活方式等知之甚詳，容易達成行銷，此種行銷方式可以說是「信用銷售」的起源。

以日本而言，近年來以化粧品、寢具爲主體，開啓按戶訪問銷售的先河。這種制度中，「人」的媒體，即從銷售員所傳達的內容對消費者具極大的影響力。總而言之，創造了與使用者溝通的場所，「人」的媒體成爲可能。

被傳達的消費者，再向他人傳達，使「傳播之輪」日益擴大的一種制度。這種制度比劃一的單方面的媒體訊息，能直接雙方溝通，可產生高度接觸（high tauch）的媒體效果。

通路上的流通業者利用這種「人」的媒體，與電腦連線，使推銷員制度相當成功。

網際網路（internet）自從在一九九五年起以全球資訊網（WWW）的形式起飛，自此直接、間接地方式影響到人們的生活、工作、企業經營，以及經營型態。網路的普及率與使用情況，也成爲衡量國家競爭力的重要指標。根據《天下雜誌》一九九九年的網路大調查，發現在台灣有使用過網路者約三百八十萬人，未來在寬頻的推動及逐漸普及後，使用者將會繼續地增加。而依照蕃薯藤調查網所調查發表的「二〇〇〇年台灣地區網友生活型態大調查」結果顯示，在網友的結構上，以十五至二十九歲爲主要的年齡層，另外爲二十五至二十九歲的年齡層，同時女性人口也在逐年增加（男女比例約爲5.5比4.5），大部分仍以學生以及上班族爲主。在教育程度方面，網友的素質都很高，其中大專或學院畢業的就佔了約四成左右，而專科也佔了約三成。在婚姻狀況方面，單身人口則佔了八成左右。生活型態方面顯示，上班族以及學生族群都喜歡逛百貨公司及大賣場，最常購買一般日用品的地方則爲大型量販店以及二十四小時便利商店。另外，在購買汽機車

及房屋等的花費外，大多花費在資訊產品上，包括電腦、印表機、掃瞄器等及通信用品方面。

　　對台灣來說，基於個人興趣而上網，是驅使人們上網的主要因素，這對消費市場來說是一個好的消息，企業能針對消費者不同的興趣，發展不同的新市場，進而成為新商機的所在（于心如，2000）。

　　近年來由於WWW快速興起，國內有許多企業廠商爭相在WWW上設置網站進行廣告與行銷，雖然有若干企業確實有藉由網際網路而得到成功的例子，但是多數企業仍缺乏在這個新興媒體做行銷的參考架構，只能憑直覺判斷，因此有51％投入網路行銷的公司每個月不但未獲利，反而呈現虧損狀態（周冠中，1997）。從國內的網路族調查資料來看，在網上曾有線上購物經驗者約佔13％左右（賴偉廉，1997），與美國的84％相比，確實落後甚多。另外國內網路族對於線上購物最擔心的問題是「交易安全考量」和「商品信用度」；而美國的網路族對於線上購物最擔心的問題並非交易安全和頻寬不夠這類的技術性問題，而是「很難在網路上找到特定的商品項目」、「售價偏高」、「單一網站銷售的商品種類太少」、「售後服務不佳」（Jarvenpaa & Todd, 1997）。這個差異顯然反映出在網路商業發展的不同階段，消費者所關心的問題也不同。

　　WWW之所以能快速地成為企業進行商業活動的管道，主要是因為WWW具有以下特質：

(1)全球相連，無地域、時差限制。

(2)圖形化介面使用容易。

(3)資料傳遞速度快。

(4)資料可隨時更新。

(5)具有互動性，消費者主導權增加。

(6)可提供多媒體型態的資訊。

(7)甚至具有虛擬實境效果。

(8)資料容量的深度與廣度大。

　　網際網路對企業是一種新型態的媒體，在使用初期以提升、推銷產品／服務的形象為主，等到網路環境逐漸成熟，交易方式與安全開始發展，企業開始透過線上進行直接行銷（陳廷榮，民85），以更輕鬆、更有趣、更有效的方式獲得行銷資訊。再從消費者的觀點視之，經由網際網路購物可以有以下的好處：便利、有完整而即時性商品資訊、能獲得針對個人量身訂做的商品訊息和服務、價格可能較低、維護個人隱私、避免銷售人員硬性推銷等。事實上，從許多相關的研究中發現「便利」是網路購物者最常提到的主要原因（Jarvenpaa & Todd, 1997; Burke, 1998）。兩家最大的個人電腦直銷商DELL電腦和GATEWAY 2000就充分運用網際網路的優點，在直銷業績上漂亮出擊。他們讓顧客在網路上選擇組裝自己想要的配備，並且立即知曉各種組合的價錢，選定後立即下訂單，廠商再依照顧客需求的配備出貨。這種作法不但廠商節省了通路鋪貨的開銷，也降低庫存的壓力，是相當成功的網路行銷典範。

　　儘管網際網路有諸多優點，但是也有學者和業者指出目前網路行銷有許多的缺點和限制。Deighton（1997）曾經指出：(1)消費者若要配備一套能連網和做基本操作的電腦軟硬體，必須要花費不少錢，因此限制了普及性；(2)隱私權和安全性仍然是兩個棘手而難解決的問題。另有學者指出連網的操作相當複雜，不易大量普及。學者們發現許多人在連網時常會遭遇線路不良、忙線、忘記密碼，以及把電腦操作指令弄混的困擾（Kraut, Scherlis, Mukhopadhyay, Manning & Kiesler, 1996; Franzke & McClard, 1996）。行銷學者Peterson等人（Peterson, Balasubramanian & Bronnenberg, 1997）將產品分類並且預測消費者可能採取的購買決策行為，發現網際網路與傳統行銷管道在消費者做商品資訊搜尋及比價，和最後的購買交流，確實是既競爭又互補（以上摘自郭貞，2000）。

廣告學原理

84

網際網路迅速地在全球擴展，網路市場的擴大與潛藏的商機促使「網路行銷」（internet marketing）相關概念受到重視，凡利用internet或商業網路來進行廣告、服務、銷售、付款等商業行爲，皆可稱爲網路行銷。隨著電腦科技精進與政府政策之推動，網際網路挾其互動、即時、低成本、多媒體及不受地理限制等特性，迅速地在全球拓展開來。

　　網路行銷以網際網路爲通路或傳播媒介，提供商品、服務、觀念等資訊，以滿足消費者需求，並達到行銷之目的。網路行銷的目的可分營利與傳播兩種：以營利爲目的之網路行銷即應用於「網路商業」上；以傳播爲目的之網路行銷則以塑造企業形象、提升品牌知名度、推動公共關係、告知活動訊息等爲目標。網際網路對企業行銷模式與媒體通路產生最大的變革即是利用電腦科技與消費者進行大量「一對一」的行銷服務，是以顧客需求爲中心導向的行銷模式。基於「好的圖形使用者介面就是簡單自然的對話」，倘能在現有的網路行銷模式下，透過操作方便的WWW Browser，開啓面對面立即交談的管道，即符合所求（以上摘自施東河、陳宇佐，2000）。

　　最早網路廣告的刊登模式屬於「固定版面式廣告」（hardwired ad.），後來演變出「動態輪替廣告」（dynamic rotation ad.），讓不同使用者在同一網頁上看到不同的廣告，可針對不同網頁內容或不同目標族群提供適當的網路廣告，這種廣告背後有賴精巧的軟體系統程式與資料庫支持；其他的廣告形式還有具聲音、影像、互動模式的豐富媒體（rich media），以及能夠放大的「擴張式橫幅廣告」（expanding ad.）。橫幅廣告的內容因篇幅限制，故以贈品誘因、促銷活動，甚至直接寫著「請按這裏」吸引點選爲多，目的在吸引消費者進入企業網頁或網站。

　　網路廣告是唯一可依實際接觸率收費的大眾媒體廣告型態，廣告主可以明確控制廣告成本與預期目標。目前國外普遍使用的是以網頁閱讀（page views）爲依據的「每千人（次）成本」（cost per mille,

CPM），爲網路廣告計費主流。台灣於一九九七年十月，由中時電子報率先採用CPM觀念收費，業界開始跟進。

　　廣告主如果想要刊登網路廣告，通常可透過下列幾個管道：(1)廣告代理商：雖然網路並非廣告代理商的專長，但爲了配合客戶需求、跟進媒體趨勢，一些綜合廣告代理商已經在公司內部成立了網路廣告相關部門，以處理相關事宜；(2)網站設計公司：網站設計人員雖然擁有技術但缺乏行銷知識，因此，多半負責客戶網站的架設、網頁的設計等執行製作的層面，在廣告業務方面較不深入；(3)網路行銷公司：看好台灣網路廣告這塊大餅，許多國際性網路廣告公司已紛紛來台設立據點，這些公司較類似於顧問的角色，提供客戶全面性的網路諮詢與執行；(4)網站連播機制：不同於一家一家的網站各自販售廣告，一些連播機制聚集衆多中小網站的流量，創造出接近入門網站的涵蓋率，以page不以site爲刊播標的，發揮廣告效益。

　　由於各個販售網路廣告的單位所規劃的廣告形式、計價方式不同，以下將舉例來加以說明：

　　以蕃薯藤爲例，廣告可針對目標對象選擇蕃薯藤搜索引擎、小蕃薯、網托邦或新聞網、理財網、音樂網、女性網、英文新聞或流行時尚來刊出。光是在搜索引擎上，可選擇的廣告版位就有：首頁輪替式廣告、首頁icon輪替式廣告、搜尋結果輪替式廣告、指定關鍵字搜尋結果固定式廣告、指定分類搜尋結果固定式廣告等。最低基本訂購單位，亦即廣告曝光次數爲十萬次，首頁輪替式廣告的基本訂購單位爲四十萬次，每週收費八萬元（蕃薯藤，1999）（以上摘自劉美琪，2000）。

　　新媒體（電子媒體）將促成「地球村」的早日到來。地球村指：由於電子通訊、電子媒體與跨國企業的日益發達，訊息傳遞方式的改變，資本流動方式的改變，最終改變了人的組織意識，進而改變了人與人、地域與地域、國與國之間的「距離」概念，「距離」已非以「物理距離」來測量，人對世界的觀點與已非傳統的地域概念所能概

括。麥克魯漢所提出的地球村概念倒不像他所提出的其他概念的「老是受到誤解」，而是一下子廣爲各界所接受。傳播學或傳播意識的最大改變還是在八○年代，這種改變是透過科技的改變，傳播體制的改變，進而對人的學習習慣、生活習慣、價值觀（或是說文化符碼系統）產生改變。這些改變有：

(1)有線頻道與衛星通訊的商業化，這促成小眾文化或分眾誕生。

(2)電腦網路通訊、電腦普及化及複製技術的成熟，這促成「無體財產權」的重新界定。

(3)電腦網路通訊、電腦普及化及複製技術的成熟，這促成「知識」壟斷的重新界定。

(4)電腦網路通訊、眞境模擬、電腦普及化與塑膠貨幣信用卡的結合，這促成「實體消費」的重新界定，甚至改變了人類對財產的新概念。

這些改變，不但豐富了傳播學或改變了人類的傳播意識，事實上也再再地衝擊著廣告設計，再再地衝擊著整體設計行業（以上摘自楊裕富，1998）。

✦ 新媒體之創意

廣告媒體的開發，除了科技發展不斷出現新的媒體外，亦可憑個人智慧開發新體。下面所述就是一個絕佳的案例。

到丹麥哥本哈根遊玩的旅客，可看見路邊散置許多腳踏車。只要在車架上放置二十元丹麥幣，就可以自由騎腳踏車到各地兜風辦事，事後把車子放回原處，錢還可以自動退回。

據提供腳踏車的商人表示，五千輛免費車已經得到市議會許可，能在車身及車架上做廣告。這對一向不准做戶外廣告的哥本哈根市來說，此項特許案件，既特殊又例外。因此，目前已經有很多廣告廠

商，應允與他簽署四年廣告合約。

　　新媒體的開發無時不在研究發展中。美國一位電訊專家史立維（Neil Sleevi），發展成功一種交換機，可以在電話鈴響中間的空檔插播廣告，每句廣告佔時約四秒鐘。此項由史立維新開發的媒體專利，已被貝爾電話公司買下，計劃在美國各地機場裝設免費電話，供剛抵達機場的旅客與當地親友或旅館聯絡，在對方拿起電話之前，鈴響一聲，就穿插一句廣告，如果不巧要找的人不在，被灌輸的廣告詞就會滔滔不絕。

　　貝爾公司的機場免費電話，一律為綠色機身，使與有費電話區別。另外該公司也預定在住戶電話中加裝廣告線路，使願意收聽廣告的人，打電話可以享受相當優惠的折扣。據市場調查顯示，廠商願為這種電話鈴廣告付出每戶每月九美元的代價，所以說媒體是可憑個人智慧創造的。

媒體策略

　　所謂媒體策略，就是把商品的創意或構想（concept），針對其目標，在一定的費用內利用各種媒體的組合，把廣告訊息有效地傳達到市場目標，這就是媒體策略或媒體計畫。

　　媒體以電視、電台、報紙、雜誌（所謂四大媒體）為首，其他如交通廣告、DM、傳單以及最近出現的新媒體等，隨科學技術之進步，各種媒體如洪水般地湧現在世人面前，使我們眼花撩亂、無所適從。因此選用何種媒體、如何組合（media-mix），效果較大，才是重要的。因此，必須遵循「媒體型態」→「廣告單位」→「媒體名稱」的步驟，審慎決定不可。

　　媒體型態通常是指報紙廣告、交通廣告或傳單。廣告單位是指報紙××批，或電視××秒插播。如果是報紙的話，是什麼報；如果是

電視的話，是什麼電視台。因此，對大眾傳播媒體的特性，其優劣點如何，要有充分的認識。

　　如果你想在雜誌上刊登廣告，以美國兩大著名雜誌《時代週刊》和《新聞週刊》而言，應當選擇何者作為媒體？以報紙媒體而言，全五批和全七批何者效果較大？究竟要不要在電視上做廣告？這些問題必須由媒體計畫解決不可。所謂媒體戰略，就是為了達成廣告目標，將廣告表現計畫所研擬出來的具體表，透過何種媒體、何種版位、多大版面、在何時、決定發稿多少次的日程表。反過來說，根據媒體戰略或計畫，也能設計出廣告表現計畫來。媒體計畫和表現計畫，互為因果，相互依存。訂定媒體計畫必須檢討取得各媒體之可能性，如果無法取得印刷媒體之空間、電波媒體之時間，一切等於空談。最後做成發稿日程表。經過以上過程，按照預定日程開始向媒體發稿。廣告主所支出的廣告費中，80％至90％都用在媒體計畫中的媒體費用上，因此，媒體計畫是否適當，是十分重要的。

♦ 媒體策略的基本要素

　　媒體策略的基本要素：向誰廣告（廣告對象）、何時廣告（廣告時數）、多少次廣告（廣告次數）。茲將基本戰略要素詳述如下：

(1)廣告對象，是指一些可能購買廣告商品的人。這些人是商品的使用者，也可能是非使用者，例如父母替孩童購買兒童用品。有時一個商品卻與多數的廣告對象有關，例如購買住宅與全家人有關。在理論上，凡是具有提高廣告商品銷售潛力地區之消費者，都是廣告對象。

(2)何時廣告，係指廣告的絕佳時機，購買決策者想要何時購買，何時具備購買的費用，此時就是必須廣告的時間。例如歲末年初是購買禦寒器具的季節，而香煙、肥皂是一年中不分季節的

商品。當然，像這種全年都需要的商品，是否必須全年都要廣告，又另當別論。因商品種類不同，購買間隔的期間也不同，要考慮購買間隔的長短從事廣告活動。吸煙的人幾乎天天要購買香煙，可是自用汽車就要三年五年或更長時間才更換一次。

(3)要做多少次廣告，是指針對廣告對象最適當的刊播次數。換言之，次數過少沒有效果，次數過多也太浪費。次數太少視聽眾不能記住廣告內容；反之，一再觀看同樣廣告使人厭煩。再如你的廣告時間會與你的競爭對手的廣告相牴觸，你的商品特徵會被誤解成競爭商品的特徵，所以競爭對手的廣告刊播狀況，也關係到你的廣告最適的次數和時機。

◆ 擬訂媒體策略

擬訂媒體策略，首先要瞭解媒體的共同特徵是什麼，一般而言，媒體之共同特徵有：能涵蓋多少目標市場、該媒體所能揭露的情報量與質、能涵蓋何種特性的目標市場、接觸該媒體的目標市場狀況。

然後按商品生命週期、商品特性、競爭關係、媒體本身因素、媒體成本來選擇媒體。

(一)商品生命週期與媒體選擇

首先要確認產品生命週期，它是成長期的商品或是成熟期的商品，由於生命週期不同，媒體戰略各異。例如它是高價位導入期的商品，到一般大眾可能購買的時期尚早，以採用最可能閱讀高所得階層的雜誌較有效果，如果是成熟期的商品，一般大眾已有購買能力，必須針對此一市場目標來選擇媒體。

(二)商品特性與媒體選擇

商品特性和媒體選擇有密切關係，例如同樣以主婦為對象的商品

如「服裝」和「蟑螂藥」，其印象和購買動機完全不同，因而所應選擇的媒體當然也不同。

(三)品牌戰略與競爭關係

自家品牌與競爭品牌相比有何不同，在商品功能上何種差異能促使購買，競爭品牌正在使用何種媒體，經過仔細考慮以上各點，則本公司的商品和應選媒體所在位置便一目瞭然。在媒體戰略上先考慮位置所在，再設定戰略，這是十分重要的。在成熟市場下，爭奪市場占有時，選擇媒體要考慮商品差別化和市場區隔等問題。

(四)媒體因素

(1)費用折扣：就是視聽率相同時，要選擇形象優良的電台或電視台，如不需考慮其形象時，應選擇媒體費用低廉者。

(2)媒體公司刊播廣告慣例：所要廣告的業種或文案表現內容，常因媒體公司慣例，有被拒刊的情事發生。

(3)媒體利用實績：以電視而言，常有黃金時段的節目不得提供CM的情形，這是受交易實績關係所影響。再如報紙或雜誌媒體，因其契約期間長短和使用媒體段數多寡，媒體單價截然不同，定價與實際價格有時因與該企業相互業務關係而異。

(五)媒體成本效果

從媒體費用和到達效果相互關係，所算出的效果指標，爲媒體選擇重要之依據。因此，對選擇媒體重要的指標，GRP、到達率、頻度等概念必須瞭解。在媒體評價上，量的方面，到達了多少人，質的方面，給予每一視聽衆多大衝擊力，這都是數量的指標。

(1)到達（reach）：例如當某一商品導入市場時，是儘可能讓廣大

訴求對象知曉該商品，或是針對指定階層，促使一再重複視聽，加深其對商品印象的問題。這些問題就是重視到達率或是頻度的問題。向來CPM計算法〔每1,000戶成本＝（媒體費／區域內擁有TV戶數×視聽率）×1,000〕只是每一次的成本指標，應考慮播映次數，而立體媒體的實際指標，就是GRP、到達率、頻度的觀念。

(2)GRP是以％所表示的某一期間中各次視聽率之和。reach是到達率，意味著到達視聽戶（人）的廣度，表示至少視聽一次以上的百分比，最高不能超過100％。

(3)frequency意味著平均視聽頻度，表示平均視聽多少次。因此，隨GRP的增加（播映次數增加），reach的伸展逐漸遲鈍。

當新產品廣告（插播）以電視插播為主要媒體訂定計畫時，廣告發稿與促使消費者態度變化關係，可設定各種廣告效果模式，尤其我們所能控制的GRP關係，令人注目。近年以來，並不把GRP每個視聽率單獨堆積起來，「由於時間的經過，效果的減少」，強調時間的因素，引進「有效GRP」觀念，擴大了適用範圍，為維持廣告活動後之知名度的發稿計畫，或一定費用時，為了獲得較大效果發稿計畫等，都可適用。

♦ 媒體策略

(一)廣告發稿之集中與分散

同量的廣告，可分散在全年中刊播，亦可集中於三個月內刊播，如果決定分散在全年刊播時，會產生什麼特殊效果，值得深入探討。在此，針對同一廣告對象，以同樣頻度接觸廣告，探討其連續性效果差異情形。

據Zielske（1959）所做的研究，將女性調查對象隨機抽出兩個小組，以兩種方法分別郵寄十三次報紙廣告。廣告再生測定（以商品屬性作線索）用電話訪問。郵寄報紙廣告所用的兩種方法，一組是十三週間每週郵寄一次（集中型），另一組是一年當中每隔四週郵寄一次（分散型）。

本來有關記憶之分析，應從個人記憶率、團體記憶率，以及記憶持續時間之時間要素三方面來研究，但Zielske係以所有調查對象者中，多大比例的記憶廣告，所謂macro approach，並非micro approach的研究。

(二)廣告日程型態

廣告發稿型態，大致分為連續型（continuity）、間歇型（flighting）、脈動型（pulsing）三種形式。

所謂連續型，即媒體計畫期間，譬如一年期間，連續發稿。其目的有三：(1)不使消費者忘記廣告（廣告訊息或廣告本身）；(2)為了涵蓋所有廣告對象之全部購買週期；(3)為了全年連續發稿，可獲得媒體費之折扣待遇。

間歇型之發稿，係順應市場競爭狀況，於必要之時期發稿，或用於集中廣告可能增大銷售時，或利用各種媒體，短期間內達成預定傳播目標。

脈動型是連續型和間歇型的折衷型態，兼具兩者優點，用於傳播商品基本訊息所進行的連續發稿，同時順應季節性的市場動向，進行的間歇型發稿。

近年以來，脈動型或間歇型之發稿，評價極佳。一般情形，由於廣告發稿量之增加或減少，銷售額亦有顯著之變化。Simon（1982）把這種現象，以「順應水準」的想法加以說明。他說人們對於一個新的廣告（前所未有的或少有的）比刊播過的廣告（中止或減少的）容易引起注意。總之，人們對某廣告之中止，注意的人少，如果某廣告重

新開始刊播，幾乎所有的人都會注意。因此，廣告量增加後，銷售額馬上有了反應，其後，隨廣告量保持順應水準。舉例而言，從黑暗中馬上到光亮處的人，眼睛有不習慣的感覺，但經過一會兒後就習慣了，市場上也會出現這種反應。

此外，間歇型或脈動型之所以有效，可從有效頻度方面說明。採用連續型廣告發稿日程時，在廣告期間中，一次也不能越過最低有效頻度。可是以同額的廣告預算，如果採用間歇性或脈動型時，可以達到這個目標。

但間歇型或脈動型亦有其缺點，當沒有發稿或發稿量少時，容易引起競爭廣告之攻擊，這一點是必須注意的。對發稿的間隔，稿量多時與少時，廣告的絕對量與相對的差，希望審慎考慮。再者，銷售量也會產生起伏波動，生產或通路流通現場，應作妥善之調整。

媒體效果評估

當檢討媒體策略時，應先考慮訴求目標、所要傳播的訊息、廣告預算等問題，然後再作媒體選擇、發稿計畫以及其他推廣活動。

過去對媒體選擇，多以傳播工具的立場來考慮，實際上，應以訊息接受者的立場，即從視聽眾的特性方面來考慮。

♦ 瞭解視聽眾的特性並與之溝通

傳統的解釋上我們可能會說廣告就是廣而告之，但實際上這是有語病的。因為除了少數的例外，大多數的廣告均非用來昭告天下、廣為周知的，而是選定特定對象做為目標視聽眾，對他們進行訊息傳遞的動作，以便在特定的族群裏達到「廣為告之」的目的，所以，所謂的「廣」是有限制條件的。例如，成人紙尿褲如果去跟小朋友廣為告

之，顯然不會有任何效果，只是浪費錢罷了；可口可樂以年輕人為主要訴求對象，乖乖則是以小朋友為對象；而嬌生嬰兒洗髮精則是在嬰兒市場出現瓶頸後，移師年輕人市場，由此可知，每個廣告均應針對特定對象進行溝通，以免對牛彈琴，弄得勞民傷財，效果有限。

既然廣告是一種溝通活動，則瞭解溝通模式能幫助我們順利進入廣告世界。在一個溝通的過程裏，包括了八個主要的溝通因素，在其中，發訊者（sender，也可稱作訊息來源source）設定好要傳遞的訊息（message），經過製碼（encoding）的程序，將它轉化成可溝通的型態（如語言、文字），透過適當的媒體，將訊息傳送出去，經過解碼（decoding）的過程，由收訊者（receiver）將發訊者所製的碼加以解析，並賦予意義（當然，收訊者經過解碼所呈現出來的訊息意義，未必與發訊者的溝通意圖相一致，於是乃產生曲解或誤會），然後據此採取適當的反應（response），並給予發訊者回饋（feedback）。發訊者根據收訊者的反應以及所得到的回饋，判斷收訊者是否完全瞭解其訊息，或是其中有些出入／問題，是需要進一步解釋，或修正其溝通內容、方式等，以避免溝而不通的情況。

如果我們把這個模式套在廣告運作上，我們可以發現，兩者之間有相當大的共通性。在其中，廣告主就是發訊者，目標視聽眾（target audience）就是收訊者，前者發展出廣告訊息內容，交由廣告公司製碼，以便將它轉換成能吸引後者、使他們有興趣的廣告表現，並經由適當的媒體進行溝通。經過重重關卡後，終於為後者所吸收，並加以解碼，以便據此產生某種反應，進而主動或被動地提供回饋給廣告主，以做為它下次製作廣告的參考。由此可見，廣告的主要目的在於贏得目標視聽眾的有利反應，進而採取正面的回應或行動（以上摘自蕭富峰，1998）（圖3-4）。

廣告傳播活動，因由廣告傳播者向接觸媒體的廣告接受者發出的，其前提不但要經常分析各種調查資料，而且要將各種媒體配合傳播幅度（communication spectre）予以妥善組合。

● 制訂媒體組合策略

因為每一種媒體都有其核心聽眾、觀眾或讀者，因而在廣告運動中如果使用單一媒體，亦即傾向於對一部分的人口建立曝光度。使用多種媒體比使用單一媒體易於對視聽眾更有效地散布廣告暴露。

大多數廣告人都相信媒體是以各種獨具的方式傳播，在某一種媒體中的曝光度並不與在另一種媒體中的曝光度相同，各媒體都有其各別的「衝擊力」（impact），如電視廣告、廣播廣告或報紙廣告，就分別會產生不同的效果。即使在電視媒體中的廣告，也可能因各種因素產生不同的效果。

確定創造力的價值需要判斷。通常廣告代理公司與廣告客戶基於廣告活動目的做成判斷上的決策。例如對長而複雜的報導，印刷媒體可能最好，以報紙去發布新資訊就極為有力；電視則能提供視覺上的展示；廣播由於能強化許多廣告運動，能在接近購買時增加額外的效力；由此可看出每種媒體都有其獨具的傳播特性（Schultz, 1996）。

廣告公司一方面與廣告客戶商品企劃部、銷售促進部、廣告部、業務部等單位磋商，同時決定媒體計畫、促銷以及event活動。

在作業進行上，最重要的事是，在客戶方面需要一位具有權限的責任者，而且這位人選必須是公司內部八面玲瓏的人物，否則作業難求順利。

客戶為了善用廣告公司或公關公司，客戶的企劃小組責任者和廣告公司現場責任者（AE等業務處長級），組成一個能共同進行企劃的組織，如果客戶和廣告公司責任者，在其公司內部沒有決定權的話，其產品銷售計畫，一開始勢必遭到失敗的命運，這是可以預料的。

唯有這種組織組成之後，才能展開大眾傳播媒體、小眾傳播媒體以及event等選擇作業，進而訂定立體的媒體計畫、促銷計畫，然後方能實施新產品發售的廣告活動。

單一媒體斷難達到廣告目的，唯有善用各種媒體特性，訂定綜合媒體戰略才是重要的。

╵媒體運用的創意

許多廣告活動不使用單一的廣告表現，而使用多元的廣告表現。不同的廣告可能用來鎖定不同的市場區隔。或者，不同的廣告也可能用來傳遞不同的訊息給相同的目標市場。對許多品牌而言，把改變廣告做爲恢復銷售活力的方法是很誘人的，不管如何受歡迎，沒有一個廣告是可以永遠播放的。隨著消費者接觸一個廣告活動的累積次數增加，以下的風險也會隨之升高：消費者因爲無聊而關掉電視，不看廣告，甚或更糟的是逐漸被激怒，而且眞的開始不喜歡這個廣告。當一個廣告的效果似乎開始衰退時，行銷人員可能有必要在傳播策略上做些改變。一個品牌在廣告或訊息策略方面的改變，可能被描述成創意的改變或定位的改變。前者是指品牌定位策略仍然相同，但是創意策略在某個方面改變了；後者是指品牌被重新定位，而且也可能同時引進一個新的創意策略。

與過去的廣告建立連結性的策略是：把過去廣告活動中某個顯著的元素當作目前廣告的一部分。這種作法可以採用許多不同的形式出現。其中一個策略可能是，在限定的基本原則下，重新播放過去的廣告，例如，做爲節慶或特別活動的一部分。如果目前的廣告無法處理一些關鍵的品牌聯想，而且這些聯想不僅組成了該品牌的資產，也是其形象的一個重要部分，此時，這個策略可能特別有用。有限度地播放過去的廣告可能有助於強化原本的定位，同時也比較不會干擾到目前廣告活動的傳播目標（以上摘自吳宜蓁，1999）。

各種廣告媒體有其特有的限制條件，如能深入瞭解，對媒體戰術之訂定有很大的助益。

例如在報紙刊登廣告時，可按其不同地區加以細分。譬如台灣某

● 圖3-4　廣告的目的在於將商品訊息散播出去，促使視聽衆採取購買行
　　　　為。
圖片内容：易利信－待機篇
圖片提供：時報廣告獎執行委員會

報有北部版、南部版，由於各地區分配份數不同，消費者購買力各
異，應按實際情形展開區域廣告，較有效果。

　　再如雜誌媒體，譬如《讀者文摘》，如果準備針對男性及女性兩種
廣告稿，分別刊登在同期雜誌上，那麼就可按照郵寄雜誌名單的性
別，分別郵寄兩種不同的對象。對男性訂戶郵寄針對男性訴求的，對
女性訂戶郵寄針對女性訴求的，這種做法可使廣告更有效。

　　按以上方法進行，可以按商品特性別，明確地掌握市場目標，有
效地活用廣告費（**圖3-5**）。

┃ 媒體的情報來源效果

　　當廣告對象選定後，選擇廣告媒體，要選廣告訊息到達廣告對象

圖3-5　針對不同的地區、銷售對象、商品特性，運用不同的廣告表現來
　　　加以區隔，可使廣告更有效果。
圖片內容：可口可樂－十萬青年十萬機追逐篇
圖片提供：時報廣告獎執行委員會

最有效的媒體。可是一旦廣告到達廣告對象之後，何種媒體以何種方式使廣告到達其效果不同，將此種效果稱之為「媒體的情報來源效果」。

所謂「媒體的情報來源效果」，並非媒體使廣告對象作何種程度的廣告接觸，媒體相互間之差異，而是廣告到達廣告對象影響之差異。以報紙廣告為例，被刊載在A報的廣告和被刊載在B報的同樣廣告相互比較，固然廣告注目率或到達人數不會一樣，就是同樣到達之後，可以想像出看A報的和看B報的人所感受的影響也不同。

「媒體的情報來源效果」有三種型態，第一種型態是因媒體等級而效果不同，就是廣告同樣到達一個廣告對象，它那訊息是從電視得來的，或是從雜誌得來的，當然由於視覺、聽覺等接受訊息的器官不同，而感受不同，還有為配合媒體特性廣告表現的不同，就產生不同的廣告效果。

另一種型態，由於同一媒體中廣告單位不同而效果不同。三十秒的電視廣告和十五秒的效果不同，十五批的報紙廣告和五批的也會產生不同的影響。但是，三十秒CM是否為十五秒CM兩倍的效果，十五批廣告是否為五批廣告的三倍效果，目前無評價標準，因此作定量的比較是不易的。

第三種型態，同一類媒體中按Vehicle之不同，效果亦異。譬如一幅雜誌的彩色全頁廣告分別刊登在兩種雜誌上，而且由同一個人看到該廣告，在經濟雜誌上看到的和在高爾夫球雜誌上看到的，其效果可能不同。或者在歌舞節目裏看到的電視廣告，和在連續劇節目裏看到的，儘管是同一種CF，但印象不同。

由於Vehicle不同，所產生的效果不同，可由下列幾點獲得證實。

第一點，媒體的專門性或信賴性，影響廣告的效果。消費者所接受的情報來源，如果它信賴性或專門性高，易引起接受者之態度變化。據V. Appel（1987）所作的研究，如果廣告刊登在信賴性高的雜誌上，證實消費者對廣告商品品質或廣告的信賴性評價亦高。

再者，由於Vehicle的氣氛不同，影響廣告效果，例如在快樂氣氛節目裏播出廣告比在悲悽節目中播出廣告，有促進廣告認知作用，但在過度令人興奮的節目中播出廣告，卻引不起人們注意。

廣告媒體的情報來源效果，是一項非常有趣的廣告心理問題，必須把所有影響變數加以考慮，只憑情報來源效果，不足以作爲媒體評價之依據。

有效的廣告頻度

電視廣告可以說是一種非常獨特的大衆傳播訊息。電視廣告的出現雖然僅有五十年左右，然而，其廣受矚目的程度卻遠超過其他媒體的廣告。有很多人關心電視廣告所可能造成的對個人、對社會或對文化的影響。例如，有人視其爲反映社會、文化特質的一面鏡子，認爲電視廣告或多或少反映了該社會當時的文化特徵。也因此，電視廣告在傳遞訊息時，就應該要格外小心，因爲很多人會將之視爲模仿、學習的來源（Pollay, 1986）；也有人將之視爲一種藝術表現的方式，研究如何善用電視媒體的特性，以增強其美學上的傳播效果（Feasley, 1984）；另外，有人視其爲抽象的符號，研究其所隱含的社會意義；廣告主更將之視爲一種有效的行銷工具，藉以達到促銷目的，他們撒下大筆金錢在電視廣告上，一支三十秒的電視廣告製作費可以高達新台幣五百萬元（《動腦雜誌》，262期，1998）；每三十秒的託播時間費可以高達新台幣二十萬元，廣告主甚至可以一年投下將近新台幣十億元的電視廣告費以宣傳其產品（《中華民國廣告年鑑'96～'97》，1997），目的卻只有一個——促銷。爲了想瞭解此一擁有巨大影響力的電視廣告，很多學者使用了各種不同的方法與測度，分別對電視廣告進行科學研究，這些研究也與傳統的傳播研究一樣，很多是集中在廣告效果的研究上。此類效果研究，不僅是科學研究的最初動機，也正

符合廣告主的興趣所在，畢竟廣告主最想知道的是，他們花下的大筆金錢到底有沒有效（陳尙永，1998）。

對某一商品而言，究竟多大程度的廣告量才算適當，只要承認廣告是行銷之一環，那麼廣告在整個行銷組合中，就要有適當的刊播量。另一方面，還要考慮競爭對手的廣告量，來設定一個可能制衡的量。

爲了獲得某種程度的效果，從廣告固有的立場就必須要一定的廣告量。

由此觀之，到底看到或聽到多少次該品牌的廣告，才能激起廣告效果的變化，譬如對品牌認知、增大購買該品牌之意圖等所謂傳播效果？Krugman（1972）在其〈爲何刊播三次就夠〉一文中，曾作以下的主張：第一次刊播時，會激起「那是什麼？」（What is it？）的反應，這種反應是由於新奇的刺激所產生的。第二次刊播時，會激起「它是關於什麼？」（What of it？）的反應，包括和自己有關的評價等反應。換言之，是要瞭解此一新訊息和他個人關係如何，以這種心理來發問的。而第三次的刊播，廣告發揮「想起」的功能。此一階段，是經過新的廣告刺激、理解、評價之後，所引起的行動階段。如果刊播四次以上，就和第三次的刊播無何變化。當然有的人看了幾次廣告，就停止在第一次刊播「那是什麼？」階段，直到第十五次刊播時，對該廣告突然發出「它是關於什麼？」的疑問，這種疑問恰如第二次播出時所生的反應。這是因爲這個廣告的刊播，對他而言是在不適當的時期，所做的十四次廣告刊播，此種想法的重點，是指在消費者、視聽者有興趣時刊播廣告最有效果，在適當的時機刊播廣告，視聽眾對廣告的反應就很快速、徹底。

其次Krugman對廣告的說服性、衝擊力程度、電視廣告影響度、廣告與人的關係等根本問題，強調廣告猶如兒童之學習習慣，廣告一旦停止刊播，學童就停止學習，人們就忘了廣告內容。和此一論點相對的，另有一種想法，由於消費者並非經常處身於該廣告商品市場，

只刊播足以使正在市場的消費者獲得效果的少量廣告即可。換言之，只在消費者對商品興趣高昂時刊播廣告最為有效。當然，消費者人數眾多，何時刊播廣告最適當人人不同，目前的做法是唯有大量繼續廣告，才能使大多數的消費者對廣告有認知。

Naples（1979）對廣告刊播次數及其效果之各種研究中，重新歸納出十二項結論如下：

(1)對一位消費者，在其購買某種商品一個循環期內，露出某廣告一次的效果，除非常特殊情形之外，極少是零的。

(2)一般而言僅露出一次，廣告效果不彰，因此，媒體計畫之主要目標，必須重視頻度。

(3)從很多證據顯示，在消費者一個購買循環週期內，露出兩次廣告，具有極大的有效性。

(4)大體而言，在一個購買循環週期內，露出三次是最適當的頻度，換言之，促使產生最大反應的最適露出頻度標準是：在某品牌之一個購買週期內，或者四個星期內，必須露出三次。

(5)在某一品牌之購買循環週期內，或者將四到八週間的露出頻度增加到三次以上時，其後續的廣告效果增加，至少沒有效果減少的證據。

(6)Naples（1979）所歸納的露出頻度資料，強調廣告的浪費並非只是頻度過大的結果。

(7)按品牌市場占有率或廣告占有率之大小，其露出頻度之反應不同。

(8)露出頻度對廣告反應效果按電視時段不同而異。這可能由於露出環境不同的關係。

(9)一般而言，在某商品範疇中，其露出幅度高時，頻度效果較大。

(10)截至目前為止，在所有研究中，並未發現頻度與反應之基本關

係因媒體而不同。

(11)露出頻度與廣告效果之關係，有其一般的原理根據，因品牌不同產生的效果差異，同樣重要。

(12)以同樣的廣告費，如果媒體計畫不同，頻度和反應之關係，有時會呈現完全不同的效果。

┦R&F之有效運用

如果有人問：「一個消費者接觸多少次廣告，其效果最大？」要解答這個問題，要先確認在某種情形接觸廣告而無廣告效果的可能性。根據Naples的說法，如果一個購買週期之內，最適露出頻度最低需要三次時，那麼，在一個購買週期內，對未接觸一次或兩次的人，就毫無廣告效果，等於沒有接觸廣告。再如Krugman主張露出三次即夠，那麼，四次以上的接觸也毫無意義可言。

所以少於三次的接觸不起反應（最低有效頻度），大於三次的接觸也無效果（最高有效頻度），目前此種論斷廣被接納。將此兩者間之範圍稱為有效頻度，將達到有效頻度的接觸水準之人數（或比例）稱為有效到達率。

過去有關頻度的概念，是對任何個人，所有的廣告接觸都具有正面的效果。雖然有在某種接觸次數以上，其效果也不再增大的說法，但至少有預防忘卻、維持記憶的正面效果。

儘管廣告效果有好有壞，但並無浪費的廣告接觸。但有效頻度的構想，對過多或過少的頻度，認為無廣告效果，這一點是它的特徵。

在實際的媒體計畫上，如何利用這種概念，是值得探討的。過去所謂頻度，只是以平均頻度作指標，但只是這樣是不夠的，就是獲得同樣平均頻度的媒體計畫，其頻度分布也不相同。

當訂定媒體計畫時，首先要估計有效頻度範圍，如果媒體計畫在模擬媒體計畫代替案的階段，不但要衡量平均頻度，更要檢討頻度分

布，儘量以較低成本、最大的有效到達率（有效頻度範圍之廣告到達人數）的程序，來設定媒體計畫。

▌有效頻度的議論

Naples所主張的有效頻度問題，並非毫無爭議，其主要論點如下：

(一)關於閾值的概念

所指的閾值，究竟是指個人的媒體接觸次數或是廣告接觸次數呢？實際上看報紙的人，常有跳過某一版面的情況，該版面所刊載的廣告並未看到，因此，就算接觸了某一媒體，但是該媒體的廣告未必都被看到，所以最低有效頻度是指媒體或指的是廣告，是必須澄清的。據Goumar電視試聽所做的調查，如果合乎某一節目頻道的人數為一百時，實際觀看節目的人約五成，而看到該節目中所插播廣告的人數只有35～40％左右。由此觀之，媒體接觸和廣告接觸之間，有很大的差距。

Naples（1979）引用MacDonald的研究數據，是以看廣告的機會（oppotunity to see, OTS）的概念所作的分析。而把某人視聽某特定節目或看報紙的記錄，和插入該節目的插播廣告或報紙的廣告相對照，視為接觸該廣告（有看廣告的機會）。這種看廣告機會的概念，並非接觸該廣告，當討論有效頻度的閾值時，究竟所指的是什麼，實有釐清之必要。

(二)露出多少才能成為閾值

到底有效頻度以露出多少次才夠水準，這是極大的問題。一般而言，「閾值水準常為一定」這句話是不成立的。

(三)有效頻度與購買週期之關係

很多人認為在一個購買週期中接觸多少次廣告非常重要。譬如MacDonald一九七九年分析品牌轉換（brand switch）關係，以必然購買週期為單位，其對象商品是洗衣粉或洗髮精等所謂便利品。但是像汽車、電冰箱等耐久品，其購買週期長達三年或五年，所以以購買週期來衡量廣告接觸頻度是一種牽強的理論（圖3-6）。假定最低有效頻

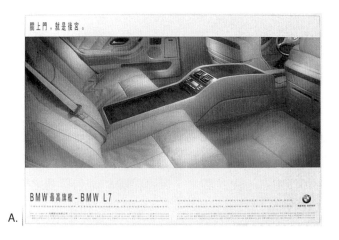

圖3-6　汽車屬高關心度（耐久品）商品，故視覺效果和廣告量都是廣告主考量的因素。

圖片內容：A. BMW L7－前導篇、二品官篇、後宮篇
圖片提供：時報廣告獎執行委員會

B.

(續)圖3-6　汽車屬高關心度（耐久品）商品，故視覺效果和廣告量都是廣
　　　　　告主考量的因素。
圖片內容：B. Lexus IS200
圖片提供：時報廣告獎執行委員會

度三次時，購買的兩年前三次接觸，和目前的三次接觸，其效果有很大的差異，這是可以想像的。到購買為止，當然也受競爭廣告影響或忘卻的效果。

(四)效果最低點（最高有效頻度）之有無

廣告頻度增大，容易發生廣告疲乏效果（wearout），表面上看來，頻度增大，連帶地發生廣告預算或資源浪費的問題，雖未有證據顯示其所造成的負面效果，但某種程度的頻度增加事實上對閱聽眾刺激減少，敏感度降低，等於沒有效果。

(五)廣告內容

關於有效頻度問題，只討論露出次數問題，較少涉及到廣告內容。媒體或廣告內容所負擔的功能，也是課題之一，例如電視可促進認知、雜誌能加深理解、廣播告知商品銷售地點等。

▌有效頻度的範圍、影響變數

在廣告實務上，「刊播多少次才是有效頻度」，必須明確釐清。有的人認為最低有效頻度是三次以上，也有人認為一次就足夠，所以目前為止最低有效頻度仍無定論，也沒有明確的計算方法。有效頻度的範圍，確實存有各種因素和變數，其影響變數如下：

(一)媒體注目度

注目水準低的媒體或節目，較其水準高者，最低有效頻度的閾值應當較高。譬如白天時段的節目和最佳時段（primetime）的節目，同樣刊播廣告，但實際上白天時段看廣告的機率偏低。

(二)廣告對象階層

自家品牌忠實消費層，比經常變換品牌的消費層，最低有效頻度低。再如年輕階層比高齡階層，最低有效頻度低，這是對廣告或商品知識量的差異所反應的結果。

(三)目標與傳播效果之差異

以品牌再認（提示品牌）為目標，比品牌再生（僅表明商品屬性，令被訪者舉出該商品品牌）為目標之最低有效頻度水準低。如果以改變消費者態度為目標時，在強調「告知」時期之頻度應當大。為了加強消費者對某牌汽車之好感，廣告頻度要多，可是為了告知該牌汽車試乘會之地址與時間，則不必反覆廣告，此種情形需要較高的到達率（reach）。再如為了改變消費者習慣，譬如夏季飲料勸消費者冬天飲用時，必須長期反覆廣告。

(四)競爭商品廣告活動之水準

競爭活動越激烈，最低有效頻度水準要高。由於競爭者廣告活動頻繁，自家品牌，與其他家品牌名稱或特徵相混淆的可能性增高。

(五)過去廣告的累積

如果過去有廣告實績時，新的廣告活動，最低有效頻度就不必高。反之，例如毫無廣告實績的新產品，其最低有效頻度就要高。換言之，過去無廣告實績，由於一再反覆廣告，有提高廣告效果之可能。可是過去有廣告實績，依Krugman的說法，大於四次以上的露出，並無顯著的廣告效果。

(六)口頭傳播之程度

對廣告表現或商品特性等，口頭傳播頻繁時，其最低有效頻度不

妨低些。

(七)廣告單位

廣告單位大者，最低有效頻度不必高。廣告單位越大，其廣告訊息的量就越多，廣告效果就越大，譬如報紙全十五批比半五批注目率高。

(八)商品的市場占有率

商品的市場占有率大，較市場占有率小者，其最低有效頻度可以低，由於市場占有率大，有那麼多的忠實消費者存在，消費者對該商品的知識水準較高。

(九)新產品、商品複雜程度

新產品過去沒有廣告實績，必須有較高的最低有效頻度，尤其純粹新產品（過去沒有同類商品），消費者對它毫無瞭解，必須加強告知的活動，所以需要相當高的最低有效頻度。再如商品過於複雜，必須加強說明，所以廣告反覆次數要多（圖3-7）。

廣告頻度高低，所涉及之變數不勝枚舉，因此決定廣告反覆次數十分困難。本節所用之有效頻度概念，屬於媒體頻度或OTS（oppotunity to see）方面。

最低有效頻度之計算方式，其基本的構想是：列舉影響最低有效頻度的因素，各因素加諸於最低有效頻度之影響以數值加以定義，以作為標準值。譬如市場占有率為x％以上時－1，y％以下時＋1，報紙廣告篇幅未滿五批時＋1，十批以上時－1。以上述標準值推算最低有效頻度時，譬如以最有效頻度三次作基礎，再根據廣告商品具有之性質，或加或減予以修正。以此例而言，廣告商品市場占有率為y％以下，廣告篇幅為三批，3＋1＋1＝5次，為最低有效頻度。

　　討論最低有效頻度，有所謂impact scheduling問題，它是在一個媒體（vehicle）同時插入數次廣告。譬如在某電視節目所有廣告時間，播出同一品牌的廣告，同一號雜誌在數個不同版面內，刊載同一商品廣告。

　　impact scheduling的缺點是視聽眾同時接觸同樣的廣告，可能降低廣告注目度。因此，應當利用不同表現手法，作種種變化，以防止注目度之降低。再者，由於廣告之露出，集中於一個時期，廣告露出與每個人商品購買時期之間隙變大。譬如商品購買週期是四週，廣告刊登在週刊，如果分散刊登在四種（即每種雜誌刊登一次）上時，從最後廣告接觸到購買之期間最大為一週，如果集中登在一種（雜誌）時，那就要相隔四週間。

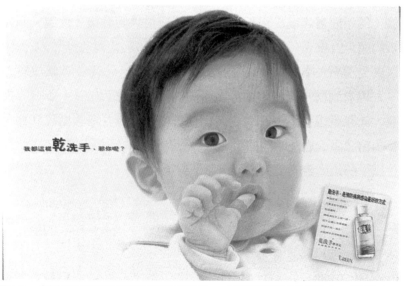

圖3-7　新產品必須利用廣告加以宣傳，才能讓消費者認識它、瞭解它、購買它。
圖片內容：乾洗手潔手凝露－乾洗手篇
圖片提供：時報廣告獎執行委員會

再者，像在不同日期的報紙，分別刊登五批大小的某品牌廣告，廣告目標受眾接觸兩次的廣告效果，和同一天報紙在不同版面登載該品牌廣告，廣告目標受眾兩幅廣告都接觸時之效果相同。因此把頻度的概念刻板地應用impact scheduling手法，仍有若干疑問。

廣告的浪費及其對策

一位廣告主的經典名言：「我知道一半的廣告浪費了，但我不知道是哪一半！」（I know half of my money is wasted, but I don't know which half.）所謂廣告浪費或耗損（wear out），係指對個人反覆廣告，露出頻率在某種程度以上，就不具有「正」的衝擊力。同一廣告使消費者一再觀看，不但引不起任何作用，並有焦躁討厭的感受。所以要在廣告開始變舊之前，更新廣告素材，變更媒體計畫，使廣告訊息到達新的廣告對象。

廣告浪費的起因，可從兩點來說明：第一是廣告降低注意的因素，一再看到同一廣告，由於廣告中的訊息已瞭若指掌，不會再提高注意，結果就算接受了該廣告，但他內心卻停止在情報處理狀態。另一點，由於廣告過多的刊播，以致接受廣告的人感到厭倦。

為了防止廣告的變舊，可採以下對策：

(1)提升廣告表現的注意力，例如增加音樂、舞蹈等娛樂要素。

(2)對同一廣告活動，準備多種廣告表現，以多彩多姿的變化，使視聽眾持續注意。

(3)不僅廣告表現要常保趣味性，就是廣告情報內容也要有趣，使廣告對象者有耐心去處理廣告訊息。譬如campaign開始，以新產品的告知作為廣告內容，其本身就是一種情報，campaign後期，不妨以新產品特徵或背景作為情報。

(4)廣告的露出，予以適當的間隔。因爲分散露出可維持記憶。

如上所述，廣告的浪費問題，如果對某人反覆露出多次以上，就不具「正」面意義，這種說法不無疑問。換言之，這種情形就算不具正面意義，也未必因爲廣告本身浪費的關係，大都由於廣告以外的原因。廣告失效原因，概分三種：

(1)行銷計畫問題：自家產品行銷組合變化，廣告表現未能配合對應。
(2)媒體計畫問題：媒體選擇不當，廣告失效，必須經常掌握廣告對象者之接觸媒體狀況，隨時調整媒體。
(3)廣告表現問題：有時，廣告表現已達成廣告目標，無法獲得更大效果，此時如欲向同一廣告對象訴求時，必須變化廣告內容。

第四章

廣告計畫

廣告計畫的內涵

◆ 行銷計畫

　　行銷計畫是一個公司所擁有的重要機密。它融合了公司的有關事實，例如公司的適合市場、公司的產品，以及競爭對手，並進而掌握這些要點。行銷計畫應設定特別的目標和方針，明確地記述為公司博得聲譽的周詳策略。因此，它為行銷戰場集結了公司所有的力量，並在行銷組合中指定廣告所扮演的角色。行銷計畫應包含四個基本部分：(1)情勢分析；(2)行銷方針；(3)行銷策略；(4)活動計畫。一個公司的行銷方針應是來自於對當時情勢的分析，對未來趨勢的預測以及共同目標的瞭解邏輯。行銷計畫應該是有關於特別的目標市場及銷售目標。銷售的目標應該是特殊化的、定量的以及合乎現實的。

　　發展行銷策略的第一步是選擇目標市場。第二步是對每個目標市場為公司進行研究，決定一個行銷組合的有效成本。而行銷組合是決定公司如何運用4P，即產品、價格、通路、促銷。廣告就是公司可以運用的促銷工具之一。廣告是行銷計畫的自然發展，而且廣告計畫的籌劃和行銷計畫有許多相同的方式。它包含廣告分析、廣告目標，以及廣告策略的一部分。廣告目標必須透過廣告「金字塔」（知名度、理解度、確信度、購買意願、購買行為）的過程，以感動預期消費者的字眼來表達，也可以引發消費者詢問，寄回贈券，或使用改變消費者的語詞來表示。

╉ 廣告策略

　　廣告策略是決定於廣告主對創造性組合的運用。創造性組合是由下列各項所組成：(1)產品概念；(2)目標視聽眾；(3)傳播媒體；(4)廣告旨趣。產品概念表示使產品的價值成為消費者的欲求。目標視聽眾是廣告所欲訴求的群體。他們可能與目標市場相接近或不盡相同。傳播媒體是廣告主訊息的傳達工具，而廣告旨趣便是廣告計畫所要表達，以及如何表達的訊息。

╉ 廣告預算

　　一般有幾種用來分配廣告預算的方法。根據過去的經驗，銷售額比率法算是最受歡迎的方法。另一種類似的方法稱為利潤百分比設定法。其他研究方法包括市場占有率法、競爭公司對抗法、經驗觀察法，以及目標達成法等。以下介紹幾種方式：

(一)銷售或利潤百分比法

　　最常用的預算方法是把一年的銷售或利潤金額撥出部分比例，做為次年的廣告預算。然而，它使用過去一年的數字等於是假定來年所有的事都如去年一般繼續不變。但是若以來年利潤或銷售金額的部分比例編列預算，可能好一點，但是其基本假定仍有誤謬。銷售或利潤的高低並無益於廣告量，相反地，廣告量的高低才是有助於銷售及利潤。因此，銷售或利潤百分比預算法（percentage-of-sales-or-profits budget）是本末倒置的。

(二)比照競爭花費法

　　比照競爭花費預算方法（competitive-spending budget）企圖與市場

上首位競爭者的廣告媒體費用相匹敵。這樣的做法，其基本假設是我們要和這競爭者一樣，且我們可以如法炮製競爭者的做法而獲致成功，而且模仿競爭者是值得一做的。但請記住，一味仿照競爭者可能會忽略了某些極佳的廣告策略，像是開發你自己的市場區隔，找出你自己產品或服務的差異點，進軍被忽視或過去不曾妥善服務的市場，以及瞄準你最好的目標對象等。

(三)公式法

有些廣告主尋求科學化的預算方式，試圖開發數學公式以求得最好的預算準則。像這樣的公式預算法（formula budget）要考慮所有的變數，解釋每一個可能改變的情況，並斟酌一個預算期間到另一個預算期間的差別，況且只能使用現有的資訊數據。最重要的是，我們必須權衡每一數額及變數的重要性，事先計算好某項因素是否應該是另一因素的二倍、三倍或一半的加權。我們還必須找出平衡全部數據的方法，使所有的計算數量都可相互比較，但是這在現實生活中是極不可能的。

(四)目標—責任法

在目標—責任預算法（objective-and-task budget）中，我們首先決定所希望達到的目標，而後決定為完成這目標所需的作業其費用多少。不是從所擁有的廣告媒體費用開始，接著再計算我們所能承擔的廣告媒體時間與空間。相反地，我們把這過程的順序剛好顛倒了。例如，我們先估計產品或服務所應賣出的合理數量，所擁有的通路數量，會購買本產品以使我們達到銷售目標的顧客數量，以及每一顧客的購買量，然後，我們估計可以將廣告到達多少人，且以多少的接觸頻率，才能達到先前預期的購買程度。最後，我們再計算需要多少的廣告量、用到哪些媒體、哪種媒體組合方式最佳，還有所需的金額。

(五)配額法

配額預算法（share point budget）類似於比照競爭花費預算法，但是它考慮的是所有的競爭者，而不是僅只一個。在這種方法中，我們不是試圖端賴一位競爭者的形勢。相反地，我們是企圖配合我們全體行業中的一般情勢，這樣可以克服一些其他預算方法的弱點。在配額預算中，我們把自己的以及所有競爭者的廣告費用加起來——這就是整個行業的總廣告花費，包括我們自己的在內。然後，根據我們的銷售目標，也就是我們的銷售量占全行業銷售總量的百分比，我們假定廣告的分配也必須是占同樣的百分比率。例如，我們的銷售目標是占有本行業總銷售量的4%，為達成目標，我們的廣告費也應占本行業總廣告費的4%，假使我們全行業每年用於廣告的費用為一千萬美元，則我們需要的預算占4%，則為全年四十萬美元。

這種方法是假定全部廣告都一樣，亦即，我們假設我們的廣告品質與別人的價值一樣，不比一般水準好，也不比一般差。我們同時也假設廣告預算與銷售結果之間有直接關係（漆梅君，1994）。

廣告計畫本質

廣告計畫（advertising planning）和廣告企劃意義不同，前者具期間性，後者則指單一的廣告之企劃，雖然都有計畫的意味，但後者的範疇較小。談廣告計畫，必須關聯到廣告活動，捨廣告活動無所謂廣告計畫。

廣告活動

所謂廣告活動（advertising campaign），係指在某一主題之下，訂

廣告預算設定檢核表

1.企業目標
　□企業的最終目標如何？
　□短期與長期目標各如何？
　□為了達成目標，行銷活動之功能業已決定否？

2.行銷目標
　□所決定之基本行銷戰略是否業經認可？
　□是否作成了商品別行銷計畫？
　□在行銷計畫中廣告所扮演的角色，是否業已決定？

3.現狀分析
　□國家經濟之展望如何？
　□企業有關資料：
　　‧銷售情形。
　　‧所投下之資本。
　　‧新產品。
　□競爭企業之情報：
　　‧銷售情形。
　　‧市場占有率。
　　‧所投下之資本。
　　‧所投下之廣告費情形。
　　‧廣告主題、廣告表現與媒體運用。
　　‧新產品。
　□企業內部資料：
　　‧商品別、市場別、銷售利益計畫之估計。
　　‧包括新產品所有商品之銷售目標及銷售預測。
　　‧流通政策及實績。
　　‧商品別、市場別、媒體別之廣告實績。
　　‧商品品質、價格、銷路、占有率、利益率、推銷重點。
　　‧廣告預算對廣告實效之評價。
　　‧對市場、廣告之消費者調查。

4.廣告目標
　□廣告目標是否確定？
　□是否慎重分析廣告目標並檢討其結果？
　□是否考慮下列各單位廣告作業趨勢？
　　‧廣告部門情形。
　　‧廣告代理業情形。
　　‧廣告媒體情形。
　　‧廣告製作部門情形。
　　‧廣告調查情形。
　□廣告計畫是否包括以下各項：
　　‧戰略。
　　‧主題。
　　‧廣告表現。
　　‧媒體選擇。

5.廣告預算
　□是否對廣告費各項目予以明確之定義及認可，對有關部門之不明費用（如廣告部門、促銷部門、PR部門）是否作充分之說明。
　□對廣告預算案之責任分擔，是否明確？
　　‧廣告部門內之分擔。
　　‧廣告代理業之分擔。
　□經認可之預算總額界限與認可部門是否明確？
　□基本廣告預算表的形式是否業已決定？預算是否細分成以下各項？
　　‧商品別。
　　‧市場別。
　　‧媒體別。
　　‧費目別（媒體、製作、調查、雜費、機動費）。

定廣告計畫，並按計畫實施。一般而言，以新產品發售時所推動之廣告活動最多。企劃廣告活動時，必先有主題，主題是對廣告訊息接受者最直接、最有效的滲透手段，例如萬寶路香煙曾以"Where there's a man there's Marlboro"，John Hancock曾以"Great Americans"為廣告活動主題。主題的核心猶如汽車的火星塞（spark plug），一觸即發。廣告活動的主要功能有：(1)廣告的繼續性；(2)增加想起價值；(3)強烈的銷售力（**圖4-1**）。

　　廣告活動主題必須是刺激購買的泉源，左右購買的創意，這個創意透過媒體組合，對全盤的廣告活動，賦與繼續的銷售衝擊力。廣告活動主題，有所謂商品主題或企業主題，為了加強廣告主題的傳播力，近來在未決定主題之前，先進行「主題調查」，這種重視主題審慎的做法，大有增加趨勢，廣告活動主題適當與否，是廣告活動成敗之關鍵。廣告活動所用的媒體，絕非單一媒體所能勝任，而是多種媒體的組合，以發揮相乘的效果。

　　廣告活動並不是像炸彈，爆炸一次便完了──不管它的威力多大。活動是一系列有序的長期廣告與推廣工作，必須經過仔細地企劃、協調與執行。

　　廣告活動是根植於人類行為中某些最基本的元素。它的基礎是學習理論的主要法則──重複。我們的學習是藉著一遍遍地眼睛觀察和動手做，直到吸取其意為止。所以廣告主長期地、系統地刊播他們的訊息，我們看到、聽到基本訊息越多次，就越容易記住，而且幾乎可以習慣性地立即回應（漆梅君，1994）。

　　消費者不可能在一媒體上，看到產品的所有廣告，即使他是某一節目的忠實觀眾，全神貫注，亦有可能在節目進行中的某一個部分受到干擾，或偶爾錯過，因此廣告活動的安排可有效彌補這些涵蓋率上的缺口，而廣泛接觸到目標對象。

　　某些產品的購買，消費者涉入度頗高，由需求出現到決定購買，到實際付諸行動，整個過程非常冗長，所以，以廣告活動的形式，安

圖4-1　廣告必須有主題，才能吸引視聽眾。

圖片內容：信義房屋仲介－小朋友篇

圖片提供：時報廣告獎執行委員會

排銷售訊息在一段時期內系列出現，可在消費者的決策過程中，不斷增強累積最初的印象。

　　廣告活動是行銷推廣工作中的一環，所以必須依據企業組織的行銷目標，擬訂具體可行的方案，否則再好的廣告，若與行銷目標與策略背道而馳，只是徒然白費努力。因此，要本於行銷的方向、立場來企劃、協調廣告與其他各項行銷工作（漆梅君，2000）。

　　實施廣告活動，必須掌握和促銷（SP）有關的進度表，以期達到活動高潮，並需進行廣告活動事前事後調查，來衡量廣告活動的效果。

◆ 廣告活動之作業

　　廣告活動的一般過程，必須經過計劃、實施、測定三個循環作業，而計劃係其中最重要之一環。它扮演實施前先導的功能，而測定係整個活動最後一個階段，測定廣告活動之成果，這個成果便成為下一計畫之基礎。

　　前測通常是檢定作品是否具有傳達力、印象以及是否能夠喚起購買慾的程度。此部分非常的重要。嚴格來說，評估訊息的效果，也就是在評估廣告在：(1)傳播知識（產品相關的知識）；(2)形成態度；(3)創造感情及情緒；(4)品牌真實合理化等方面的表現。在調查廣告完成製作物時，儘可能做成近乎自然接觸廣告的真實狀況，通常可以有一些陪襯作品，也就是其他廣告的插入，為的是讓受試者不清楚究竟要測的是哪個廣告，所得的結果可以更為公正。

　　當廣告製作物設計完成後，而未上媒體之前，為了瞭解及衡量廣告效果，不會在廣告上了媒體後才發現問題（這時候已浪費了許多媒體費用等考量），廣告主及代理商有時會進行廣告完成後的研究來幫助瞭解廣告是否達成預期的廣告目標，以做為廣告完成物評估的依據（于心如，2000）。

不論你是廣告主或是廣告代理商，你要瞭解的第一件事就是你自己的產品或服務。看看別人，想想自己，發展策略，進行評估。

以廣告活動繼續期間之長短，可分為二至五年間長期計畫，或一年到六個月的短期計畫。長期計畫以廣告策略為主導，在進行的同時不斷地加以調整。短期計畫是每一年間反覆的計畫，廣告戰術的比重較大。新產品開發時所做的廣告活動，原則上屬長期計畫，其範圍涉及行銷所有因素，從情報蒐集、銷售預測，到訂定廣告目標和制訂創作、媒體兩大策略，甚至編列廣告預算、預定實施日程及效果測定計畫等。短期計畫以媒體分配計畫和廣告表現計畫為中心。廣告計畫必須具備充分的情報，因此要藉助電腦硬體和軟體，始能達成圓滿的成果。簡言之，廣告計畫就是計劃用什麼作為廣告表現，用什麼媒體去傳播，在質的方面追求廣告表現的衝擊力，在量的方面以有限的時間與空間，追求刊播效果。

┃廣告計畫先決要件

廣告計畫作業，先要找出廣告商品的「問題」和「時機」，也就是先要瞭解廣告商品的市場規模、普及率、市場占有率、購買力、季節變動等市場資訊，該項商品什麼人使用、什麼人在何時何處可能購買等消費者資料，該商品比競爭者優越的特性是什麼，有關產品研究資料，並需瞭解該產品流通通路的現狀如何，唯有對整個市場以及競爭者和廣告商品徹底瞭解，才能找出行銷問題究竟何在以及廣告的時機如何。

廣告計畫作業流程與企劃書撰寫

廣告計畫作業如何進行，以廣告代理業而言，首先要組織一個製

廣告計畫先決要件檢核表

廣告目標
　□意圖提高知名度、理解度者。
　□為了提高指名購買者。
　□為了招徠顧客者。
商品種類
　□以消費財為對象者。
　□以生產財為對象者。
　□以勞務財為對象者。
廣告期間
　□長期（通常二至五年）。
　□短期（通常一年以內）。

地區
　□以全國為對象者。
　□以特定地區為對象者。
廣告媒體
　□綜合運用報紙、雜誌、電視、電
　　台、DM、POP等媒體。
　□只用特定的媒體。
商品生命週期之位置
　□意圖開發市場。
　□意圖擴大市場占有率。
　□意圖維持市場。

廣告計畫所需資料項目檢核表

關於「商品」項目
　□關於商品開發情報
　　何時、向誰、為何而開發的。
　□關於商品特性情報
　　有無標籤、包裝之由來及使用期間、品質、價格、用途、使用方法等具體的資
　　料。
　□關於商品政策資料
　　關於延長商品壽命、擴大用途等，做過檢討和測驗否？
　□關於競爭商品情報
　　以上各項資料，與競爭商品比較，有何不同，各自之利弊為何，競爭商品打算如
　　何克服其劣點。
關於「市場」項目
　□關於市場規模資料
　　該商品在所有同業當中的市場規模，從金額上、數量上大小如何。
　□關於市場構造資料
　　該商品之市場，以消費者特性別、地區別、城市規模別、季節別觀之，其結構如
　　何。
　□關於競爭狀況之資料
　　各品牌之占有率及其季節變動狀況、占有率變動之原因如何。
　□關於潛在市場之資料
　　潛在市場規模有無明顯化之可能，如何做才能明顯化。
　□關於將來性情報

（續）廣告計畫所需資料項目檢核表

　　該商品之將來性如何，尤其專家所作的判斷資料。
□關於業界情報
　　所有同業之生產可能數量及生產預測，有無新加入之企業。
□流通階段之情報
　　流通各階段之流通事項以及所定價格如何。
關於「消費者」項目
□關於購買者資料
　　何人決定購買、何人購買、何人使用。年齡、性別、收入、職業、教育、地區、
　　家庭人數、耐久消費財等商品擁有之情形如何。
□關於潛在消費者資料
　　該商品之潛在消費者資料是否具備。
□對商品接近程度之資料
　　對商品特性之認識程度以及對其態度如何，若與競爭商品比較，該商品如何。
□關於動機資料
　　商品之開始使用、停止使用、改用其他商品之原因為何，其影響之主因為何。
□關於商品印象、評價資料
　　對於商品印象、評價如何，與競爭商品比較如何。
□對購買、使用習慣資料
　　對於該商品之購買以及使用，有無季節性。購買及使用之場所如何。對品牌忠誠
　　（brand royalty）程度如何。
關於「廣告活動」項目
□關於廣告費資料
　　本公司與競爭公司廣告支出之實際數字如何，媒體別、地區別、季節別、銷售額
　　比率如何。
□關於媒體戰略資料
　　本公司及其他公司之媒體組合情形如何。
□關於表現戰略資料
　　如果本公司之廣告表現主題、文案戰略變動時，其原因為何。其他公司變動時，
　　其動機何在。
□SP、PR等戰術資料
　　對於本公司與他家公司所展開之DM、慶典活動（event）、publicity等促銷活動之
　　方法變化及問題點如何。
關於「流通通路」項目
□關於銷售額資料
　　本公司與其他公司比較，商品之流通通路個別營業額如何。
□關於流通關係資料
　　本公司對其他公司之流通各階段從業員之評價如何，以規模、地區、風土別觀之
　　如何，銷售活動之實際狀況如何。

(續) 廣告計畫所需資料項目檢核表

□關於銷售力資料
　　自流通之各階段觀之,本公司與其他公司商品銷售力如何。
□對於廣告活動評價之資料
　　本公司對於其他公司之行銷活動,廣告活動流通階段別之評價如何。具體的促銷
　　活動如何。對本公司之措施,流通關係者之協助程度如何。本公司之問題點如
　　何。與其他公司比較如何。
關於「企業本身」項目
　□企業本身之印象。
　□對企業本身之庇護。
　□企業本身擁有之行銷資源。
　□企業本身之財務能力。
　□高層行銷人員對廣告瞭解程度。
關於「社會文化」項目
　□文化、社會情形。
　□文化、社會意識。
　□習慣、風俗。

作小組(project team),通常由行銷、創作、媒體、SP部門組成。以各部門成員立場及見識,從戰略假設開始討論,經一再研究修正直到具體化。

　　所謂廣告計畫,雖然是描述廣告商品行銷策略,當進行廣告計畫作業時,所有組員是一體的,從每一組員專門的立場及一般的立場,使策略假設具體化,也就是創作部門要設計具體的作品,行銷部門備妥必要的資料,並展開理論的撰述,而促銷部門要作成具體的SP計畫。

　　廣告計畫作業,大致可分兩大階段,前者為策略假設以及確認之作業階段,後者為具體化以及理論撰述階段。

　　良好的廣告企劃,有三項原則要掌握(李育哲,1995):其一是要有精密的構思能力,其二是要有確實的執行力,第三要有清楚的說服力。如此,才能在有限的資源、人力、時間內,做出效果最顯著的廣告活動。

　　一個廣告活動可分為計劃、執行、最後的評估三個階段，在計劃階段又可分為數個部分。

♦ 情勢分析

　　首先，必須對廣告商品所處之境地調查清楚，以能站在有利的位置擬訂未來正確的策略。一般除了要瞭解廣告主企業外，主要包括了市場分析、產品的分析、競爭者的分析，以及消費者的分析（漆梅君，1998）。

(一)市場分析

　　主要探討外在環境對廣告產品的影響，舉凡政治上的、經濟上的、法律上的、社會上的、文化上的動態，甚至科技、人文或自然環境如氣候變化等，都得仔細衡量。同時並分析整個產業結構，諸如歷史沿革、生產規模與潛力、產品生命週期、市場占有率分布情況、鋪貨率、陳列率、回轉率等。

(二)產品分析

　　包括下列對產品各層面的評估（劉建順，1995）：

(1)產品的成分、容量、包裝、規格、材質等。
(2)產品的基本功能與消費者的認知。
(3)產品的特性與優缺點。
(4)產品概念與消費者利益。
(5)產品的生命週期。
(6)產品的價格與競爭力。
(7)產品的替代性與擴張性。
(8)產品在企業中之地位與重要性。

(三)競爭者分析

必須蒐集競爭商品概況的資料，因為正確的敵情可使廣告主瞭解對手正在做什麼，或未來可能做什麼，以及其能做什麼。有時競爭者不一定同屬一產品類別，所以必須小心界定主要、次要的競爭對手，分析其目前的推廣策略、廣告策略與戰術、廣告投資金額、廣告成效等，並預估其對本廣告計畫案可能的反應，以能知己知彼，制敵機先。

(四)消費者分析

瞭解產品現有使用者和潛在顧客的人口統計特徵、心理特徵、生活型態、居住地區、產品使用習慣等，同時並分析目標對象的購買動機、購買地點、時間、數量、頻率、購買決策的影響因素、產品資訊來源、消費忠誠度，並比較產品的重量級使用者（heavy user）與一般使用者對產品之反應。透過這些分析，以能精確掌握、描述目標消費者（consumer profile）。

✦ SWOT分析

SWOT分析分別代表了產品的優勢（strength）、弱勢（weakness）、機會點（opportunity）與問題點（threat），藉由內部分析可找出企業體或產品本身的優勢、劣勢，由外部分析則可發掘來自外界的機會或威脅，這些分析結果將成為策略發展的基礎。

✦ 行銷策略

為有助於廣告活動與行銷工作的呼應，此階段應審慎評估並建立以下事項：

(一)行銷目標

行銷目標的訂定，通常採可以明確評估的量化指標，如營業額、銷售量、毛利、淨利、市場占有率、鋪貨率等。

(二)目標對象

藉由前面階段對消費者的各項分析，由年齡、性別、教育程度、職業、收入、家庭型態、社會階層……等各方面特徵，釐清且確認目標對象。

(三)行銷策略

此部分包括了：

(1)產品策略——如產品特點之塑造、新產品的商品化與開發。

(2)價格策略——如產品的售價、折扣、附加價值等。

(3)通路策略——如擴大銷售點或加強某些銷售點、提高銷售水準等。

(4)銷售策略——如增加消費量、開始使用時機等。

(5)包裝策略——如就物理上、視覺上、方便上、心理上等利益考量。

♦ 推廣策略

在整合行銷傳播的考量下，往往運用的傳播工具多重，廣告不再唱獨角戲，尚可能有公共關係、促銷、直效行銷、事件行銷、人員推廣的加入，各工具間需要加以組合協調，通常必須研擬：

(1)推廣目標：整個推廣工作的總目標。

(2)目標對象：多與行銷目標雷同，但亦有時特別針對其中某一部

分消費者，或是以不同的推廣工具，接觸不同的傳播對象。

(3)推廣策略：組合不同的傳播工具，並斟酌各個工具的比重、時程、策略等。

╎廣告策略

策略，有助於廣告人發想出「正確」的廣告訊息，不光只是精彩的廣告訊息，而是廣告企劃時的重頭戲，必須思考下列事項：

(一)廣告目標

做為廣告活動行進方向的導引，宜以數量化方式表之，以做為廣告活動結束後評估效果的依據。典型的廣告目標有某段時間、有關於傳播溝通的對象、消費者某種行為的變化（如對產品的認知度、喜好度、信任度等），或銷售方面的增進（如購買率、銷售額、來客量），例如，在未來一季中，有六歲以下幼童的都會區婦女（目標消費群）對本產品的瞭解度提高50％。

(二)廣告目標對象

繼推廣策略中對目標群作人口統計特性的描述後，此處更進一步針對目標群的心理特徵、生活型態、價值觀、個性、媒體接觸習慣等，仔細加以著墨。對目標消費群的輪廓掌握得愈清楚，愈有利於創意的發展與媒體的安排。

(三)產品定位

找出產品在消費者心中的差異點，且此差異點必須具有競爭力，它往往是市場存活的利基。通常可濃縮為精簡有力的一句話，即將次特點充分表露無遺。

◆ 創意策略

廣告訊息的創意策略架構於廣告策略之下，故與前面的廣告策略有一些共同的基本要素，如目標對象、產品概念、傳播媒體等，此外，為了使創意人員的思維勿偏離核心銷售概念（central selling concept），所以通常在策略單上還少不了下列要項：

(一)消費者利益（consumer benefit）

是吸引消費者購買產品的理由，然而，行銷者習於站在自己的角度看待自己的產品，因而有陷於盲點的危險，所以，廣告企劃時必須以消費者的角度來思考產品利益、價值，這樣的廣告主與消費者間才會有交集，產品的特色、優點也才有意義。

(二)承諾與支持點

承諾（promise）是廣告的靈魂，可使消費者瞭解此一產品於我有何益。不過，單單陳述產品的賣點，恐會落入「老王賣瓜」之譏，因此，必須提供具體的支持理由。

(三)基調

即廣告所欲呈現的格調與氣氛（tone & manner）。這些會影響目標對象群接收訊息時的感受，不得不特別注意與小心處理。

◆ 創意表現

創意策略是指「廣告所欲傳達給消費者的是什麼」，而創意表現則是思考如何把訊息有效灌輸給消費者的問題，屬於戰術面的考慮。也可以說前者是what to say的問題，後者是how to say的問題。

這部分必須實際建構廣告的各個組成元素，如訴求點、文案、圖案、佈局、平面廣告設計稿、廣播廣告劇本，或電視廣告腳本（CF storyboard）等。

＊媒體策略

針對廣告在媒體方面的安排，同樣需謹慎研擬，包括有下列數項：

(一)媒體目標

衡量此次廣告活動的目的、欲接觸的目標對象、計算廣告活動執行期間可達成的到達率（reach）、接觸頻率（frequency）、總閱聽率（收視點：GRP）……等。

(二)媒體策略

考慮目標對象媒體使用習性、地區分配、季節性、廣告創意、產品生命週期、廣告出現時機、廣告持續時間、預算多寡……等問題，來決定媒體策略。

(三)媒體選擇與排程

根據媒體策略，評估各媒體重要性，作不同輕重比例的媒體組合，且進一步由閱聽率／收視率、品質、衝擊力、成本效益……各層面的比較後，選擇適當的刊播體（carrier），並隨時間先後將之排表，以清楚看出不同時期在不同媒體上的廣告量分配情況。

其他行銷傳播工具的整合

如促銷活動、公關活動、事件行銷、人員銷售……等，往往需要

廣告的配合，故需瞭解其他傳播工具的目標、策略與戰術。

┃總預算

這是廣告企劃中，廣告主極為關切的一部分，可使廣告主明瞭廣告任務與廣告花費之間的關聯。

┃活動評估

通常係就未來廣告效果如何測定來預作規劃，譬如以消費者態度調查或銷售狀況分析來加以評估。

總之，廣告企劃是具體實踐某一行銷計畫的手段，不容許有碰運氣的猜測，或是誇大、無根據的空談。且必須在完成後，以明文寫成企劃書的形式，做為日後正式行動的準則，提報給廣告主。所以，從分析、目標、策略，直到戰術，須延續一貫的思考邏輯、可行性的評估，並作出合理的推論。在撰寫技巧方面，遣詞用字宜簡明扼要，精確洗鍊，結構要嚴謹統整，以能在口語提案的同時，有文字的具體陳述，才不會有疑義產生（漆梅君，2000）。

如何使廣告目標明確

訂定廣告計畫，最重要的是廣告的目標，目標是否正確成為首要問題。如不正確，猶如無的放矢，一切等於空談。如何使廣告目標明確，係廣告計畫之第一要務。一九六一年全美廣告主協會（Association of National Advertisers Inc.）列舉六個M，作為訂定廣告目標必備之要件。

(1)商品（merchandise）——所欲銷售的商品或勞務，其主要的訴求點為何？

(2)市場（market）——廣告訊息所欲到達的對象是什麼人？

(3)動機（motives）——消費者為何購買或延緩購買？

(4)訊息（messages）——所要傳達的主要創意、情報、態度為何？潛在顧客和購買的連結點為何？

(5)媒體（media）——用什麼手段使訊息到達訴求對象？

(6)測定（mesaurements）——如何衡量所意圖傳達的廣告訊息，傳達到所意圖的視聽眾？

根據Solomon Dutka的定義，廣告目標就是：「在一段特定時間內，針對特定的閱聽眾，所必須完成的一項明確的溝通任務。」它是廣告活動預設起頭，也是廣告活動結束的終點，它要能滿足產品或服務在行銷傳播上該次廣告活動應該解決的任務。

設定廣告目標有幾個功能：第一，它提供廣告活動中所有參與分子一個共識，讓內部能凝聚向心力，讓廣告代理商在之後設定廣告計畫時，在「是否符合策略」上能和客戶之間有所依據。甚至，有時在代理商內部，當業務部、創意部、媒體部之間的溝通因為專業性視野不同而意見分歧時，共識的達成就要以廣告目標為依歸來解決工作上因不同角度而產生的異議。相同的，廣告主、廣告代理商乃至於協力單位，如相關行銷傳播組織，在為了共同的廣告活動提供服務時，都能以活動的總體目標為最高指導原則。

再者，廣告目標提供決策的準繩。同一個目標下有可能產生不同的策略和企劃，當不同的創意都能符合參與分子的期許時，與其由主管的好惡來決定，不如來檢視不同策略、執行技術何者最能達成當初設定的「廣告的終點」。

最後，廣告目標是評估廣告效果的依據。廣告目標是在活動開始之前就設定的方向。當整個廣告活動結束之後，廣告目標就是檢驗其

是否完成當初使命的標準。所謂的廣告效應是該廣告活動最後發生在目標對象上所接收到的意念或行為上的改變，但這樣的效果跟當初在設定時的落差究竟為何，正是需要以廣告目標做為效果評估的依據（劉美琪，2000）。

在此，最重要的是，要能獲得產品情報的精髓。關於市場情報，包括同業過去的銷售資料、同業的銷售預測、競爭商品市場占有率的預測、構成目前以及潛在市場人數、消費者需求及興趣，以及和傳達目標有關所有資料。可是，對於市場的概念，必須嚴守的是集合具備市場某種類似點或共通要素的人們。針對可能顧客，即廣告訊息所要到達的對象，它們居住的地區、性格、習慣、興趣等相類似的群體。

一個廣告目標至少必須包含明確的操作型目標、所涵蓋的時間範圍以及所針對的目標對象。

所謂廣告目標的「操作性」（operational），係指廣告目標必須是明確的、可執行的、可溝通的、可測量的。不僅如此，廣告目標必須要設定執行時間的範圍。通常而言，比較短期的、即興的廣告活動的目標層次是屬於目的性的（goals）；這種思考長度必然短於一年（常態型廣告主通常以年度計畫做為預算編列的框架），不管是半年、一年，甚至二、三年，廣告目標應是在這一段時間範圍內可執行、完成的任務，所以設定目標前，需能先明確地陳述此活動執行的時間範圍。最後，「對不同的對象完成不同的目標」是市場區隔的基本概念，對於不同的對象所要達成的目標乃至於所採用的策略皆不盡相同，故而，目標對象的敘述必然要包含在目標設定之中。

常常有人會無法分辨「廣告目標」、「推廣目標」以及「行銷目標」之間的差別，因為這三種的最終目的都是引導消費者購買產品，並且也都遵循類似的大綱架構，然而，這三種之間具有層級上的包容性，即行銷目標的範圍最大，涵蓋推廣目標；推廣目標又大於並包含廣告目標。一個很簡單的辨別方法是：如果想要達成的功能不是在廣告的能力範圍之內可以做到的——它絕對不是正確的廣告目標設定（劉美

琪，2000）。

　　除非你已蒐集了競爭者與消費者資料，否則無法設定廣告目標，因為這些資料都會影響目標。訂定目標是技術與科學的結合，除了透過經驗沒有什麼簡便的學習方法，從目標的訂定並檢查它達成與否之中汲取經驗。常會發現到企劃者訂下了目標，然後拼命努力以確保目標能真正達到。

　　廣告不是一個目標，廣告媒體也不是一個目標，目標是你所想要達成的境地，你絕不會想要以廣告作為你最終達成的結果，因為它是幫助你達到目標的工具。所以廣告通常被當作是策略，而不是目的。

　　通常，你的廣告目標可以是改變消費者態度，給予他們產品或服務資訊，或者只是讓他們察覺意識到產品的存在，至於總目標可能是產品的銷售量達到某種程度，但這比較像是行銷目標而不是廣告目標（漆梅君，1994）。

　　再者，購買或不購買某種產品或品牌的人終究是消費者，也就是因為構成市場直接的單位是消費者，對消費者之購買動機或購買習慣等資料，儘可能廣為蒐集，因為對於有關自己公司品牌的購買者，或者購買競爭產品的人們，以及潛在的顧客，必須具備分析其特徵的資料。

　　至於有關購買動機資料，可考慮到下列各項：

(1)人們購買它是基於產品的外觀？
(2)是因為輕易獲得，成為習慣，具有親近感？
(3)因為能提供服務？
(4)是由於對產品、公司、推銷員、批發商印象好？
(5)或僅由於顧客注意產品的存在，認識它的利點，而激起購買念
　　頭？

　　訊息是廣告第一要點，對商品、市場以及消費動機研究，就是為了如何說明商品所準備的，因此，如果能把以上作業做好時，較輕易

決定所要訴求的訊息。為了向消費者傳播訊息，必須透過媒體，選擇時要選適於廣告所針對的訊息表現、對象者最多而且有效的媒體，基於此一意義，必須具備媒體有關統計資料。至於廣告效果之測定，係對廣告預期達成之目標，其成功程度如何，作有系統的評價，評價主要內容如下：

(1)究竟有多少人在接觸廣告後，能敏銳地認知品牌或公司名稱？

(2)根據廣告內容有多少人能瞭解產品特色、利點或利益？

(3)有多少人理性的或感性的有購買產品的傾向？

(4)有多少人採取需求產品或獲得該產品的行為？

總之，測定由於廣告所形成之精神狀態或激起行為的變化過程，這種回饋的功能，有助於實施廣告活動過程之調整。

訂定廣告目標檢核表

針對立即銷售，廣告要瞄準多大範圍？

☐實行完全的銷售功能（產品經由銷售的必要步驟）。

☐注意由於過去的廣告效果而購買的潛在顧客。

☐告知「現在就買」的特別理由（價格、獎金等）。

☐提醒大家購買。

☐搭配其他特別的購買活動。

☐刺激衝動購買。

為打動潛在顧客，當面對購買情況時，顧客是否會要求或接受廣告的商品品牌？

☐創造產品或品牌的知名度。

☐建立品牌形象或對品牌創造良好的情感。

☐灌輸消費者有關的利益及優於其他商品的特質。

☐對抗或補償競爭的請求權。

☐糾正錯誤的形象，錯誤的訊息及其他對銷售的妨礙。

☐設計富有親切感，及易於辨認的包裝或商標。

廣告必須建立一個「長程的消費者參與權」

☐建立公司及品牌未來的信賴度。

☐創造消費者需求，將公司置於有關分配的鞏固位置，而不是任人擺佈的市場位

（續）訂定廣告目標檢核表

置。
- [ ] 由廣告主選擇較喜歡的批發者及零售公司。
- [ ] 確實而普遍的商品分配。

塑造一個「金字招牌」，以利於發展新產品線或新品牌。
- [ ] 建立對品牌的認知及接受力，將有助於打開新市場（地理位置上的、價格的、年齡的、性別的）。

如何使廣告對提高銷售量特別有幫助？
- [ ] 掌握目前的消費群以對抗競爭者的侵入。
- [ ] 如何將競爭品牌的愛用者轉變為廣告品牌的使用者？
- [ ] 使消費者指明廣告主的品牌而不必再詢問其他有關產品？
- [ ] 未曾使用過本產品的消費者，使轉變為本產品及品牌的使用者？
- [ ] 穩定的消費群是否會影響其餘零星偶爾的購買者？
- [ ] 是否告知產品的新用途？
- [ ] 說服消費者購買較大的規格或各種不同的單位？
- [ ] 隨時提醒消費者購買？
- [ ] 促進較多的使用次數或使用量？

廣告是否訂立某些特別步驟以利於銷售？
- [ ] 說服潛在顧客填寫個人資料，寄回贈券（coupon），及參加競賽。
- [ ] 說服潛在顧客參觀商品陳列室，並參觀示範表演。
- [ ] 勸使潛在顧客品嚐樣品。

廣告運用於通路末端的「補充利益」，其重要性如何？
- [ ] 有助於銷售人員開展新方式。
- [ ] 有利於銷售人員從批發商或零售商獲得較多訂單。
- [ ] 有助於銷售人員獲得較優越的展示空間。
- [ ] 給予銷售人員的入場權。
- [ ] 建立公司的銷售士氣。
- [ ] 使零售商獲得激勵（推荐商品給消費者並方便銷售人員處理）。

廣告的目標，是否為了使顧客滿意？
- [ ] 是告知「何處購買」的廣告。
- [ ] 是告知「如何使用」的廣告。
- [ ] 告知「新的型式，新的特色，新的包裝」的廣告。
- [ ] 告知「新的價格」的廣告。
- [ ] 告知特別的條款，提供抵換物品等。
- [ ] 告知新的策略（保證）等。

對哪些廣告對象，廣告有助於表現其良好的意圖及建立公司的信用？
- [ ] 消費者及潛在消費群？
- [ ] 通路業者（分配者，銷售公司，零售人員）？
- [ ] 從業員及潛在的從業員？

（續）訂定廣告目標檢核表

□金融團體？
□一般公眾？
公司希望建立何種特別的印象？
　□產品品質的可靠性。
　□服務。
　□提供多樣化的產品，一系列的外觀。
　□公司的成長力、前進的、技術領先。

怎樣撰擬廣告計畫案

　　廣告計畫案之體裁、撰述方法，按撰述者個性和個案不同，千變萬化並無定規，以下就正統的綱目，陳列如下：

■行銷戰略

　　一、目標

　　　　1.企業目標

　　　　2.行銷 ｛銷售目標　占有率目標

　　　　3.廣告目標

　　　　4.廣告目標之根據

　　二、構想（concept）

　　　　1.構想

　　　　2.根據

　　三、市場背景

　　四、標的（市場標的）

　　五、消費者特性（習慣、影響關係等）

　　六、地區戰略

1.重點地區及根據

2.其他地區

七、季節戰略

1.重點季節（月）

2.根據

八、品牌及品種戰略

九、可期待的市場機會

十、銷售方法、行銷手段（工具）

1.銷售點

2.方法

十一、產品特性之確認

1.消費者對產品之態度、印象

2.用途、用法

3.特徵（大小、色彩、形狀等）

4.價格

擬訂廣告計畫檢核表

消費者或市場問題
- □今後的景氣動向？
- □商品普及狀況及今後預測？
- □暢銷地區？
- □消費者概況（profile）？
- □消費者購買動機？
- □消費者行動型態？
- □下一期目標銷售額，占有率？

商品或流通問題
- □企業或商品印象如何？
- □包裝或命名如何？
- □價格適當否？
- □關於流通路徑？

銷售促進之方法問題
- □採用銷售人員？

- □DM？
- □POP？
- □大眾傳播媒體？
- □促銷預算多寡？

廣告計畫之擬訂
- □廣告地區？
- □廣告對象？
- □廣告預算？
- □廣告目標？

媒體計畫之擬訂
- □報紙或雜誌之計畫？
- □如用電台或電視是何台？何時段？
- □如何插播？是幾次？
- □大眾傳播媒體以外？

5.問題點與對策

十二、對企業之態度、印象

十三、通路政策

十四、預算及其分配

十五、對創作上之要求

十六、對媒體之要求

十七、對銷售促進之要求

十八、競爭戰略

■創作戰略

一、創作（creative）

　　1.目標

　　2.根據

二、向誰賣

三、賣什麼

四、爲了銷售的支援情報

五、具體的表現之展開

　　1.總括

　　2.構想的美工

　　3.表現的故事

　　4.注目字句、文案、圖片、佈局

　　5.創作的計畫

　　6.其他特別應記錄事項

六、與媒體之關係

七、表現製作

八、表現製作預算

九、競爭戰略

■媒體戰略

    一、媒體目標

        1.目標

        2.根據

    二、與構想之關係

    三、標的

    四、用什麼媒體（媒體選擇上之特性與視聽眾之效果）

    五、地區戰略

    六、到達範圍、到達頻度

    七、季節戰略

    八、預算與效率

    九、媒體計畫與選擇

    十、物理條件之設定與說明

    十一、競爭戰略

■促銷戰略

    一、促銷目標

        1.目標

        2.根據

    二、與構想之關係

    三、標的與方法

        1.對消費者

        2.對通路

        3.對其他（公司內發布訊息等）

    四、地區戰略

    五、季節戰略

    六、與銷售狀況之關係及調整

    七、發布訊息戰略

第五章

廣告創意

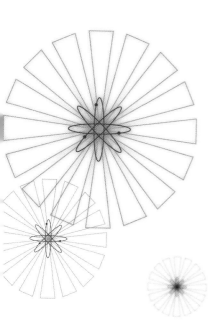

創意歷程

◆ 從構思到表現

根據市場資料分析，設定廣告構思，如何將所設定的構想加以表現，即所謂廣告表現策略。廣告表現策略與媒體策略成為廣告計畫的兩大支柱。

所謂構思，就是廣告商品訴求內容的概念。概念的真諦就是商品特性和消費者所欲求的商品利益一致，唯有如此，商品才能和消費者意願吻合。根據具體的表現，如何把概念予以強化使它具有衝擊力，這是設定廣告表現最重要的事。試著回想自己閱讀平面廣告時的經驗。我們有可能先受到圖象的吸引，然後看看標題來瞭解圖象的主題；或者，先看到的是標題，然後看圖象裏的事物跟標題有什麼關係。不管是哪一種情況，標題利用文字來「揭示」訊息，圖象則可以將事物、概念視覺化，進而把某種意念呈現出來；這一來一往間，廣告的訊息得以在我們的腦海中吸收、瞭解、組合，甚至產生其他的聯想（**圖5-1**）。

然而，在廣告文案或表現設計尚未具體之前，必須要有抽象的概念，它就是構思。將概念用象徵的文句或印象，以直率的衝擊力來表現，其手段如何又當別論。但是創作部門所做成的具體表現，常與抽象的構想不合，為了消除此一問題，需要創作要項紀錄來制衡。

◆ 創作要項紀錄

創作要項紀錄（creative approach sheet）就是為了展開有效的創作

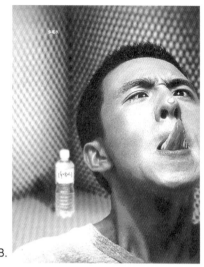

A.   B.

圖5-1　將好的廣告創意具體表現出來，即可成為一個吸引人的廣告。
圖片內容：A.立頓纖綠茶粉－跳水篇
　　　　　B.多喝水－舔水篇
圖片提供：時報廣告獎執行委員會

活動，記述基本的必須項目，作爲討論時便於進行的格式，其用法簡述如下：在尚未進入創作小組討論之前，創意部門、行銷部門、營業部門各單位主管，每單位至少要塡寫一份，合計共三份。然後將各單位所塡寫的「創作要項紀錄」，帶到創作企劃會議，當場針對卡片上所列各項，徹底研討來企劃創意提案，將與會者討論結果加以整理，再把所得結果簡略記錄在一張綜合彙整的創作要項紀錄上，然後交由創意部門，繼續研究。　至於使用創作要項紀錄時間位置，是進入創意部門獨自作業階段。

　　關於創作要項紀錄之內容如下：

　(1)傳播目標：被製作之廣告表現，是爲達成什麼目標而製作的，例如提升知名度、使加強高級形象、提高商品機能之理解度

等。

(2)市場目標：記錄市場目標之生活型態特性、價值意識、性格、行為特性等。

(3)表現構想：主構想（用什麼訴求最強烈）。在商品特性和購買者利益一致的主要訊息中之最強者。換言之，如果訴求該項要點，最能提高銷售量。

(4)表現的副構想：繼主構想對消費者其他利益，所謂「支援情報」。

(5)競爭上的關鍵點：在廣告表現戰略上，與競爭者之差別在何處，必須找到其間隙和盲點。

(6)表現的基調與氣氛：廣告表現要具有「個性的訴求基調與氣氛」（tone & manner），此一基調與氣氛必須附合接受者接受廣告的相關心理背景。

(7)根據創意選擇媒體：當擬訂創作戰略時，除所指定的媒體外，再用什麼其他媒體更有效，換言之，用什麼其他媒體和所指定的媒體組合在一起，更能發揮銷售效果。

(8)提高傳播效果之關鍵：如果認為商品傳播用聲音最有效果，不妨用奇特的聲音作為傳播重心，或認為用名人口述有說服力，就應遴選市場目標共同認定之名人作為廣告主角。此處所謂關鍵，乃指傳播之傳達方法。

┃創意前置作業

當廣告主製作平面或立體廣告時，首先要召集廣告公司的業務部、創意部和控管部主要企劃製作人員舉行會議，這種會議稱之為廣告前置（orientation）會議。

為了企劃好的廣告創意，製作好的廣告作品，廣告主必須向創作人員提供詳細的各種情報。凡是企業或商品重要的直接情報，生產產

品的廠商背景，商品對社會的功能等，都必須向製作者詳加說明。如果有其他競爭公司的情報，其他行銷情報，同樣有說明的必要。就是自家的商品，由於價格、商品名稱之差別化，也會有品位等問題。

社會背景與商品所能發揮的功能，要在競爭商品市場內定位，所要廣告的商品，在自家產品系列中品位（grade）如何，這些問題都屬商品定位範圍，廣告專用語稱「定位」為 "positioning"，明確的定位是廣告製作重要關鍵。

因此，當廣告企劃會議舉行時，廣告製作人員對廣告商品、廣告主企業背景有任何疑問之點，要打破沙鍋問到底，不容許有任何存疑之處，像這樣不厭其煩的質疑問答中，常常會湧現廣告創意的線索，當日後展開創作工作時，成為創意的重要啟示（hint）。

尤其從大家交談中，設想商品在生活中實際被使用之狀態，從中湧出商品具體的印象，對廣告表現線索的發現有很大幫助。

如果廣告主的行銷推廣人員，自認個人無法充分說明商品知識時，應當請該商品之開發者或研究員參加會議，以專家的立場，充分說明。廣告企劃會議是左右廣告作品生命重要的機會，不論任何企業，無不重視此項會議，而且認真執行。

廣告表現

♦ 有效的廣告表現

採用什麼樣的表現，才能達到廣告目的？這是廣告表現的主要課題。在人生經驗裏，根據過去的資料，來回答這個問題是不可能的，因為影響廣告表現的因素過多。決定廣告表現因素，可分以下五個方面：

(1)自己公司資源：廣告商品的質量、廣告以外的促銷活動、銷售
　　體制、組織文化等。

(2)消費者：目標消費者的價值觀、態度、意見、行爲。

(3)通路：廣告商品的流通情形，例如通路形式。

(4)競爭情形：該項商品市場中的競爭對手所採取的廣告戰略如
　　何。

(5)時代背景：現在或今後流行的事物如何，何種想法、感受才能
　　博得消費者共鳴，獲得消費者歡迎。

　　最適當的廣告表現策略，是由上述的五個要素來作種種的組合。
即或是同一商品，但由於五要素時期不同，只遵循這些要素，也難發
現最適當的表現法則。所以決定最適當的廣告表現，不容易把它理論
化，其主要的原因，不應僅以表現種類來決定效果，而是這個廣告表
現要素與其他表現要素之關係如何，才是實際的問題。

　　有人認爲廣告是一種說服的藝術，也有人認爲廣告的功能，必須
把消費者本身的形象和商品，經由廣告的刺激，而產生互動的關係。
爲了加強這種互動關係，要使消費者記憶廣告，而且要達到購買的目
的，只記憶商品名稱，仍嫌不足。

　　如果把促使記憶和購買的廣告表現之要素加以分類時，可分爲品
牌本身、概念的情報和感性的情報。這三種情報結合在腦中記憶中
樞，同時被保存，必要時必須能拿出來，譬如只聽到商品名稱，就能
激起商品性能和對商品的好感。因此，各種要素雜亂無章記憶的話是
無用的，唯有以某一刺激作基礎，藉此一一循線追憶，使記憶要素與
其他要素緊密結合（圖5-2）。換言之，所謂有效的廣告表現，應當是
針對廣告主所希望的方向，作出品牌標誌、構想或概念和感性的情報
三種力量的組合。

圖5-2　能讓消費者將商品品牌記憶在腦海中，是廣告的目的之一。

圖片內容：SK II晶緻換膚霜－看不見篇

圖片提供：時報廣告獎執行委員會

• 廣告表現的決策

決定廣告表現必須的步驟，對負責決定數千萬或數億的廣告預算者而言，是一個應當釐清的主要課題。但是有關這方面的秘訣，多屬於廣告主企業，殊少公開。一九八五年，R. D. Wilson和K. A. Machleit對廣告意志決定曾做過研究，茲將其廣告表現之開發以及步驟加以概述。決定廣告表現分為六個步驟：

(一)廣告目標

為了決定廣告表現，首先要明確訂定「廣告目標」，廣告主與廣告公司在未製作廣告之前，必須共同商定，因為決定廣告表現，應避免主觀的好惡，或以廣告傳送者為中心的想法。

廣告目標可從定性的和定量的兩方面來做說明，譬如提高企業利潤、成長、市場占有等，這個廣告目的是定性的，而將其數量化，這個廣告目標是定量的。

(二)市場標的之選擇

先決定如何作市場之區隔，然後才能進行廣告表現或商品定位，以及媒體戰略。區隔市場時應注意：

(1)商品使用形態：何人、何時、用多少、如何使用商品。
(2)媒體使用之效率：縮小市場標的，如何有效地選擇媒體。
(3)對廣告敏感的群體：如何區隔才能對我們的廣告作最好的回應。

(三)商品定位與廣告表現之決定

所謂商品定位，並非在競爭商品中，只將其印象予以定位，而應

統合以下三個要素作決定：

(1)商品品牌特性。

(2)消費者的需求。

(3)與競爭商品、競爭品牌比較其優越性。

　　爲了決定位置所在，可動用知覺（perception map）、多屬性模式、相關分析等。檢討商品定位之後，再決定訊息內容和表現創意。

(四)訊息內容的決定

　　即what to say，應向以下四個方向去想：

(1)品牌特性訴求。

(2)使消費者欲求明顯化。

(3)使消費者瞭解商品效用。

(4)使用商品情緒的體驗。

(五)如何表現創意

　　即how to say，一般所謂表現概念（concept）。傳達內容乃以行銷資料爲基礎。表現創意乃以傳達內容爲基礎發展而來的。此二者之間有某種程度的「跳動連結」（creative leap）。那麼創作者如何從傳達內容得到更好的新點子？一般而言，來自行銷研究單位或AE所交來的策略資料，此稱之爲產品特質與產品便利對照表（copy platform）或創作要領書（creative brief）。產品特質與產品便利對照表內容包含：

(1)廣告目的：廣告必須達成的最大目的是什麼？

(2)機會、問題點：商品機會如何？其優點、弱點以及問題點如何？

(3)希望效果：想藉廣告獲得消費者的反應、行動如何？

(4)訴求目標對象：向誰廣告？現在及今後使用者及購買者是什麼

人？

(5)商品目標對象標的想法：消費者目前對所要廣告的商品有何想法？有無特別錯誤的想法？

(6)對說服有效的資料：為了獲得消費者目前的想法以及我們所期待的反應效果，何種資訊最為有效？

(7)支持點：是否有支持第(6)點的資料？

(8)品牌印象：樹立何種形象最為醒目？

(9)媒體、預算、調查：媒體選擇、預算規模、創作調查、廣告效果測定，必須考慮之點為何？

(10)其他：對廣告製作其他必須知道的資料。

(六)有控制力的創意（controlled creativity）

廣告創意與藝術創意最大不同之處在於，前者為商業機制「銷售力」考量，誠如廣告大師大衛‧奧格威的名言：「偉大的創意必須具有銷售力、廣告人必須寫具有銷售力的文字……」，可知，廣告創意不若藝術創意之天馬行空。因此，好的創意在檢核過程中必須加入控制性考量。

▎廣告表現的準繩

廣告是什麼？正確的定義應當是：「廣告者，是將商品與使用者以最短距離所結合的情報工具。」如果此一意義成立的話，判斷廣告表現是好是壞並不困難。茲將判斷標準列舉如下：

(1)廣告商品與使用者，是否以最短距離相結合的？商品與使用者的距離越短越好。所謂距離是什麼？它所指的就是媒體。什麼是廣告表現？那就是一眼望去，馬上瞭解，極端而言，一幅平面廣告不論用何種手段，乍看之下，它是什麼廣告，它與消費

者有何關係，最好能馬上瞭解，其時間越短，越是好的廣告表現。

(2)為了使閱聽眾瞭解廣告，或是廣告是否能確實地把握人類的慾望，首先必須要知道慾望的消費者意義，更要瞭解什麼是商品力，能夠如此，在廣告的戰場上，必定百戰百勝無往而不利。所謂商品力，就是刺激使用者慾望的因素。

(3)廣告構想（concept）和商品力是否和使用者的慾望相吻合？當有了廣告構想之後，要選擇所採取之手段，決定媒體；廣告構想一旦被發現，自然而然地就延伸出廣告表現的手段。

(4)廣告表現手段是否能直接發揮廣告的構想？外行人有時也能玩弄藝術，但成功的廣告非出自專家之手不可。文案的用詞遣字，廣告攝影時相機的角度，都有其特殊的技巧。同時要知道廣告表現在媒體上有一定的界限，訂定表現策略，必須確認此點。策略因人而殊，要提高成功的機率，需基於穩實的戰力。企業的廣告主管為自己公司的利益據理力爭，而廣告創造者也為廣告公司的利益優先考慮，那麼就必須透過廣告定位（orientation）和廣告演出（presentation），盡力找出雙方一致的觀點。

(5)廣告表現戰略，是否使廣告訊息到達或理解？它是最短的距離嗎？廣告表現作業固然個人的要素居多，但廣告是團隊作業，不允許單槍匹馬、各自作戰。如果有明確的廣告各階段作業步驟，擔任廣告表現者自能毫無顧慮地發揮其表現力。要知道熟練的船員就是沒有航海圖，也能橫渡大洋，可是如果有航海圖的話，可減輕同航者的不安。所謂表現戰略程序，即傳播目標及訴求對象之設定、構想之發現、競爭上問題、消費者偏好氣氛，以及表現上的關鍵。

(6)是否使創作者充分發揮其能力？廣告表現原理未必一致，但廣告表現的最後決定者，必須具有遠見的熟悉廣告者。

(7)你的廣告是否妥善地運用欲求？試以心理學家A. H. Maslow慾望金字塔來看人類慾望的變化：一九七○年用push sell 戰略即可奏效，譬如在廣告表現上強調品名、特徵和低廉的價格。到了一九八○年代，要用pull sell才能奏效。時至一九九○年代，廣告表現爲之大變，以回歸個人的廣告較爲有效，換言之，人們追尋細膩生活方法的時代來臨，廣告表現必須順應此種趨勢。廣告是活用慾望的產業，而廣告表現必須能緊繫人心。

(8)你的廣告是否順應欲求的變化？時至今日，廣告可用的篇幅越來越小，從經濟方面來看，現在的媒體運用過多浪費，極需密度高的大容量的個人化媒體（personal media）以適應需要，一種嶄新有力的情報工具——具有雙向溝通功能的媒體勢必應運而生。

● 廣告表現的形式

廣告的表現可大致分爲語文型態（verbal）及非語文型態（nonverbal），以下將說明表現的方式：

(一)語文型態

語文方面較常出現在平面媒體（報紙、雜誌及直接信函）等視覺文字的表達，和立體或電子媒體如電視旁白（voice over）和廣播廣告等口語及非語文的表現方式。

1.標題（headline）

吸引目標消費群具導引作用的字體，需具備符合其興趣、明確而具體且引人注意、使人繼續閱讀等特性，以點出整個廣告物的主題或整個文案的重點，爲一廣告製作物文字部分的起始。標題具有五大特質：滿足讀者或受眾的自我利益（self-interest）、具新聞消息性（news）、充滿新奇性（curiosity）、簡短有力的標題（quick & easy way）、具可信度（credibility）。

2.主文（內文）

　　廣告的內文通常是最不吸引消費者注意的部分，但因其較標題的字級小且可表現的空間大，所以可以最完整地表達訊息，說服消費者；而內文須與標題配合，必須承接標題的吸引力順勢發展。廣播廣告和電視旁白首重口語聽覺的傳達，因此撰寫內文時應注意同音異字的使用和文句之長短（因為立體媒體是以時間計費）。

(1)廣告內文的撰寫技巧需掌握下述（AIDMB）要點與佈局架構：

  (a)引起注意（attention）：廣告必須先引起潛在的視聽眾（prospect audience）的注意。

  (b)找出目標視聽眾的興趣（interest）。

  (c)激發慾望（desire）：以市場區隔的目標對象為主，刺激心理需求和呼應其生活型態等切入點，激起慾望。

  (d)使其記憶（memory）：言簡意賅，促使視聽眾或訊息受眾容易記憶，便於產生購買行為。

  (e)產生信心與信服的訊息（belief）：可以調查之數據量化資料或質化資料輔助說明，或是以名人、專家等代言，都能使受眾增強信念。

  (f)促使購買行為（action）：臨門一腳的功夫，可以促購、折扣或時間等訊息的急迫性與壓力，引起消費行為。

(2)廣告內文的表現形式和內文長短考慮之因素：廣告內文表現的形式通常以專家或名人推薦、對答或對談、直述或新聞報導切入商品的利益點和好處，或以情感性的幽默和生活片段等。而內文的長短則以行銷的目標為考量的要件：

  (a)依產品的價格和價值：價格低，則內文短；價格和衍生的價值高，則內文著墨較多。

  (b)依產品生命週期：一般而言，導入期的新產品，尤其是較具

研發性或重大突破改變的產品，需要較多的內文介紹與說明。

(c)依廣告的目的：廣告的目的為說服、告知或危機處理等，皆需較周延的內文為之。

(d)依媒體性質：內文多寡因平面媒體和立體媒體的性質差異而不同，也因媒體的注目率（eye-catch）和點選率等不同，例如公車內或公車外的廣告，較以標題型的文案捕捉受眾的注目率；網路廣告也以簡短的活動訊息告知，促成網友的點選，但讀者文摘則一貫以長文案對受眾循循善誘。

3.標語（slogan）

標語的發想通常是表現企業的生命力和產品特徵的短句，為吸引受眾的注意，不僅出現於廣告或企業標誌（logo），也在信封、信籤等出現，目的在增加消費者或受眾對企業或產品的瞭解並塑造企業形象。故標語的創意發想應以表達企業或產品意義、可使用的時間長、簡潔有力、容易記憶和朗朗上口為主。例如「雅芳比女人更瞭解女人」、台新銀行玫瑰卡的「認真的女人最美麗」、戴比爾斯鑽石的「鑽石恆久遠，一顆永流傳」、Nokia手機的「科技始終來自於人性」等膾炙人口的流行廣告用語。

4.標識（logo）

廣告製作上，將反覆使用於廣告或廣告活動的廣告商品名稱，統一成一定形式，由文字書體暗示內容或用特殊文字圖形設計，此為標識。通常標識也可稱為商標（trademark），藉由視覺語言創造形象，將商品性質和企業風格形象等以簡單的圖案表現出來。因此，標識代表的意義包含公司名稱、產品名稱或僅是符號圖象識別。

5.企業識別系統（corporation identification system, CIS）

企業識別系統則是為企業作定位，必須與企業未來的發展、趨勢等條件配合，並具社會責任的意義在內。企業識別系統通常以三種識

別（3I）綜合表現，使企業不僅是在廣告表現，產品或企業的整體規劃，展現企業文化和品牌資產的精神。3I包括：VI（visual identity）視覺識別，著重藝術設計方面，一般常見的CI設計即爲此；MI（mind identity）觀念識別，著重企業經營面；BI（behavior identity）行爲識別，著重組織團體精神面。

(二)非語文型態

至於非語文方面，其目的是幫助廣告達到視覺化的廣告效果，以平面和立體製作物爲主，作爲廣告表現的形式。其中，占廣告預算支出大宗的立體電子媒體的廣告表現，不但深受閱聽衆的青睞，更是廣告人討論研究的重點。

1、平面製作物的廣告表現

視覺化的廣告效果，一般可以表現的方式有許多，如文字的字體形式和字級的大小、故事性訴求或插畫（illustration）、以虛擬的效果表現產品或消費者，也可以用圖畫（graphic）、照片（picture）或色彩（color）等象徵意義塑造或加強產品的個性和形象，再者，廣告整體的標題、文案或插畫等元素佈局（layout）的設定和安排也十分重要，佈局空間的安排攸關整個廣告效果。佈局應注意平衡對稱關係、受衆的視覺閱讀習慣、對比和留白等技巧。

2、立體製作物的廣告表現

立體媒體因其具有聲光等多重感官刺激的效果，故廣告創意的技巧、變化和成就感較高，相對地，其製作成本高，媒體費用的支出也高。而廣告主或廣告代理商每年編列預算時，總是放較多的比重於此（尤其是電視廣告，是四大媒體支出之冠）。而近年來，電子商務蓬勃發展，「.com（網際網路）公司」如雨後春筍般興起，因此網路廣告的媒體預算也逐年提高，形成立體電子媒體新興發展的趨勢。

立體製作物的廣告表現形式，依美國廣告學者Bovee和Arens的觀點，稱之爲執行創意的技術（creativity-specific execution style），可分

為兩大類：

(1)產品導向（product-oriented）：兩位學者認為以產品導向的廣告表現通常較理性（rational），且大部分以產品為主角。

(a)生活型態（slice of life）：生活型態表現的切入點並非是產品，而是產品的使用者，目的為使人覺得產品是生活的一部分，也暗示產品和消費者有密不可分的關係。需注意場景的搭配和產品出現的時機，才不致使觀眾或消費者覺得缺乏真實性。而以目標消費者的生活型態調查資料為參考，所發想的故事情節可使其感興趣、印象深刻進而模仿使用。採用生活型態的廣告表現最大的缺點是對商品的描述拘於表面，無法展現實質利益和產品特性，故易使廣告訊息的焦點模糊，易被消費者忽視。

(b)問題解決（problem-solving）：新產品或產品改良上市，產品提供的利益和功能可為消費者解決問題。透過事前的產品調查和消費者調查，著力於產品的創新或改良研發，因此可以直接敘述產品的相關資訊表達產品力，也可以比較使用前和使用後的產品事實效果，更可以提供產品新主張或新知。例如，白蘭無磷強效洗衣粉以解決家庭主婦為丈夫或小孩難洗衣物的煩惱，展現產品的去污力；而嬌生公司的高生化科技的研究結果，首創「鎖水葉」衛生棉，解決回滲的問題。

(c)產品示範表演（demonstration）：以產品為主角（product is hero），將產品的獨特點（USP，無論是實質的功能或無形的心理價值等）、品牌形象（brand image）等呈現在消費者眼前。例如：三秒膠展現其超黏力、吉普車拔山涉水、汽車經強力撞擊其安全氣囊裝置保障車主安全、牧場鮮乳擠製的過程呈現等等，皆是最佳產品示範的寫照。

(d)產品比較（comparison）：產品比較的廣告表現形式通常以

同品類品牌之間相互較勁，尤其是市場競爭的後發或老二品牌，為快速引起消費者注意，挑起產品比較的話題是切入市場的極佳方法。然而，作比較形式的產品需比競爭者提供更多的訊息給消費者，對消費者或閱聽受眾受益且得利，但對競爭的兩造雙方無非引發更大的產品競爭和無謂的攻擊，可能使其他市場品牌漁翁得利。例如，統一雞精直接挑戰第一品牌白蘭氏雞精，平面廣告標題以「統一雞精的雞才是真正的雞」挑起「雞」的話題；美國最著名的可樂大戰，可口（Coke）和百事（Pepsi）兩大品牌的廣告創意和行銷纏鬥至今，為人津津樂道。

(e)實證式（testimonial）：實證式的廣告表現通常是以目標市場的意見領袖使用產品的現身說法建立可信度和真實感，場景的安排多在家中或產品使用場合，常以隱藏式攝影機來拍攝使用者對結果的驚喜，例如，海倫仙度絲洗髮精、品客洋芋片、家樂氏玉米片等以街頭訪問的方式，實證消費者使用的感想和滿意度（圖5-3）。

(f)名人或專家推薦（celebrity endorsement）：以此方式可以藉助名人或專家的知名度或專業性，迅速引起消費者或受眾的注意。採用名人或專家推薦的廣告表現，需要事前進行消費者調查，瞭解消費者喜愛和符合產品需求的代言人，也瞭解代言人與產品之間的連結度和定位的適用性；對名人或專家的代言也必須事前加以規範，以防止形象之影響；例如，東信電訊推出e-WAP手機，要求仍在就學的偶像代言人蔡依林其學業成績不得被當，以免使其少男或少女消費者錯誤認同（圖5-4）。

(g)新聞報導式（news）：新聞報導式的廣告表現以平面媒體居多，尤其是報紙和雜誌。其發想點預期以新聞報導的公信力，突破消費者的廣告心房，增加可信度。研發性或突破性

A.

B.

圖5-3　實證式的廣告。
圖片內容：A.海倫仙度絲洗髮乳－生理時鐘篇
　　　　　B.可塑性沙宣美髮系列－可塑性30秒篇
圖片提供：時報廣告獎執行委員會

A.

B.

圖5-4　由名人代言或從旁證實的廣告。
圖片內容：A.澎澎香浴乳－天心篇
　　　　　B.超新白蘭強效洗衣粉－郭太太廚師篇
圖片提供：時報廣告獎執行委員會

的新產品以此方法介紹或推薦，易獲得迴響。

(2)消費者導向（consumer-oriented）：較感性（emotional）訴求，注重消費者情緒、情感等心理層面，較無關乎產品的資訊、功能等具體利益（引自許安琪，2000）。其他幾種訴求方式留待下一節「廣告表現的效果」來詳加說明。一九八九年，Laskey提議廣告表現新的分類方法，本法最大之特徵是把廣告訊息分為情報性（informational）和變換性（transformational）兩大類，然後再從這兩大類裏衍生出次屬性，成為兩階段分類法。

(a)情報性廣告：將可能證明的事實對消費者作明確的論理的陳述，使消費者能判斷出購買該商品的好處，以此為前提所作的訴求。情報性廣告可分為五類：

・比較：與其他商品比較，顯示其明顯的區別。

・USP：從客觀的立場來提出證據證明出其獨特的程度。

・先下手：並不訴求獨特程度如何，只訴求客觀的事實。

・誇張：無法證明其特點，試圖以誇大的方式來表現。

・一般情報的：將商品種類之特長，取代品牌本身之特長而訴求者，而且其訴求屬於情報性的。

(b)轉化或隱喻性廣告：使品牌使用經驗與某種心理狀態相契合。轉化或隱喻廣告可分為四類：

・使用者印象：以品牌使用者與生活形態為焦點，且以使用者為中心。

・品牌印象：傳達品牌個性，以品牌印象作中心訴求者。

・使用情景：以使用該品牌的場面為第一重點表現者。

・一般轉化訴求：以商品種類為中心，並以使用者之親身體驗而處理者。

對Laskey的二階段分類法，第一階段獲得94％，第二階段獲得90％以上的分類者贊同率。在人言人殊、各持己見的分類情形下，包容

各方意見，獲得圓滿分類原則的Laskey的分類法，可以說是唯一最合理的。

廣告表現的效果

3B是CM表現的三種要素，3B是向視聽者內心傾訴的秘訣——嬰兒（baby）、美女（beauty）和動物（beast）。

如前所述，採取何種廣告表現有效，廣告表現要素與要素間之關係如何，十分重要，例如爲獲得高度的廣告認知，起用名人算是相當有效的方法，可是商品和名人之間是否適合，也就是說演員（talent）對商品是否相配，是廣告戰略成功與否的關鍵。所謂廣告表現，並非只僅止於此，必須檢討行銷戰略的整體關係。

至於特定的廣告表現手法，產生什麼特定的效果，例如認知、說服等，本節將一一討論。有時廣告設計者必須在被限定的目的來設計廣告表現（例如希望快速提升品牌的認知率等），此時，表現手法與效果的知識相當有用。

● 情報來源效果

(一)真實性（credibility）

以接受傳播者而言，是否相信所傳播的訊息，其說服效果如何，這種訊息真實性問題可分專門性（expertise）和客觀性（objectivity）兩方面來考慮，以專門性而言，與傳播課題有關係，看起來是專門的（例如專家、社會地位高等），其說服效果高。起用名人做演員，對提高品牌知名度作用極大。再從客觀性而言，如果動用廣告主的總經理作廣告演員，比起用沒沒無聞的人做演員，對廣告之評價較高。至於

專門性與客觀性何者較重要，據研究仍以專門性之說服力強。

(二)魅力性（attractiveness）

情報來源是否有魅力，可分類似性（similarity）、親密（familiarity）、喜歡（liking）三方面考慮。一般而言，傳播接受者越覺得情報來源（出場人物等）和自己相仿則越易被說服。

╴訴求方法

(一)論理型對情緒型訴求

這是關於廣告表現最古典的問題，論理和情緒型是相對的兩種表現型態，經研究結果，有些人認為兩者效果並無差別，有些人則認為以情緒型訴求說服力強，議論紛紜，並無定論。這是因為論理的、理性的對情緒的、感性型廣告表現的定義非常困難，另一理由，據消費者反應分析，這兩種表現型態並非相互對立的兩個方向，而是互不相同的兩個次元。

(二)恐怖訴求（fear appeal）

使廣告接受者感到恐怖，這種廣告表現是否有效？答案是在何種條件之下，產生何種不同結果。從其結論而言，對身體有關的恐怖，如健康或生病、事故等，所做的訴求有效。但只有對廣告主信賴度高的時候，這種訴求才有效。

反之，如果社會大眾對廣告主不相信或覺得廣告主不值得尊敬時，用恐怖表現是危險的。再者恐怖程度和效果有關，例如訴求癌症可怕和警告交通意外等的公益廣告，有時無效，這是由於恐怖的程度過大，消費者會避免接受這種訊息或淡忘這種訊息所致。一般而言，恐怖感以中等程度效果最大。譬如「有口臭使他人嫌惡」、「不刷牙將

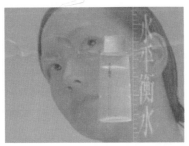

圖5-5　恐怖訴求的廣告。
圖片内容：盛香堂平衡水－乾妹妹篇
圖片提供：時報廣告獎執行委員會

招致拔牙之痛」，這種程度的恐怖感，對說服是有效的。

　　一種常用的恐怖訴求方式，是以負面增強的方式，引起消費者情緒的緊張與不安，進而共同注意或防範。一般而言，公益廣告或政令宣導廣告多以此形式達成教育或警告閱聽眾的目的。例如，環保、九二一大地震的大自然反撲、喝酒不開車等廣告皆是。恐怖訴求最忌創意人員走火入魔，造成消費者反感的反效果（**圖5-5**）。

(三)幽默訴求

　　幽默形式的廣告以英國最盛行，因為英國人最幽默。有關幽默廣告的效果，很多情形仍有難測高深之感。幽默確實會引人注意，提高信賴性，有助於再生與理解，但對態度和行動的影響如何，則不得而知。

　　幽默廣告唯一的好處，是幽默的內容和品牌訴求點一致，因此，當閱聽眾回想起幽默的內容，由於它和品牌訴求點一致，所以就會增加廣告商品記憶效果（**圖5-6**）。

　　幽默訴求不但可以引起注意，也可立即增加好感。但由於博君一笑的標準難以界定，且有社會文化性的差異，故不一定可長久使用。近來，安泰人壽的「黑色幽默」的廣告表現，將「冷門性商品」（unsoughted goods）的重要性和需求感加值；而羊乳的廣告「喝羊乳不會有牛脾氣」，也幽了牛乳市場一默（許安琪，2000）。

(四)單面提示與雙面提示（one-sided versus two-sided messages）

　　一九四〇年代，據Hoblando研究結果，認為雙面提示比單面提示有效，其結論如下：

　　(1)對提案見解，最初持反對意見者，由於雙面提示，其態度大為改變。

(2)對業已相信特定意見的人們，就是使他聽取另一方的意見也無效。

(3)雙面提示對教育程度高者更為有效。

(五)注意渙散（distraction）

正當某一訊息傳送中，提示其他更具吸引力的刺激時，會呈現何種狀況？根據實驗結果，當聽取與自己持反對意見的錄音帶時，提示美麗風景或有氣氛的女性幻燈片，被提示這種有氣氛照片的人，產生改變態度的比率顯著增高。這是因為一旦提示了分散注意力的刺激，對心中原有的主訊息，就無法持反對意見。

(六)比較廣告（comparative advertising）

比較廣告在美國廣被採用，膾炙人口溫蒂的CM "Where's the Beef?"（牛肉在那裏？）是成功的典型例子。成功的比較廣告有時會大大增加商品的銷售，正統的比較廣告，要明確地指出廣告主名稱，證實其商品的不同（圖5-7）。

比較廣告成功的條件只有一個，那就是品牌間明確的差異，而且該項差異對消費者而言也是相當重要的。基於此一意旨，比較廣告並非任何場合都可使用。尤其現代的生產技術發達，競爭公司間的產品幾乎毫無差異，真正能鑑別出兩者差異的情形不多。

儘管溫蒂的比較廣告相當成功，可是美國人對這種形式廣告沒有好感，反駁這種廣告訊息大有人在，否定的聲浪和資訊層出不窮。

比較型廣告背負這樣的風險，正如一九八二年日本小林保彥在他的〈日美廣告比較〉一文中所說：這種說服的方法，在社會上一般大眾心目中，是否認為有效，必須重新評估和檢討。

可是比較性的廣告或作法，在台灣汽車業界並不是新鮮事，自從王記公司以韓國現代汽車的「實車碰撞」向其他廠牌公開挑戰後，汽車市場即頻頻出現不尋常的比較性宣傳手法。

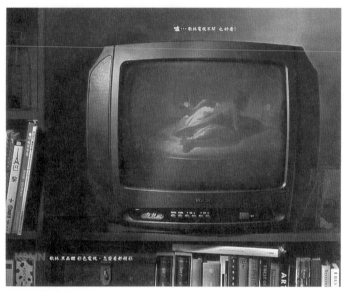

圖5-6　幽默訴求的廣告。
圖片內容：歌林彩色電視－不開機也有趣篇
圖片提供：時報廣告獎執行委員會

　　汽車廠商從售價、引擎壓縮、扭力、馬力、車長等較平常的項
目，比到車身線條的大小、後方向燈的組合方式，甚至輪圈蓋方式等
小細節，統統拿來比較。資深汽車業者指出，這種比較性廣告，除了
需花費大筆鈔票做廣告外，還不惜打破同業間的默契，公開在媒體上
「叫陣」，不過這種廣告頗能打動凡事斤斤計較型的經濟型消費者。

(七)冷訊息（cool message）

　　冷訊息或冷CM是指CM的故事結構不完整，必須憑視聽者本身想
像來彌補故事的結局。與這類CM相對的有所謂熱訊息，它是指故事
結構十分完整，明確地說出結論。但近年來，大都寧可採用冷訊息，
認為它的效果較大。

　　總之，消費者自己來思考結論，比強制所下的結論來得有效。這

可能由於消費者對強迫所下的結論產生心理上的反彈。

　　Engel等人（1986）在其《消費者行為》（*Consumer Behavior*）一書中，證實冷訊息對以下各種情形有效：希望形成長期的印象、商品本身沒有明顯的優點、用感性的訴求方式較適合的商品、消費者關心度低的商品等。

(八)性的訴求（sex）

　　性訴求的廣告表現可以引起短暫的注意，但卻容易忽略產品重要屬性，也可能無法達到預期的廣告效果。因此性暗示或色情廣告引起

圖5-7　與他牌同類商品比較的廣告。
圖片內容：肯德基－謝謝麥當勞、謝謝消費者篇
圖片提供：時報廣告獎執行委員會

爭議的反效果，是廣告創意人員必須加以深思的。反倒是以性別角色訴求，強調「新優質好男人」、「認眞的女人」等的正面形象的廣告表現，使人刻骨銘心，發人深省。

(九)音樂或動畫形式

兩者皆可增加廣告表現的可看性和娛樂性。前者包括背景音樂和主題歌曲的選擇，和片尾音樂的製作，配合運鏡和快速剪接的方式，達成品牌建立的效果。動畫的形式以卡通片、電腦3D或捏塑泥人模型等效果，以拍卡通片的形式一格一格拍，十分花費時間和金錢（許安琪，2000）。

▌訊息的構成

(一)順序效果（order effect）

據Hoblando古典的試驗，不同的訊息，從同一情報來源同時傳播時，最先被傳播出來的訊息較有說服力，此稱之爲最先效果（primary effect）。

較容易被記憶的原因是它最先被提示出來的，所以在一個CM當中，幾個對立的意見並列向視聽眾說服時，把想要說服的訊息最先提出比較有利。

(二)反覆效果（repetition）

反覆，對學習、信念、改變態度或行爲等，有正面的效果，這是Engel等人（1986）所確立的學說。譬如以漢字向歐美人士反覆揭露，雖然歐美人不認識漢字，不瞭解其意義，但能獲得高度的好感。此種反覆效果由Zajonc所做的研究結果予以證實。

反覆，不僅是CM揭露次數問題，在同一廣告訊息中，反覆講出訴

求點是否有效果，也是值得探討的問題。總之，就算是一個毫無實據的CM，但是由於一再反覆傳播同一重點，亦有說服效果，此點已被確認。

其他訊息表現效果

(一)名人廣告（celebrity advertising）

日本常以有聲望的人做廣告演員，根據研究發現，凡具有真實感、信賴性高的人物做廣告，其說服效果較高。

無庸諱言，電視廣告如果起用有聲望的演員，對提高CM認知率有極大的幫助，提高CM認知率，也就意味著雖然是同樣的GRP，但能獲得較高的認知。據video research資料顯示，為了獲得50％的認知率，起用有聲望的演員時，250GRP即可輕易達到，否則，必須750GRP方可達到。以最普通的估計，起用的演員有聲望和無聲望，CM認知率之差約10％。

(二)價格印象（price image）

廣告策略一般常用廉價訴求來吸引消費者，相對的，也有高價的戰略來訴求高品質。至於何種情形下高價格等於高品質，Assael舉出以下四個標準：

(1)消費者對商品品質、性能，除以價格作衡量標準外，別無其他標準可循。

(2)消費者無使用該商品的經驗。

(3)消費者對其購買感到有風險時，或買後感到後悔時，容易以高價格作選擇標準。

(4)消費者對品牌之間認為品質有差異時。

反過來說，當產品不適合上列四個條件時，避免用高價格即高品質訴求乃明智之舉。

(三)原產國印象（country of origin image）

由於外資企業逐漸進入我國市場，因而外國產品在我國市場廣告量大有增加之趨勢。因此，外國產品做廣告時，其問題之一，就是如何表示原產國的戰略。

一般而言，原產國表示，與其說是決定該商品全體的評價，莫如說影響該商品各個屬性之評價。例如以德國製機械工具而言，與其說因為它是德國製的就認為這個品牌是好的，寧可說因為它是德國製，所以這種工具的功能一定很優秀。

據C. M. Han研究結果發現，如果該國消費者對該商品不熟（例如埃及製牙膏），消費者利用原產國印象屬性的評價，便間接地形成了對品牌的態度，相對的，如果對該商品相當熟悉，原產國的印象和品牌的印象就直接地連結在一起。

因此，新產品廣告時，如果原產國印象很適合此商品時，那麼高關心度的商品，以屬性評價作為購買決定的重要因素（如Toyota汽車，在廣告表現上較多利用原產國印象）。

(四)企業印象（corporate image）

企業印象在現代行銷上之重要性，盡人皆知，但企業印象和消費者購買行為相互間之關係，人們卻未必明瞭。日本學者西尾先生曾從事企業印象和品牌選擇過程關係之研究，得到的結果是，企業印象與原產國印象同樣，可以顯示出來其對品牌態度或購買意圖之影響，不如對產品屬性評價之影響來得較大。該項實驗係以啤酒作素材，故其結果很難一般化。

(五)品牌差別化訊息（brand-differentiating message）

近年來，對電視廣告表現和效果分析，利用大量樣本進行廣泛探討的，首推D. W. Stewart和D. H. Furse（1986）兩位先生。在他們所做的研究中，一項重要發現就是「品牌差別化訊息」對視聽者說服最有效果。正如USP理論，品牌印象理論所強調的，僅強調廣告的商品，強調其獨特性、差異性，比用其他的廣告表現，相對地顯示出相當高的說服效果。

以上簡單地介紹了廣告表現種種的效果，關於廣告表現問題，絕非以上所陳述的即可涵蓋其全貌。今天有關廣告表現問題，必須重視的，可能不是語言的要素，而是視覺的表現、視覺記憶、象徵、音樂等。對此一範疇之研究，其證實之方法及其結果，不易普遍一般化，但時至今日，必須以此領域之探討作爲導向。

廣告創意策略

創意策略（creative strategy）是什麼？是規定所發出的廣告訊息用什麼性質的策略原則。因此，所謂創作策略，與其說爲了形成「表現創意」（如何表現商品），不如說爲了形成「傳達內容」（在廣告裏如何說明商品）。茲介紹創意策略如下：

♦ 一般性策略（generic strategy）

不特別強調與競爭商品之差異，或商品如何優越，只說明商品的特長。這種策略常用在特別創新的商品，在該商品範疇裏競爭者少，幾乎屬於獨占的品牌，例如「咖啡在於味、色、香」，「味之素是調味

料的代名詞」等廣告文的說法，就是屬於這種策略。

先講先贏策略（preemptive strategy）

氰胺公司孕婦保健藥「新寶納多」最先打出「一人吃兩人補」的標題，其實任何孕婦保健藥都有這種功能，可是「新寶納多」最先打出，那麼和它競爭的同類品，就被視爲次等商品（me-too product）。市面上所銷售的藥品、航空公司等，商品功能無大差異時，此法最爲重要。本策略最有趣之點，乃某品牌最先打出某一特長，其他品牌則忌諱打出同樣的特長。

USP策略（unique selling proposition strategy）

美國Ted Bates廣告公司提倡USP原理，所謂USP，強調以獨特（unique）來推銷產品最有效。USP應遵守下列三項規定：

(1)明確的建議：如果購買這種商品可以獲得這些特別的好處。此項建議固然是廣告學開宗明義首先所主張的，但實際上大都疏忽了這一點。

(2)獨特的建議：所謂「獨特」，是指你的商品有什麼特點是競爭對手的商品做不到的，或者競爭廠商的廣告所未曾表現出來的。

(3)有助銷售的建議：譬如美國高露潔公司，曾爲其新產品在美國做廣告，強調「Ribbon 牙膏如帶狀一般的擠出，使牙膏平舖在牙刷上。」這的確是一種建議，而且很獨特，但對產品銷售並無助益。於是Ted Bates廣告公司提出建議，牙膏廣告應強調使用這種牙膏「牙齒漂亮，口氣芬芳」。本來牙膏這種商品，任何廠牌都可強調「牙齒漂亮，口氣芬芳」，但這句廣告詞是高露潔公司最先開始打出來的，而且歷久不變，因此，這句廣告詞便

成為高露潔Ribbon牙膏的代名詞，此種情形，如果其他公司的牙膏廣告也採用這句廣告詞時，可能被誤認仍是高露潔的產品。

所以說，符合USP的最佳建議，是根據廣告的商品分析和消費者使用該商品的反應而創造出來的。

再如M&M巧克力「不溶於手，只溶於口」這句廣告詞，是USP代表的另一案例，為了發現這樣的USP，單靠創作人員的智慧是不夠的，需要針對該消費者和商品之間作廣泛的調查。因此，採用USP策略，廣告商品必須在功能性能上有明確的差異前提，並非所有商品都適用本法。

品牌印象（brand image strategy）

主張品牌印象策略者，是奧美廣告公司大衛·歐格威（David Ogilvy）先生，他認為威士忌、香煙、啤酒這種商品，競爭者間不易看出有多大的差異，如何轉化廣告表現，是主要課題。因此他主張，培植品牌擁有的威信（pestige），使消費者保持對品牌長期的好感，從競爭品牌中確守自家品牌的優越地位。

這種策略構想，必須長期使用某一象徵，藉以強調高級感、高品質，多起用名人或有個性的人作象徵人物。採用品牌印象策略，只考慮印象也不能成為策略，為了創造印象，必須以行銷為基礎。

商品定位策略（positioning strategy）

商品定位的觀念，在廣告界導源於一九七〇年代，自八〇年代以後，「定位」一語逐漸與品牌印象被用作同一內容。但「定位」與「品牌印象」不同，前者寓有競爭的意識，因為消費者面對洪水般的廣

告氾濫，已無法自廣告辨認商品的好壞，所以才有商品「定位」的理論問世。

商品定位，是於「競爭狀態中，定一位置」、「消費者的需求」、「商品特性」三者，綜合考慮所構成的觀念。它不但包括品牌印象和USP兩方面的戰略，同時還超越了它。

商品定位理論最典型的例子，是美國Avis出租汽車，"Avis is only No.2."的廣告活動。

所謂商品定位，在於發現：(1)訴求他家所未訴求的獨特之點；(2)該獨特之點是消費者所需要的；(3)那才是商品的特性。譬如某巧克力棒，由於它的位置被定在「餓著肚子加班時的簡速食品」，這和其他品牌巧克力棒以兒童爲訴求階層相比較，是十分獨特的，同時符合商品對象的需求，可以說是十分恰當的實例。

一言以蔽之，商品定位在於發現商品在印象圖（image map）中最適當位置。

♦ 共鳴策略（resonance strategy）

共鳴策略是利用消費者日常記憶的生活體驗，在其所記憶的場面重現時，提起商品，促使記憶該商品的戰略。

譬如電視廣告裏，在一個爽朗的晨曦中，將牛奶類的食品倒入咖啡裏的情景，這種廣告表現是共鳴策略絕佳的案例。這種策略並非特別強調商品利益，是把商品使用的情景與消費者的生活體驗相融合的一種策略。

共鳴策略常被用在生活型態分析上，像照相機或AV機器等這類商品，按照生活型態描述使用該商品情景，最適合採用本策略。

♦ 感性策略（affective strategy）

像視覺衝擊（visual shock）、前衛派（avant garde）、超現實主義（surrealism）等廣告表現，都屬於感性策略。這種廣告表現大都屬於意表外印象的組合，予消費者以震驚，為了比競爭對手的廣告更為醒目所做的廣告表現，都是屬於感性策略。

用這種策略作廣告表現，加諸於消費者的影響是情緒的，和競爭者商品比較，有極大的差別，以此為目的時，多採用本策略，因此，廣告表現並非完全以調查的資料作依據，而是廣告創作者的直感或創造力，成為策略而展開的原動力。

以上舉出七種創作策略，這些策略只不過是開發傳達內容的一種思考方法而已，並非表現創意的固定形式。

第六章　創意執行

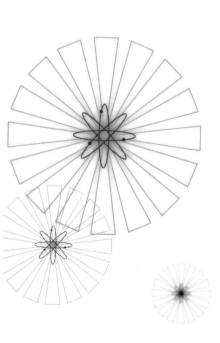

創意的藝術性本質

　　每個廣告皆運用藝術。在廣告中，所謂藝術是指各種媒體廣告的整體視覺表現，其中包括廣告中文字的編排、所運用之空間大小及其表現風格、是否採用圖片或插畫，及電視廣告中如何安排演員等（圖6-1）。

　　有許多類型的藝術家參與廣告設計，包括美術指導、圖案設計師、插圖家、製作藝術家等不勝枚舉。每一位都被訓練成處理視覺表現的專長者。

┃ 佈局

　　至於印刷媒體廣告，美術部門的首要工作就是決定佈局的形式，也就是在特殊的面積內如何編排設計。佈局具有兩種目的，一為機械性的功能，顯示廣告中每個部分該如何放置。另一個是心理學上或象徵性的功能，以說明業者或產品所欲表現的視覺印象。

　　在進行廣告佈局過程中，常運用以下幾個過程：簡略描繪、粗略佈局、完稿佈局。至於小冊子及其他多頁式的廣告品，其佈局被製作成模擬形式版本。而電視上的佈局則被稱為故事板（storgboard）。

┃ 插圖

　　一則廣告的成敗，插圖必須負很大的責任。插圖可以用來掌握讀者的注意力，說明廣告的主旨，創造出受人喜愛的形象。

　　廣告中圖解說明的兩種基本方法，是照相方式呈現（照相術）及繪畫。照相方式呈現（照相術）對廣告有多種重要貢獻，其中包括具

圖6-1　廣告中亦可表現出濃厚的藝術性。
圖片內容：裕隆汽車藝文季系列－觀音篇、達摩篇
圖片提供：時報廣告獎執行委員會

體寫實、直接性的表現、生動活潑的感覺、提高情緒、美觀及易於感受、快速、富有彈性，且經濟划算（**圖**6-2）。

如果美術指導認為繪圖將比照相能造成更大的衝擊，那麼則可利用繪畫。進行繪畫時常用的幾種技術包括：線條畫，淡塗，版畫，鉛筆、蠟筆及炭筆畫，以及油畫、壓克力及水彩畫。

為廣告選擇適當的照片或插畫是一項艱鉅的創作工作。廣告插圖的一些普通形式大概有：包裝的產品、單獨的產品、使用中的產品、產品間的比較、使用前後的效益，以及否定的訴求方式。所謂否定的訴求即表現若不使用廣告產品時所產生的影響。

┃包裝設計

包裝設計將比廣告花費更多的經費，主要是因為日漸重視自助式的銷售，要求包裝能同時在廣告及銷售中扮演重要的角色。

設計包裝時應考慮到幾點因素：如何使包裝在言辭及非言辭上的傳達、所欲期求的威信、應強調的訴求是否能充分表達。

包裝設計的目的包括：使產品包裝切合目前的行銷策略、強調產品的利益、強調產品的名稱、利用新的原料。

印刷媒體創意執行

平面廣告主要是指報紙與雜誌。一般的出版物及報紙，為廣告主提供了一個獨特而且具有彈性的媒體，以表現出他們的創造力。報紙幾乎是人人必讀的大眾傳播媒體，涵蓋區域廣、普及度高。它提供極大的彈性，有助於在廣告上發揮創造性。當然，報紙也有其缺點，它包括：有效期限短促、編輯人員良莠不齊、廣告篇幅的安置難求突破、重疊發行、印刷品質差等。但在美國目前報紙仍然是新聞及廣告

最主要的社區服務媒體。

以美國而言，報紙的閱讀率及其他應用的資料都印在比率卡（rate card）上，在比率卡上列出各種比率以供當地或國際的廣告參考。

雜誌提供了特殊的好處。它是所有媒體中最具有選擇性的。對於廣告主及讀者階層皆具有彈性。它提供了豐富的色彩、卓越的印刷品質、可信度、權威性及耐久性。但無論如何，雜誌需要較長的編印時間。此外，有些雜誌的廣告費或成本相當高。

如果選擇雜誌作為媒體時，媒體購買者必須考慮該出版品的發行量、它的讀者階層以及成本等。某種雜誌的閱讀率可能由好幾種因素來決定，例如它的主要讀者及次要讀者階層、訂閱數量及銷售數量、總發行量及實際配送的數量等。

雜誌比率卡就像報紙的比率卡一樣，依照一種標準的版式，使廣告主能夠很容易決定廣告成本。比率卡列出黑白廣告率、折扣率、彩色廣告費率、發行及截稿日期等。

雖然報紙及雜誌二者的基本特性有所差異，但他們均是訴諸視覺的媒體，在讀者瀏覽之間決定是否被注意、被閱讀，這種剎那定生死的溝通特性，可說是平面媒體最主要的共同性。

大多數消費者在看平面媒體廣告時都只注意標題，再稍微瀏覽其他的部分即結束閱讀，因此標題在平面媒體中就成了最重要的關鍵。所以我們必須畫龍點睛地把主要廣告訊息濃縮在標題裏，讓大多數消費者看到標題也能知道個大概，甚至因為標題的吸引而繼續閱讀下去（蕭富峰，1991）。

標題在平面廣告上有幾個主要的功能：

(1)引起注意力和好奇心：廣告由於先天上不屬於閱聽眾會主動搜尋的訊息，故而所有廣告的第一道關卡，便是必須取得閱聽眾的注意。一般標題由於位置較明顯、字型較大，可算是平面廣告的門面，容易被讀者閱讀。這時，標題負擔的使命是希望讀

圖6-2 圖片與產品的相互搭配，構成一則有趣的廣告。
圖片內容：阿Q－教室篇
圖片提供：時報廣告獎執行委員會

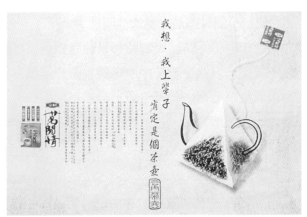

圖6-3 有趣的標題及圖片，可吸引視聽眾的注意力及好奇心。
圖片內容：立頓茗間情－三角茶壺篇
圖片提供：時報廣告獎執行委員會

者在看完標題後願意繼續深入閱讀廣告，標題如果過於冗長、平淡，可能就會喪失被閱讀的機會，由標題的這個使命來看，文字創意是下標題時的必備條件（**圖**6-3）。

(2)點出產品利益：許多標題切入的角度是從產品的利益轉化成消費者的購買動機，在最短的時間內讓廣告帶出產品的賣點。尤其是差異化商品，亦即，具有與競爭者不同的特殊利益的商品，在廣告中突顯商品利益乃是重要且必要的。要注意的是，標題要從消費者的角度來點出消費者利益，而不是從產品的角度直述產品的功能（**圖**6-4）。

(3)區隔正確的目標對象：消費者在看平面廣告時，翻閱、瀏覽的速度通常很快。一般而言，消費者會潛意識地區分訊息和自己的關聯，「不屬於我」類型的產品訊息就會在一轉眼間下意識地被刪除掉。好的標題應該在極短時間內讓普羅大眾瞭解，該則廣告是針對哪一群目標對象說話，來減短目標對象要深入吸收訊息之後才瞭解產品的適合性所花費的時間。

(4)解釋圖象或與圖象互補：標題和圖案同時是平面廣告的靈魂，當兩者同時出現時，應展現「魚幫水，水幫魚」的效應。看似突兀的圖象有標題作其註腳；懸而未決的標題可在圖象中找到答案。當兩者之中任何之一採以懸疑引起好奇心的表現方式時，另外一方面可以以展示、提供線索來表達廣告的中心概念，標題和圖象如能互相搭配，將是一個較好的、較完整的訊息呈現方式。

(5)引導文案閱讀：標題不但要能帶領讀者進入廣告之中，標題如果運用得當，更會增加讀者尋求廣告的意願。雖然在一般狀況下文案通常不會被深入閱讀，但是好的標題就能引導讀者進入廣告，進而閱讀文案、尋找關於商品的資訊。所以標題和文案之間要有引導性和延續性（劉美琪，2000）。

以下介紹六種常見的標題手法：

(1)利益式標題：利益式的標題便是直接點明商品會對消費者帶來
的好處，如果產品確實擁有優於競爭者之處，當然應該開宗明
義地用最顯眼的文字顯示出來，絕大多數採用利益式標題的廣
告，內容都是屬於說明性質的。要注意的是，利益式的標題要
從消費者角度說話，避免主觀性的自誇，如果標題下得太平
實，可能會讓人缺乏興趣，難以引起注意。

(2)生活型態、價值觀標題：一些感性、無明顯差異性的商品，常
將廣告的重點放在塑造出來的情境上，勾勒出一種抽象的、令
目標對象所認同或嚮往的生活方式、意見，來建立品牌魅力，
區隔消費者。通常寫這種標題會要求文案人員洗鍊的文字能
力。

(3)新聞式標題：新聞報導式的標題必須要符合時事，找出在新聞
議題中對目標對象較有意義、較能吸引其注意的議題。使用這
種手法要注意：(a)避免過高的爭議性；(b)借用新聞的議題必須
能拉回產品和目標對象，與之有所連接，不然關聯性太遠只會
加強了讀者對新聞議題的印象，而忽略產品訊息。

(4)爭議性標題：爭議性的標題是一種間接的訴求，是要引起令人
質疑的見解或觀點。通常這種標題應該在文案中對議題提出解
答，解答就要回到產品的利益。問題式的標題用問句法，必然
也是以文案來回答。因此不論是爭議性或問題式的標題，都必
須在結尾讓消費者留下非常明確的印象，知道文案究竟是在說
什麼。

(5)命令式標題：命令式的標題有時是具有時效的急迫性，有時是
故意要塑造一種情境或氣氛。在下命令句標題時，要儘量避免
讓讀者產生排斥感，甚至有高壓、脅迫的意味。畢竟絕大多數
品牌的品牌形象是正面的、具親和力的，命令只是引起注意的

手法，而並不是廣告要對消費者傳達的訊息。

(6)疑問式標題：用一句問題爲標題做爲廣告的開場，對於製造氣氛、引起注意上，會較平鋪直述的標題活潑得多，問句本身有引導回覆、增加參與的意義，可以順勢將問題的答案在文案中回答，讓讀者進入文案，也就瞭解了其中產品利益的介紹（劉美琪，2000）。

┃ 字體選擇與製版方法

印刷媒體的製作過程最易引起批評，若處理不得當，則完美的廣告將被破壞。因此對於製作技巧應有基本上的瞭解，才可節省大筆經費及減少失敗等情事。

印刷製作經理的工作，是把美術指導所構想的廣告反映出來，這常是一件困難的工作，因爲印刷製作經理必須在有限的時間及可接受的預算範圍內進行工作，對達成品質目標，至難掌握。

字體形式的選擇，會影響廣告的外觀、設計及識別性。其形式通常可分爲兩個明顯的種類：展示型（display type）及古體型（text type）。此外，字體也可依其設計的類似點來分類，其最主要的形式如細明體、中明體、粗明體、細黑體、草書體、藝術字等。每一形式的字體尚可細分成許多一系列的類似體，例如肩體、長體、斜體等。在每個同種系列中，都保有相同的基本設計，但可以在份量、傾斜度或尺寸大小上求變化。

選擇字形時必須考慮到四個要點：易讀性、適當性、外觀協調，以及強調重點。至於廣告中決定使用多少字形，必須適合某個特殊區域的讀者來判定（圖6-5）。

製版的方法有很多，其中最重要的是各式各樣的照相製版技術，包括光學照相法、陰極輻射線技術（cathode-ray techniques, CRT）及雷射曝光。

圖6-4　掌握住產品的特點，搭配有趣的文字與圖片，即可獲得廣告對象
　　　　的注意。
圖片內容：好自在絲薄蝶翼－美少女系列
圖片提供：時報廣告獎執行委員會

你還在用非原廠配件嗎？

圖6-5　運用文字亦可製作出有創意的廣告。
圖片內容：易利信－原配篇、炸彈篇
圖片提供：時報廣告獎執行委員會

近年來，在印刷方法和技術上經歷了很大的改變。目前最普遍的印刷方法有一般文字印刷、照相凹版印刷、平版印刷，及網孔玻璃印刷。每種方法皆有其獨特的優點但也有其缺陷。

利用印刷用的金屬版，使曝光映像感光於其上。常被使用的金屬版有兩種：直線金屬版及網版。直線金屬版只有兩種色調——黑色及白色。當插畫及圖片中欲採用有層次的色調時，就必須使用網版。它將印出一連串大小不同的黑點，因此產生層次上的色調感。

▌撰寫具創造性的文案

藝術（art）是訊息策略中視覺的表現，而文案是言詞的表現。當著手撰文之前，撰文人員必須瞭解未來的行銷及廣告策略。這通常需要重新評估行銷及廣告計畫，分析其要點，並對其創造性的策略加以調查研究。文案撰寫者應著重發展出一個簡潔的文案模式，以告知消費者在文案中訴求什麼，及如何支持此一策略。

文案寫作過程基本上是為解決傳播問題的——通常都帶有商業性質。雖然撰文常被視為是一種「藝術」，但它與藝術的形式相距甚遠。它全然是一種商業議題，是為伸入消費者的錢袋而設計的，而不是做給藝術學院或公立圖書館看的。要使你的文案撰寫有效率，必須從創意策略開展，它可以反應出你的產品或服務的主要優點，你想要接觸

廣告文案表現形式檢核表

□第一人稱型。	□調理食譜型。	□宣言型。
□直入型。	□證明型。	□商品名型。
□對話型。	□記事型。	□感情型。
□漫畫型。	□綜合型。	□斷定型。
□連環圖型。	□新聞型。	□命令型。
□象徵人物。	□暗示型。	□便利型。
□詩歌型。	□經濟型。	□過大表現型。
□質疑應答型。	□譬喻型。	

廣告標題創作檢核表

☐ 平均而言，標題比本文多五倍的閱讀力。如在標題裏未能暢所欲言，就等於浪費了 80%的廣告費。

☐ 標題向消費者承諾其所能獲得的利益，這個利益就是商品所具備的基本效果。

☐ 要把最大的消息貫注於標題當中。

☐ 標題裏最好包括商品名稱。

☐ 唯有富有魄力的標題，才能引導閱讀副標題及本文。

☐ 從推銷而言，較長的標題比詞不達意的短標題更有說服力。

☐ 不要寫強迫消費者研讀本文後才能瞭解整個廣告內容的標題。

☐ 不要寫迷陣式的標題。

☐ 使用適合於商品訴求對象的語調。

☐ 使用情緒上、氣氛上具有衝擊力的語調，如心肝、幸福的、愛、金錢、結婚、家庭、嬰兒等。

廣告文案注意事項檢核表

☐ 是否充分瞭解商品及其哲學？

☐ 是否明白競爭商品正在做的是什麼廣告？

☐ 是否徹底理解廣告商品的分配狀況及銷售方法等市場營運活動？

☐ 在戰術方面用熱烈的調子或用柔和的手法？

☐ 是否充分瞭解廣告主題？

☐ 是否考慮消費者的利益問題？

☐ 在廣告目的方面要廣告接受者做什麼？

☐ 標題有否吸引接受者注意的力量？

☐ 標題有否引入本文的力量？

☐ 引人注意文句（catch phrase）是否頃刻之間就能瞭解？

☐ 引人注意文句和插圖之間是否矛盾？

☐ 是否把引人注意文句牽強地連結在商品上？

☐ 字數是否過多？

☐ 字體大小如何？

☐ 在文案構成上，兩眼掠過後容易明白嗎？

☐ 標點符號的使用正確嗎？

☐ 第一行有引起讀者關心的力量嗎？

☐ 是否有加副標題的必要？

☐ 是否用讀者的語彙？

☐ 是否簡潔自然、親切？

☐ 要點有無加以戲劇化？

☐ 從頭到尾流暢嗎？

☐ 有未刪除的冗贅文字嗎？

的主要目標視聽眾，及你訊息的主要目的（漆梅君，1994）。

為創作有效的廣告，撰文人員希望能引起廣告視聽眾的注意力並激起其興趣、博取信賴、提高購買慾，以及促使產品購買行動。

印刷媒體廣告文案的關鍵要素有大標題（headline）、副標題（sub headline）、正文（body copy）、簡短說明（captions）、箱型框（boxes and panels）、商標標準字體（logotype）、標語（slogan）、圖記（seals）及信號（signatures）。在電子媒體廣告中，文案通常是對話中的對白，成為電視廣告中音響的部分。此時文案可能會由幕後的播音員以聲音來傳送，或藉播音員或演員等透過攝影機來表達。

文案的表現方法也可分為多種類型，包括單刀直入法、故事體裁法、樹立信譽法、對話或獨白方式、圖片說明法、噱頭花招法。

報紙廣告製作

報紙廣告之發端，幾與報紙創刊號同時誕生。因為它具有新聞告知之功能，廣被各階層人士搶先閱讀。早期的報紙廣告，以分類廣告形式的商品廣告或告知廣告最多，逐漸發展到今天，各種產品廣告、企業廣告以及公私機構或團體之公告，五花八門，無所不有。早期的報紙廣告，多屬地區性的，直至現在歐美各國之報紙，仍以地方性較

廣告本文創作檢核表

☐不要期待消費者會閱讀令人心煩的散文。
☐要直截了當的述說要點，不要有迂迴的表現。
☐避免「好像」、「例如」的比喻。
☐「最高級」的詞句、概括性的說法、重複的表現，都是不妥當的。因為消費者會打折扣，也會忘記。
☐不要敘述商品範圍外的事情，事實即是事實。
☐要寫得像私人談話，而且是熱心並容易記憶的，像宴會對著鄰座的人講話似的。
☐不要寫令人心煩的文句。
☐要寫得真實，而且要使這個真實加上魅力的色彩。
☐利用名人推薦，名人的推薦比無名之人的推薦更具效果。
☐諷刺的筆調並不會推銷東西。除了生手外，卓越的撰文家不會利用這種筆調。
☐不要怕寫長的本文。
☐照片底下必須附加說明。

撰寫有效的文案檢核表

□讓讀者容易看懂——運用簡短的句子，使用親切、易懂的字句。

□不要浪費文字，說你必須說的——不多不少，不要填塞文字，但也不要太空洞。如果的確需要一千字，就使用一千字，只要沒有任何是多餘無用的。

□固守現在式與自動語態——這樣比較活潑有力，避免使用過去式及被動語態——這些形式趨於遲緩拖拉。例外情形應深思熟慮，以達特殊效果。

□對於人稱代名詞不必猶豫不決。記住，你正試著告訴某個人，正如同和一個朋友說話，使用「你」或「你的」。

□不要陳腔濫調，明快而令人驚訝的文句及片語，會讓讀者精神大振，繼續讀下去。

□標點符號將阻礙文案的流暢。過多的逗點是主要的致命傷。不要讓讀者找到任何藉口放棄閱讀。

□儘可能運用簡略語。這些字較快速、個人化且自然。人們在談話中常常愛用簡略語。

□不要自誇或吹噓。每個人都厭惡無聊的人。說明讓你引以為傲的產品的特質，及能帶給消費者的利益，這對讀者較有成效。要以讀者的立場來撰文，而不是以自己的主觀意見，避免使用「我們」或「我們的」。

□表達單一的意念，不要想試著表達太多。如果你貪得無厭，則將一無所得。

□憑著第六感撰寫。激發讀者精神振奮。要確定你的文案將使讀者感到狂熱。

□多寫幾種文案。

□嘗試商品。

□用訴求對象慣用的話。

□言不虛發。

□正確地傳達。

□推銷的是商品。

□強調商品的真正優點。

強。

　　至於報紙廣告之特色，在於「你願意的時候，讀你所願意的內容或廣告」。由於它排除了時間的約束，具有記錄性、反覆閱讀的可能性和高度的說服性。更有重要部分的一覽性、版面篇幅或刊登日期之伸縮性。

　　以報紙廣告在報紙裏所在位置來分類時，可分為新聞下、新聞中、報頭下、外報頭、突出（突出於新聞旁，向左或向右突出）、插排（散插在新聞之中之小型廣告）等。

創意視覺化檢核表

☐ 商品本身表現法。　　　　　　☐ 圖解表現法。
☐ 襯托商品表現法。　　　　　　☐ 比較對照法。
☐ 使用中的商品表現法。　　　　☐ 漫畫表現法。
☐ 強調使用方便性表現法。　　　☐ 企業寵物（象徵物）表現法。
☐ 戲劇型的標題表現法。　　　　☐ 透視圖表現法。
☐ 證據表現法。　　　　　　　　☐ 抽象的裝飾表現法。
☐ 連環圖表現法。

　　報紙廣告製作時之常用語：catch phrase（注目字句）、illustration（插圖）、trade character（商品個性人物）、corporate mark（企業標誌）、logotype（標準字體）、comprehensive（具體化的佈局）、body copy（廣告本文）、rough sketch（草圖）、layout（佈局）、finished layout（最後佈局）、eye catcher（引人注目的圖文）、headline（大標題）、sub headline（副標題）。

設計原則檢核表

平衡對稱

☐ 決定佈局平衡的參考點是視覺的中心。視覺中心大約在整體中心上面1/8，或從頁底上5/8的部分。平衡對稱就是將一定篇幅內的要素巧妙編排整理——左邊視覺中心對稱右邊視覺中心，視覺中心以上部分對稱視覺中心以下之部分。一般而言，有兩種平衡對稱方式，即規則性對稱及非規則性對稱。

☐ 規則性對稱——純粹的左右對稱，是規則的平衡之關鍵。成對的要素置於中央軸的兩邊，以感覺到廣告有相等的視覺份量。這種方式會留給人們威嚴的、穩固的以及保守的印象。

☐ 非規則性對稱——從視覺中心不等距離地放置不同尺寸、不同形狀、不同顏色、不同明暗度的要素，但仍可呈現出視覺的平衡感。如同一個搖擺物，接近中心點的視覺份量較重物體，將可以與距中心點較遠之視覺份量較輕物體相平衡。大部分的廣告表現，偏愛非規則性對稱，因為這樣可使廣告看起來生動而有趣，較富想像力，且更夠刺激。

視覺移動

☐ 為引起廣告讀者，隨廣告的內容，樂於閱讀下去，這種設計原則稱之為視覺移動。

☐ 運用視線移動，藉廣告中人物或動物的安置，以使他們的視線移動至下一個重要的要素（見下頁圖）。

☐ 利用機械的設計，例如方向指標（pointing fingers）、長方形、直線或

（續）設計原則檢核表

箭頭,藉以引導視覺從一個要素至另一要素,或是透過電視,藉演員、攝影機的移動,或場景變換來達成。

☐利用連載漫畫的情節及圖片旁的簡短說明,以迫使讀者為了緊扣住情節的發展,必須從頭依序讀下去。

☐運用留白及色彩以強調象徵主體或插畫。視覺將由一個濃暗的要素到明亮的要素,從有色到無色。

☐利用讀者閱讀時的自然趨向,由書頁左上角,隨著對角線Z而移動至右下角。

☐利用本身的尺寸大小以引人注意。因為讀者通常被最醒目的元素引入,然後至較小的元素。

比 率

☐廣告中的要素應基於其重要性,調和適當的空間,以形成完美的廣告。最佳的表現方式經常在各要素中運用各種比例的空間,例如三與二的比例,以避免每個要素的等量空間,造成單調乏味。

對 比

☐對特殊要素引起興趣的有效方法,就是利用顏色對比、尺寸對比或形式的對比。例如,顛倒方式(反白色),或是將黑色及白色廣告鑲紅邊,或是一個異乎尋常風格形式的廣告,這些皆可藉其創造性的對比方式提高注意力。

連續性

☐連續性是依據一則廣告與其餘活動的關係。這是將全部廣告採用一系列的設計結構,相同的版式、表現手法及風格,結合不尋常及獨特的圖表要素,或經由其他技術調和運用,例如標準字體、卡通人物,或容易記憶的標語等。

一致性

☐一致性是廣告必須保證的。這表示廣告是由許多不同部分組合,但這些廣告要素彼此之間環環相扣,而給人一個協調相稱的印象。平衡、移動、比率、對比及色彩等皆有助於整體性的設計。此外,尚有很多其他可運用的技術。

☐一系列的表現風格。

☐廣告四周加上邊飾,可使要素聚集在一定範圍之內。

☐將一張圖片或要素與另一個重疊。

☐巧妙地運用留白。

☐繪圖工具,例如鑲框、箭頭或色調。

清晰與簡化

☐任何與廣告內容無關痛癢的部分應該省略和排除。過多不同風格的形式,表現方法太瑣碎,太多相反的對比或插圖,或過多鑲框項目,及無關緊要的文案內容,都會造成佈局的複雜和紊亂。它將使廣告不易閱讀,而且破壞了所欲求的整體效果。

留 白

☐留白就是廣告中不編排任何要素的部分(甚至以黑色或其他顏色為背景而非白色)。留白可以利用於對一個孤立的要素集中注意力。又能在文案周圍大量留白,看起來它如同位於舞台中央,十分搶眼。有許多留白的手法是配合藝術家所欲創造的印象。

雜誌廣告製作

　　雜誌廣告與報紙廣告同屬印刷媒體廣告，歷史相當悠久。其特點是：被區隔的特定讀者階層，訴求效果極強；多彩多姿的設計，富說服力；保存率和復讀率極高。反之，其缺點是：與報紙廣告相比，缺少大量和多階層性，對大眾訴求力量薄弱。

　　在美國每月總有數十種以女性讀者為廣告訴求對象的雜誌，這些雜誌除了一些較為傳統式的烹飪手冊如《開胃好菜》（*Bon Appetite*）、《幸福家庭》（*Better Home*）、《妙當家》（*Good Housekeeper*）以外，就是一些著名的模特兒或美女照片作封面，印刷格外精美的一般性流行婦女雜誌，如《新女性》（*New Woman*）、《她》（*Elle*）、《時尚》（*Vogue*）、《貴媚》（*Glamour*）、《大都會》（*Cosmopolitan*）、《小姐》（*Madamoiselle*）、《自我》（*Self*）、《吸引力》（*Atture*）等。這些雜誌主要的讀者群是較年輕而具中等以上收入的婦女。翻開任何一本這類的雜誌，讀者都很容易被其中三分之一以上的商品廣告所吸引，因為廣告設計推陳出新，配合雜誌所提供的價目表及商店行號索引，讀者閱讀這些雜誌廣告，瀏覽各種商品目錄，猶如走進百貨公司裏，使一向以消費取向的婦女雜誌，成為更大、更吸引人的賣場（**圖6-6**）。

SP廣告製作

　　如果將廣告按廣告目的階段區分時，可分為以傳播企業或商品、勞務情報為目的的「情報性廣告」（information level ad.），和以促使消費者購買行動為目的的「銷售性廣告」（sales level ad.）。

　　時至今日，市場競爭異常激烈，只用大眾媒體廣告來促使消費者

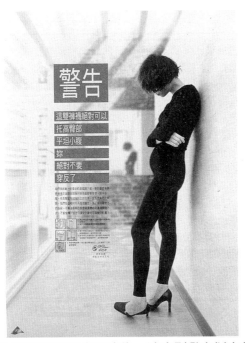

圖6-6　以女性為廣告目標的商品廣告，適合刊登在以女性讀者為主的雜誌。

圖片內容：蒂巴蕾塑身美體褲襪－警告篇

圖片提供：時報廣告獎執行委員會

廣告插圖創作檢核表

□據統計普通人看一本雜誌時，只閱讀四幅廣告。因此，要引起讀者之注目，越來越困難了。所以，為了要使人發現優越的插圖，我們必須埋頭苦幹。

□把故事性的訴求（story appeal）放進插圖中。

□插圖必須表現消費者的利益。

□要引起女性的注目，就要使用嬰孩與女性的插圖。

□要引起男性的注目，就要使用男性的插圖。

□避免歷史性的插圖，舊的東西並不能替你賣商品。

□與其用繪畫，不如用相片。使用相片的廣告，更能替你賣商品。

□不要弄髒插圖。

□不要去掉或切斷插圖的重要元素。

廣告佈局檢核表

☐ 要在報紙雜誌刊登的廣告，必須設計得符合該報紙或雜誌的風格，要把設計原稿實際貼在報紙或雜誌上，來確定其廣告效果。

☐ 使用編輯的佈局（editorial layout），避免罐頭式的編排，不要玩弄小技巧，以致搞亂整個的佈局。

☐ 使用視覺的對比（visual contrast），如「使用前使用後」。

☐ 黑底白字不要用，因為它不好唸。

☐ 段落要分明，每一段的前面最好要有標示。

☐ 儘量縮短「句子」與「段落」，第一個句子不要超過六個字。

☐ 每一段當中，使用「↑」、「◇」、「＊」、「註解」等記號，使讀者容易閱讀本文。

☐ 使用標示、插圖、字體、畫線，以打破廣告本文上的單調。

☐ 不要把本文放在照片上面。

☐ 不要把每一段落編排得四四方方，每段最後一行的空白，是喘息上所必須的。

☐ 在廣告本文上，不要使用粗黑體。

☐ 贈券（coupon）要放在最上面的中央，以便取得最大的反應。

☐ 不要只為了裝飾而使用鉛字。

採取購買行動，至感不易。因此，為了支授（back-up）大眾媒體廣告，在廠商向消費者轉移商品通路上的各種場合，那麼具有掌握時機、深入消費者購買心理機能的SP廣告，越來越受重視。SP廣告大致可分以下三類：

(1)對家庭或工作場所消費者直接發生作用，達成直接訴求的直接廣告（direct ad.），例如DM、報紙夾頁廣告等。

(2)掌握不在家庭或工作場所消費者的時機，以特定場所為媒體的位置廣告（position ad.），例如戶外廣告、交通廣告、電影廣告、遊樂區廣告等。

(3)銷售店之店面或店內，在銷售時促使消費者採取購買行為的POP廣告等。

隨SP廣告之受重視，美日各廣告先進國家，有SP代理業（sales promotion agency）專門行業之創設，代理廣告主從事POP廣告、DM

有效的平面廣告檢核表

□佈局要簡單——一大張圖片將比數張小圖片的效果好，避免版面看起來雜亂無章。
□圖片下端應附說明——讀圖片說明的讀者，通常是讀正文的兩倍。圖片說明也可能是單獨的另一個廣告。
□不必擔心文案過長——廣告的讀者不僅只讀標題，如果你的商品是昂貴的，像汽車、海外旅遊或工業產品。潛在顧客渴望從較長的文案中獲取有關資料。如果你有個複雜的故事要說，或是要銷售某種昂貴的產品或勞務，不妨考慮用長文案來表達，以強調其許多與眾不同的特點。
□避免消極的標題——人們通常是從字義上瞭解廣告的，有時可能只記得其負面的意義。儘量強調產品的正面利益，不要表示產品將不會造成傷害，或是已經改善缺點。選擇一些較富有感情的語句，具有吸引力且能刺激購買慾，例如自由的、新奇的、喜愛等字句。
□不要擔心長的標題——根據研究調查顯示，平均來說長的標題比短的標題會銷售更多的商品。
□選擇能夠引起共鳴的故事——插圖是僅次於標題的最有效的傳播方法，藉以博取讀者的注意力。嘗試讓故事引起共鳴，圖片將使讀者提出問題：「這裏將有什麼？」
□照片將比圖畫效果好——根據調查研究，照片比圖畫平均增加26%的記憶。
□觀察在你廣告製作周圍的事——看看你貼在雜誌中將被刊載的廣告，或是關於報紙上的，複印如同報紙色調的照片。以美麗的外衣潤飾佈局這的確會令人迷惑。讀者將不會注意到你的廣告，反而會誤導你用這種方式來引人注目。
□發展單一的廣告版式——這樣會加倍認知。這項規則對產業廣告主有特殊的意義。單一的版式（一貫使用某種版式）將有助於讀者認為你的廣告是來自一個大的關係企業，而不是幾家小公司。
□利用照片先後順序使讀者瞭解，遠比從文字上下功夫還好。如果有可能，展現一個視覺上的對比，例如消費者的某種改變，或示範產品的優越性。
□不必以顛倒的形式來印刷文案。或許這樣看起來較具吸引力，但會降低讀者率。

廣告、分發樣品及贈品、選擇代言人、舉辦競賽活動，對通路各機構提供型錄、宣傳小冊，舉辦表演活動、消費者教育，或指導經銷店經營等活動。

┃海報製作

　　海報（poster），顧名思義，本來是在路旁的牆面、特設的裱板、廣告牌坊、廣告塔上張貼一定期間的印刷媒體。在美工（graphic

POP製作過程檢核表

說明會

□不要只注意表面簡單的問題，要掌握
　內容重點。

情報蒐集

□確定說明會的內容，把握商品和業界
　特性及動向、流通特性、銷售場所的
　環境、消費者情報、需求的預測、趨
　勢、同業間的作業、競爭對手的動
　向。

情報整理加工

□現場調查、店面調查、面談、發現問
　題點、確認主題。

商品概念

□POP廣告在開始企劃時是最重要的階
　段，因此根據問題點，尋求清楚的商
　品概念。

企　劃

□SP活動的企劃組成。

□關鍵性語句與視覺、文字的決定。

□基本結構、實施的檢查、法規、業界
　規則、企業體質、印象、成本、日程
　計畫、技術、可行性、社會性、大眾
　媒體的關係。

□現場檢查。

設　計

□無論POP廣告設計及製作技術多好，
　一定要考慮到配合商品概念。

試　作

□模型試作是POP廣告決定的重要過
　程。

製作POP考慮事項檢核表

□要對POP廣告企劃有興趣且能奉獻
　者。

□要養成隨時蒐集、整理POP資料之習
　慣。

□要不斷增進視野之擴展。

□要多去瞭解銷售場所的各種地形環境
　之狀況。

□要經常與外界接觸，才會有新的觀念
　與想法。

□要經常聽取現場業務員或工作人員的
　意見與心得。

□掌握單純、簡潔的原則。

□須培養精通十八般武藝之全能者。

□要不斷地創新與開發。

□要求設計與銷售促進功能並重。

□要有敏銳的思考才能抓住表現之重
　點。

□要考慮到完整的演出效果。

□要考慮周密全盤的管理工作。

□要有成本觀念與遵守交貨期間。

□要考慮到製作品管之工作。

□要考慮到捆包發送之方法。

□要考慮到大眾傳播媒體的配合與帶
　動。

□勿以POP廣告作為個體考慮，而是考
　慮其擴散效果，即整體所產生的影
　響。

□注意細節，是否有偏離主題。

□考慮POP的代表性，代表商品或企業
　的形象。

□派遣適當人選負責店面之督導工作。

□POP廣告設置後的處理（如破損、季
　節更換等）應預作考慮。

□我們想做什麼樣子的POP？它需要具
　有什麼功能？先思考軟體方面的事。

□要考慮的是用什麼材料去做，做出什
　麼樣的東西，這是屬於硬體方面的
　事。

POP廣告企劃要點檢核表

□明確把握商品流通的問題。
□把握零售店對象的特性。
□以簡明的方法來處理資料。
□POP廣告要能對零售店有所助益。
□是為達到銷售目的或裝飾店面。
□再次檢查銷售地點的狀況。
□在商品概念之內，亦應考慮到POP之運用與遞送。

POP分類檢核表

製作者別
□生產者製作的POP。
□經銷代理者製作的POP。
□零售店製作的POP。
素材別
□紙器的POP。
□塑膠的POP。
□金屬的POP。
□布類的POP。
□木工製作的POP。
設置場所別
□店面式POP。
□高吊懸掛式POP。
□櫥窗式POP。
□出入口大廳用POP。
□櫃檯式POP。
□壁面式POP。
□商品陳列架上小型POP。

使用期間別
□短期使用POP。
□長期（一～三年）使用POP。
目的、機能別
□新產品發售用作促銷的POP。
□季節性銷售促進POP。
□贈品性銷售促進POP。
□擴大銷售促進活動POP。
□現場展示活動POP。
□大眾傳播媒體陳列POP。
□展示即賣會POP。
□櫥窗式小型POP。
□小展示場POP。
□戶外活動POP。
□慶典活動POP。
□諮詢促銷POP。
□商品演出型POP。
□開發銷售場所之POP

design）領域裏，歷史相當悠久。

十八世紀後半葉，由於石版印刷術發達，加上繪畫技術進步，在歐洲以法國為中心，海報這種視覺媒體盛極一時。在日本，十九世紀時，由於美麗的多色石版印刷，有所謂「美人海報」出現市面，其後海報受歐風表現之影響，突破過去廣告畫之巢臼，隨平版（offset）印

刷之普及，海報成為極有價值之媒體。二次大戰後，由於大眾傳播媒
體發達，再加上濫貼海報會影響市容，海報媒體價值曾一度有低落趨
勢。但由於攝影技術、印刷技術之提升，POP、車廂廣告等被利用之
機會大增，另一方面，有許多大篇幅的海報張貼於戶外廣告牌坊，使
海報本來的媒體價值復活。

╋DM及戶外廣告創作趨勢

　　五〇年代，通用汽車打廣告時很單純，請Dinah Shore唱一首「開
著雪佛蘭去看美國」的廣告歌即可，現在通用汽車仍然以「掌握美國
的動脈」主題來推廣市場，但不再局限於電視電告，而是全面性的廣
告活動。

　　市場專家認為DM觸及面不但要廣，而且更要精，DM在行銷推廣
中扮演的角色愈來愈重要，以往DM的別稱，所謂「垃圾郵件」，只是
對信用卡持有人以及雜誌訂戶的一種銷售工具。現在日常生活中，舉
凡咖啡到汽車全部捨電視廣告而改用DM了。克萊斯勒（Chrysler）汽
車公司曾寄給其四十萬位迷你廂型車的使用者，一人一卷錄影帶，促
銷其年度新車種，其中尚包括一張可在任何克萊斯勒汽車代理店兌換

海報設計檢核表

□使用反常表現，使海報具有幽默性與衝擊力。
□如果海報內容沒有卓越的創意，註定是失敗的。
□海報應該具有在五秒鐘內決定購買的力量。
□海報也要傳達某種的承諾。
□使用寫實的文學的藝術技巧。
□海報的內容必須洋溢著人性的、情感的。
□不要放進三種以上的要素。
□要使離開海報大約十七倍的位置也能閱讀，就必須使用黑體字。
□讓重要的要素突出。
□使用強烈的顏色，發揮最大限度的對照。

一本全國地圖的兌換券。

　　就連一向以電視廣告爲主的Kraft 食品公司，現在也開始作DM。Kraft公司用書信、免費電話等方式向三十至四十歲的消費者推銷他們出品的一種高級瑞典咖啡。

　　一九九一至一九九二年美國經濟衰退達到谷底，經濟衰退將使廣告對消費者購物行爲的影響逐漸式微，消費大衆對日以繼夜無所不在的廣告已逐漸麻木，或漠不關心、充耳不聞。對品牌選擇不像經濟繁榮時期那樣堅持，選購產品唯一考慮只是價錢，再加上科技的發展以及媒體的普及，使得市場推廣方式也有所改變。現在，廠商利用DM可將廣告訊息更精確地送達目標市場，通用汽車公司正以DM方式向七十萬年輕富有的消費對象，以贈送錄影機爲誘因，推銷凱迪拉克汽車。

商標設計

　　商標是自由企業發展的脈絡，它使消費者容易記憶品牌，商標影響記憶，最明顯的乃其幾何學圖形。具有意義的圖形，能助長記憶。因此，設計商標，賦與商標特殊意義是有價值的。但商標設計意義模糊，或模稜兩可，易招致爭議。

⏺ 個性人物設計

　　個性廣告（character ad.）通常係指在廣告裏用特殊人物或動物作插圖。日本廣告史中，以Suntory的anchortris聞名遐邇。

　　以契約訂定使用明星照片之條件，利用著名明星作character，亦爲可行之道。善用character ，不但加深廣告之親切感和一貫性，更能促進產品差別化。利用卡通人物作character，對消費行爲的重大影響力，在國內曾獲得印證，據調查結果顯示，一九九〇年時，受到不景氣影

廣告標語構成檢核表

☐ 以商品之便利性為主,不加商品或公司名稱。
☐ 以商品之特質為主,不加商品或公司名稱。
☐ 以商品之便利性為主,加進商品或公司名稱。
☐ 以商品之特質為主,加進商品或公司名稱。
☐ 以一般生活趣味為主題者。
☐ 在主題裏加進新聞性者。
☐ 以訴求大眾情感為主題者。
☐ 要求大眾行動的內容者。

響所致,台灣餐飲業消費明顯衰退,但是由於與流行人物「忍者龜」的成功結合,披薩卻異軍突起,披薩業者營收平均其成長幅度高達15%以上。在美國受到熱烈歡迎的影片——「忍者龜」,則可說對於此項產品的推廣居功最大。

在忍者龜此一影集中,明顯地仍遺留著美國功夫偶像李小龍(Bruce Lee)的身段,以雙節棍及中國功夫打擊壞人,行俠仗義;而較吸引人注意的是,忍者龜有一項最大嗜好:喜歡吃披薩。

因此,忍者龜與披薩之間的連結,透過傳播媒體的推波助瀾,在國內首映之後,「吃披薩的忍者龜」,在電影、電視以及消費群眾的口中,成為最新流行的話題與注意焦點。

╽CIS設計

CIS(corporate identity system)從前被稱VCI(visual corporate identity),意為透過視覺統一企業形象。Identity理論強調企業形象之塑造在於匯集該一企業製造出來的所有事物,包括產品、建築、廣告、名片之統一表現。

CIS理論肇始於一九三〇年代,當時形成 VCI的三大要素有:symbol mark、logotype、corporate color。後來由於TV出現,slogan或

voice也列入它的要素，所以不能稱之爲VCI，而只能稱CIS。

根據韋氏大辭典的解釋，Identity的含意有三：證明、識別；同一性；永恒性。若擴大解釋，就自身而言，是視爲一體的證明；就社會的意義，是歸屬化、一體化的作用；就心理學的觀點，是個人同一性的延伸。

所謂DECOMAS（Design Coordination as A Management Strategy）的含意是：經營戰略上設計協調。DECOMAS可以說是設計政策（design policy）、企業形象（corporate image）、企業識別（corporate identity）的同義語。

自一九六○年代開始迄今，是歐美CIS的全盛時期。傑出的CIS實例如下：德國的Bruan公司（家電產品）、日本的Sony公司（錄音機、電視機）、法國的Citroen公司（汽車）、美國的可口可樂公司，以及Suntory、富士全錄、日立、三井等公司。

台灣率先提倡「設計政策」的是一九六七年台塑關係企業。次年，味全公司亦推出全套「企業識別計畫」，結果相當成功。

(一)CIS之範疇

1.基本系統

(1)市場行銷報告書。

(2)企業宣傳標語。

(3)企業特色。

(4)企業標準色彩。

(5)企業標準字（合成）。

(6)企業專門標準字（單一）。

(7)公司徽章。

(8)公司名稱。

2.應用系統

(1)宣傳廣告。

(2)輸送機械（車輛）。

(3)建築物。

(4)標識牌、招牌。

(5)制服。

(6)製品。

(7)展覽及展示設計。

(8)室內設計。

(9)包裝設計。

(10)事務用品。

(二)CIS之趨勢

(1)實施部門：由廣告等局部單位，而至全公司各個部門。

(2)對象：由對外（主要對消費者），而同時對外、對內。

(3)政策基準：由市場行銷、設計、表現之基準，而至經營基準。

(4)媒體：由以大眾媒體為中心而擴大至與社會所接觸的全媒體。

(5)期間：由短期而長期。

(三)CIS設計流程

1.調查研究

瞭解企業實態，確認現有形象。其調查研究之主要對象有：企業內人員訪談、企業內資料分析、協辦廠商、往來廠商、銀行、證券商、媒體、同業、公會、主管機構、消費大眾。

2.分析、企劃

把握企業實態，進行整體設計。此一階段，分析、企劃之要點及步驟如下：

(1)分析既有形象。

(2)分辨優劣及重要性。

(3)確認共識。

(4)適當潤飾。

(5)結構新形象。

3.草擬整體設計方案

(1)試作：根據形象設計，試作基本要素，MI、BI、VI基本要素擬定（MI＝Mind Identity；BI＝Behaviour Identity；VI＝Visual Identity），初構CIS，並將新舊設計組合加以運用。

(2)測定：將草案、試作進行企業內外效果測試。其測試方式對象包括：企業內主管、員工、協力廠商、往來廠商、有關消費群作小組深度訪談。

(3)定案：就測定結果作修正定案。此階段應進行之要項有：訂立完整計畫、決定基本方針、設定評估標準、編製費用預算、選擇協辦廠商、配置作業人員、排定作業進度。

(4)正式作業：根據所訂定之方案，展開正式作業。此階段之主要工作有：企業形象再確認，決定設計目標，再確認MI、BI、VI之基本要素，建立基本系統，設計應用要素，CIS規範手冊設計。

(5)按序實施：按編定順序，導入實施階段。此階段應實施之作業有：發表基本設計、完成應用施工、發包製作施工、決定使用順序、訂定新舊設計交替期、編印規範手冊、對外宣傳重點、決定管理系統。

(6)追蹤、評估：追蹤實施情況，作必要之潤飾。其要點如下：督導執行管理、實施績效測定、定期檢討評估、修正設計、調整步驟。

電波媒體製作

　　把廣告訊息擴展到大眾的方法，至今尚無其他媒體能夠像電視一樣具有獨特的創造力。它將視覺、音效及動作結合在一起，提供了展示商品的機會，以及眼見爲眞的可信度，並使觀眾心領神會。

　　向來電視媒體比其他廣告媒體的成長速度要快，因爲它具有獨特的優點，提供廣告主傳播的範圍相當廣大，還有對觀眾具有選擇性、衝擊性、威信，以及對社會的支配力。

　　雖然電視媒體所獨具的創造力是其他媒體所無法匹敵的，但它仍有許多缺點。這些缺點包括：廣告的時間短暫、喧噪干擾等。

　　電視廣告有三種形式：透過廣播同步聯播方式、插播廣告，以及區域性廣告。在這些分類中，廣告主有很多廣告的機會。

　　至於決定要買哪個節目的廣告時間，媒體購買者應針對目標視聽眾選出最有效率的。因此要比較各台的每一時段，以強而有力的節目取代低收視率的節目，並磋商廣告費用，力求經濟實惠（圖6-7）。

　　電台媒體也被認爲是具有高創造性的媒體，它最大的特質就是它結合卓越的到達率及頻度在非常有效率的價格下選擇聽眾。但它也有缺點，它的缺點是對音效的限制，事實上廣播節目的聽眾是非常區隔化的，並有廣告壽命短，以及收聽不完整等。

　　廣播電台通常由他們所提供的節目，以及他們所服務的聽眾對象來劃分。在美國最普遍的形式有前衛搖滾、當代排行榜前四十名、執中路線、最佳音樂、古典的節目、西部鄉村、新聞性及談話性的。

∮ 節目CM與插播CM

　　CM播放形態大致分爲節目CM（program commercials）及插播CM

圖6-7　電視廣告之製作費及播映費用通常都較昂貴，應慎選播映頻道及
　　　　時段。
圖片內容：歐蕾防曬活膚乳液－座位篇
圖片提供：時報廣告獎執行委員會

（spot commercials）兩種。

節目CM又可分為獨家提供或多家共同提供（participation commercials, PT）。PT之原意本來是共同參加，即一個節目由多家至十數家廠商提供。提供節目廠商共同負擔節目製作費與電視之時間費，但節目所容許之CM時間，亦由各家平均分配，不另付CM費用。PT共同提供與獨家提供在美國有嚴格之劃分，但拘於各提供廠商情面，僅以提供卡（telop card）方式列明提供廠商名稱，告知觀眾。

所謂插播CM，係在節目與節目間歇時間（station break）插入的短CM。間歇時間本來是為了告知電視台名稱所設的境界時間，但目前正式的告知台名，大都在節目開始播出及結束時行之，以台灣最早的三家無線電視台為例，如台視（TTV）、中視（CTV）、華視（CTS）等簡單代號，即表示電視台名稱。但目前節目中的間歇時間，成為完全為了插播CM而設的。

以上之區分，電台CM與電視CM相同。

CM長度與形式

甲級時間（A time）亦稱黃金時間。以電視而言，平日（週一至週五），從晚上七點到十一點共四個小時，各電視台大都以此時間定為甲級時間，在甲級時間中，電視台再以三小時三十分鐘，作為價值高的時段（prime time）。prime time CM長度，台灣地區規定較寬，每三十分鐘節目，CM不得超過五分鐘。

CM得按節目前、中、後插入，由於插入CM位置不同，可判定節目CM播出形式，一個節目由多數廣告主共同提供，其CM順序，按每次節目播映，依序輪流播出。如果獨家提供，節目前之CM稱之為前CM，節目中之CM稱為中CM1、中CM2、中CM3等，節目最後之CM稱為後CM。

節目CM前之間歇（station break）時間，會被競爭公司插進spot，

為避免他家公司CM的影響，在自家公司所提供的節目最前端，插進短短十五秒的CM（當然是自家公司的CM），此最前端的短CM，稱之為cow catcher。所謂cow catcher，係美國大陸西部火車前頭裝置的驅牛器，以免傷害橫臥路軌上的牛隻，此處將其套用在廣播電視上。反之，在節目的最後，為了防止下一個插播廣告的不良影響，而插進去的短CM，稱之為hitch-hike，hitch-hike亦稱拖車（trailer）。CC為cow catcher之簡稱，HH為hitch-hike之簡稱。

┃CM時段

提供節目時，廣告主必須透過廣告公司，向電視公司支付既定之播映時間費及節目製作費。以目前情形而言，極少不透過廣告公司的，如不透過廣告公司，逕與電視台進行廣告業務時，此稱之為「直接業務」。

插播費按播映時段不同，訂定一定之插播費，但不負擔節目製作費。

費用標準是參酌一般人們一天的生活作息時間及視聽電視時間，根據這種時間表，劃分為甲級時間、乙級時間（在日本於乙級時間之前，設有特乙級時間）、C級時間。這種時段區分表，各電視台不盡相同，而且經過幾年可能需要修訂一次。

原則上，預約CM時間，每三個月為一契約期間，此稱之為一個cour，cour係法語「心臟」之意，是指一定的治療期間，轉而用在廣播電視方面。

播映時間費不含節目製作費，因此，共同提供節目時，廣告主要分擔應當分攤的節目製作費。但此CM費用係一個電視台之價格，如需聯播時，必須另加各地區電視台之電波費。如全國聯播時，由於涉及聯播網，需要龐大的播映費用。

插播（spot）CM多在一家電視台播插，極少有聯合插播（net spot）

的情形，因此只在某一地方電視台插播CM，比其他方式容易按所需要時間播出。

新產品、新發售等場合，常以某一地區超市（supermarket）為對象插播CM，按該地區的CM效果與銷售實績分析，作為訂定全國行銷戰略之參考。尤其像餅乾、速食麵、點心類食品，於一定期間集中插播，更有效果。

例如以十歲左右兒童為對象的商品，最好選擇晚上乙級時間動畫節目前後插播廣告，最能發揮廣告效果。要是不拘年齡層抽樣調查CM頻度與到達率，根據調查結果，能掌握商品知名度以及消費者對商品特性瞭解程度之具體數據。

電台spot CM大多為二十秒、十秒，在甲級時間插播，較特殊的是緊靠在報時之前，插入兩秒的短CM。

有的廣告主持續十數年提供特定的節目，每週在同一時間視聽以相同的視聽態度觀看該節目，透過CM，對該廣告主容易增加好感與信賴性。長壽節目（超過一千次的節目）的魅力在此。

消費者購買商品時，大都針對已知的商品名稱、足以信賴的公司出品，才會選購該商品。這種好感、信賴性固然是抽象的、感覺的，但對購買動機（motivation）影響極大。因此，各公司無不重視自己的信譽，來博得大家的信賴。

獨家提供或者同性質的企業兩家提供節目，這種節目CM與插播CM不同，因為它可播出六十秒、九十秒或更長的CM。超過六十秒的CM，和十五秒插播CM的衝擊力不同，它能促使產生某種信賴感。如果只有十五秒的CM時間，可能只有一個場面、一個創意（one situation, one idea）而已；超過三十秒，甚至六十秒CM，大多帶有劇情，而令人感動，這種感動與促使信賴該公司有密切的關聯，CM不僅促使購買商品，也能達成提高商品印象及對該公司之信賴度。用作提升印象的電視CM，能對視聽者灌輸某種特定對象的印象。

廣告專門用語中，有所謂光暈效果（halo effect），就是對人或事

物評價時，僅就其一部分優點或缺點，會影響到對它整體的評價。因此，把企業形象和對商品的好感，透過大眾傳播的電視，來提升其威望。電視本身具有權威性，消費者認為凡在電視播放的廣告商品，必屬佳品。

✦ 集中插播

某廣告主在發售新產品時，為了配合新發售的時機，將大量的spot集中在一定期間播放，此稱之為集中插播的活動（campaign）。

由於播出頻度高，視聽者在一天當中，一次又一次地看到或聽到同樣的CM。由於它是spot CM，必須具有魅力，有引人注目（attention getter）的力量，令人感到意外或易於記憶的文案以及廣告歌曲等內容是必要的。

這種插播廣告要生動有趣，否則內容低俗或生硬，令人厭惡，非但視聽者不願再看，反而招致反感。

廣播廣告製作

長久以來，在廣告媒體裏，廣播電台一直扮演著相當重要的角色，並與人們的生活密不可分。雖然它的重要性不若往昔，但我們可以從中廣音樂網的開播，深受歡迎，開放廣告後擠破頭的盛況；ICRT的廣告巧思不斷、樂趣無窮，令人側目；乃至於若干AM電台以直接反應廣告（direct response Ad, DR）手法，將商品廣告與販售結為一體的「直銷」運作，在在都令人感到其中的生趣盎然。基本上，廣播是一個訴諸聽覺的溝通工具，且聽眾很容易分神、轉台，使得廣告接觸的強制性比電視更低，也使得電台廣告需要更多的想像力與創作力，所面臨的挑戰也更大（蕭富峰，1991）。

　　製作電台廣告有幾種情況與製作電視廣告相似，它運用相同的基本技術且通常遵循相同的發展型態，只有部分細節及所耗費的成本不同。

　　電台媒體為想像力的發揮，提供一個寬廣的範圍。收聽者收聽廣播時通常還忙著做其他事，所以內容應選擇容易記憶的及簡單扼要的。電台廣播應該能使聽者在心中創造出視覺想像。儘量以動態的字句取代過去式，文案必須與時間配合得恰到好處。電台廣告的四個基本形式包括音樂性的、生活片斷、直接發表，以及人物化的表現。

　　基本上，廣播主要是一種背景媒體，閱聽人通常是一邊做其他事情（如開車、唸書、做家事等），一邊收聽廣播，很少人是呆坐一處，聚精會神地專心收聽廣播。由於閱聽人在收聽廣播時並不太專心，且很容易因為外在的干擾而分神，因此，電台廣告本身必須要有足夠的深度，以抓住閱聽人的注意力，克服種種干擾因素，刺激閱聽人注意聆聽，引起他們的好奇，喚起閱聽人的意識，與他們展開對談。如此一來，他們才會把廣告訊息聽進去，而不會聽而不聞，唯有強化本身的「干擾強度」，抓住閱聽人的注意力，並與他們做有意識的溝通，電台廣告才不會無端地消失在空中（蕭富峰，1991）。

　　電台廣告的製作過程與電視廣告製作大致相似，唯更簡單且成本更低。

╋廣播廣告表現形式

　　CM表現上的技巧，形形色色，千變萬化，其典型的構成，可分下列各類：

(一)直述式（straight talk commercials）

　　由播報員或CM演員，按照寫好的廣告詞，一字不變地照讀，不加任何演技，只是把廣告詞正確地向聽眾宣讀，一種最基本的CM形式。

(二)獨白式（monologue commercials）

"monologue" 一字本來係戲劇用語，係指在舞台上自問自答，唱獨腳戲。在使用商品生活情景中，利用商品個性人物（character）的獨白，或者也可以是商品本身以自訴或自白的方式訴求。

(三)對話式（dialogue commercials）

日常對話式的CM。可假定母與子、兄妹、情侶、夫婦等角色，相互對談使用商品情形，此種方法易使聽眾對CM有親近感或現實感（圖6-8）。

(四)戲劇式（dramatized commercials）

戲劇形式的CM為目前廣播廣告最為常用，劇情必須適合商品的selling point 。譬如對商品意見不同或相同，或以明確的表達商品功能來說服聽眾。在短短的CM時間內，要達到起承轉合的戲劇效果（圖6-9）。

(五)音效式（audio effective commercials）

以音效或音樂為本位的CM。以電台媒體而言，聽眾因來自電台的聲音，塑造想像氣氛的可能性極為強烈，尤其趣味盎然的CM為然。

┃廣播廣告寫作要領

撰寫廣告詞要講究修辭，所謂修辭（rhetoric）在撰寫CM時就是提高CM表達效果的技術，在說話時就是巧妙的講話技巧。以下列舉一些典型的電台CM寫作技法，作為參考。

(1)隱喻法（metaphor）——將對象物間接地以別的東西作譬喻，

例如砂糖的CM可以用「白雪」作譬喻，砂糖與白雪，雖然是截然不同的兩種東西，但它潔白、亮麗的結晶、易溶化等特點是共通的。

(2)諷喻法（allegory）——例如戲劇式的CM，大多屬於諷喻式的技法，拐彎抹角地間接表現商品本質的特徵。

(3)直喻法（simile）——把某種東西直接與相似的別種東西作比喻。

(4)轉喻法（metonymy）——為了表現某種東西，將其典型的一部分來代表全體，以加強其印象，例如用皇冠（crown）喻國王（king），以鎌刀喻農夫等。

(5)逆的表達法——所謂逆的表達方法，就是不要從單一方面來看某種事物，要從另外的角度來發現新的看法。

(6)對照法（antithesis）——將兩句話或兩種觀念對照地並列，相互襯托，更能增加說服力。

(7)押韻法（rhyming）——例如古詩，在一定的間隔，同音同律。

(8)列舉法（enumeration）——將商品所有成分、色澤，一一列舉予以檢討。

麗嬰房夏季童裝最後出清—跑步篇

小男孩：媽媽~我們為什麼要跑？

媽媽：因為要去麗嬰房啊！

小男孩：哦~好！媽媽，去麗嬰房為什麼要跑這麼快？

媽媽：因為王媽媽跑在我們前面呀！

小男孩：哦~衝呀！

OS：即日起，麗嬰房當季零碼童裝限量特價大出清，行動要快！

小男孩：媽媽~都已經買到，為什麼還要跑啊？

媽媽：趕快跑回去，穿給爸爸看。

圖6-8　對話式的廣播廣告。

圖片內容：麗嬰房夏季童裝最後出清－跑步篇

圖片提供：時報廣告獎執行委員會

中興百貨春季折扣─脫衣篇

MVO：外面那件，脫掉

上面那件，脫掉

下面那件再脫掉

裏面那件也脫掉

FVO：到底想怎樣？

MOV：我想，給你買新衣服。

5月13到5月17日

中興百貨春裝全面特賣

FVO：那，你也給我脫。

JINGOLL：SUNRISE中興百貨。

圖6-9 戲劇式的廣播廣告。

圖片內容：中興百貨春季折扣－脫衣篇

圖片提供：時報廣告獎執行委員會

(9)重複法（tautology）──同義字反覆敘述，譬如「VW汽車，還是VW汽車好」。

(10)定義法（definition）──例如「威士忌是生命之泉」這種新的說法，改變了它的概念，此稱之為定義法，利用本法時，切忌不要用獨斷的形容詞。

(11)語源法（etymology）──語句的由來如果是特殊、有趣的，可引用在廣告詞裏。

(12)暗示法（allusion）──或稱隱引法、暗諷法、暗指法等，例如利用眾所周知的名言、格言、諺語等，暗示某種事物。

(13)修辭疑問法（rhetorical question）──易於回答喜好我方意圖的詢問手法。

(14)諷刺詩文法（parody）──亦稱打油詩文法、詼諧詩文法等。借用他人的詩、文章、文體、韻律等特徵，變成諷刺的、嘲弄的詩或文。

(15)現寫法（vision）──亦稱活寫法。設定某種情景，將登場的

人物等，活生生地描寫成親臨現場的眞實感。

(16)舉例法（example）——舉出典型的實例，以表現眞實感的方法。本法適用於說明商品或企業機能，此法在日本廣被使用。

(17)間接肯定法（litotes）——例如以not bad代替very good。

(18)默言法（reticence）——突然減少口說，不把情節講到結果，中途停止述說，其目的在於促使聽眾期待或激發好奇心。

(19)否定訴求法（negative approach）——一般而言，訴求的主題大都是給聽眾正面的印象，可是否定訴求法，首先令人感到是負面的，特別強調否定的一面，但後段的訴求卻令人注目。

(20)反語法（irony）——一種逆說的形式，具有譏諷意味。

(21)雙關語法（pun）——說俏皮話的方式。

(22)雙重意義法（double meaning）——某一語句，兼具本來的意義和其他比喻的兩種意義。

(23)誇張法（hyperbole）——誇張法與誇大廣告不同，只許說大話，但不許騙。

(24)反覆法（repetition）——將同樣或類似的表現反覆強調的手法，像廣告歌曲等反覆的情形最爲常見。

其他注意事項包括：

(1)掌握「說的語言」和「寫的語言」之差異。

(2)語言傳情。

(3)簡潔明瞭。

(4)忌用難懂的詞句、學術用語、專門用語，除非萬不得已，不要濫用，儘量採用淺顯易懂的詞句。

(5)避用不自然的話語。

(6)眞實的假設，表現生活的片斷（slice of life），也要有趣味、溫馨的人生剪影才能打動人心。

(7)反覆的重要。

(8)唯有生動才能感人。

(9)賣的不是商品是商品印象。

♦廣播廣告用語

常用廣播廣告用語包括：

Volume——音量。

UP——提高音量。

DOWN——降低音量。

CI（cut in）——突然放進一定水準的音量。

CO（cut out）——突然消音。

FI（fade in）——音量漸大。

FO（fade out）——音量漸小。

BG（back ground）——將音量低至某程度，在背後再放其他一定的音量。

BGM（back ground music）——背景音樂。

CF（cross fade）——音漸消失，另一音逐漸覆蓋而來。

ON——靠近麥克風。

OFF——離開麥克風。

常用電台CM相關用語包括：

AN（announcement）——播報。

SE（sound effect）——音響效果。

Lines, words——臺詞。

N（narration）——講白。

M（music）——音樂。

ME（music effect）——音樂效果。

電台廣告奏效檢核表

☐ 延伸收聽者的想像力——聲音及音響效果能夠喚起對圖片的聯想。

☐ 使注意聆聽一個容易記憶的聲音——如何使你的廣告出類拔萃？一個獨特的聲音，鏗鏘有力的台詞，以及為聽眾的問題尋求一個解決辦法。

☐ 表現單一的創意——欲在電視廣告裏表達一個以上的創意是不易的，而在電台廣告裏亦復如此，所以應該作直接而清晰的表達。

☐ 快速選擇你的聽眾——在廣告一開始就區隔你的聽眾是值得的，在他們轉換另一電台之前，就把廣告的商品對象吸引住。

☐ 趁早提出你的品牌名稱及承諾——如此可提高對廣告的認知效果，如果你一再地提示品牌名稱及承諾，將會提高對商品的認知。

☐ 順應時機——充分利用電台的適應性以結合時尚。

☐ 利用電台廣播來打動十幾歲的青少年——青少年收看電視時間不長，而廣播限制較少，故受青少年喜愛。所以媒體專家認為利用廣播擴展至十幾歲青少年，是最好的途徑。

☐ 背景音樂的助益很大——對於那些較喜歡音樂的青少年們，此法特別有效。你可以使你的廣告活動呈現多樣化，相同的歌詞可由不同的方式，或由不同的一群人唱出。

☐ 要求聽眾採取行動——由聽眾提出反應去要求電台做什麼，他們可能打電話和主持人交換意見，或是點播歌曲，不要吝於要求聽眾立即撥電話給你。

電視廣告製作

　　電視是一個綜合性媒體，集合了聲光效果與戲劇表演於一身，是一個具有高度滲透力與動態性的面對面媒體。在其中，我們可以藉由演員生動豐富的表演與表情，或充滿戲劇性的故事情節，來吸引目標視聽眾的注意；我們也可以藉由示範手法，當場展現產品特性，令消費者眼見為憑。凡此種種，藉由提供目標視聽眾聲音與畫面的同步刺激，我們可以製作出其他媒體難以呈現的效果。不過基本上，電視是一個視覺媒體，一般也是以「觀眾」稱呼坐在電視機前的觀賞者，而他們看電視所留下的印象，也大多是來自他眼睛所看到的，而非耳朵所聽到的，因此，CF表現的畫面處理部分就顯得格外重要（蕭富峰，1991）。

有效的電台廣告檢核表

☐ 確認你的音響效果——只有當聽眾知其所云的時候，音效才發生效用。林中下雨淅瀝的聲音，聽起來可能像燻肉時的嘶嘶作響，也可能像是駿馬奔馳的聲音。除非你先確定音效，否則將使聽眾糊里糊塗，或是音效呼呼而過未被注意。

☐ 不必擔心利用音樂作為音效。只要所選擇的音樂切合主題，就能成為效果極佳的廣告。

☐ 如果你選定某個音效，要讓你的廣告主題環繞著它。你必須先解釋音效的個中含意，如此，才能讓聽眾進入情況。所以，要求你傳達音效與產品之間的關係是值得的。

☐ 媒體企劃者喜歡透過電腦來計算數字，然後告訴你一個三十秒的廣告將比一個六十秒的廣告有效兩倍。但這相當困難，且通常是不可能的，因為三十秒內無法使閱聽眾或者消費者將產品與音效情境作快速連結。

☐ 直接陳述將會比錄音帶傳出吵雜的聲音更有效。聽眾喜歡聽個美好的故事，因此，你可以讓某人來敘述一個有關產品的故事。

☐ 小心地運用喜劇情節——專業的諧星會奉獻畢生精力於藝術。通常需經過二十年的奮鬥，但仍難保證一定成功。所以必須腳踏實地，運用喜劇情節，作為電台廣告表現的手法。

☐ 如果你堅持廣告的趣味性，可以一種荒謬的前述事項為開端，凡是滑稽的電台廣告，是以其後必有情節的發展為前提。例如一個男人在凌晨四點鐘，穿上太太的睡袍外出買《時代雜誌》——且被警察逮捕。或許這樣的前提是不可思議的，但由此發展出的情節，在這種情形下是完全合理的。

☐ 保持簡單扼要——廣播媒體的特性是以聲音塑造消費者想像畫面，消費者極容易流失注意力，故簡單清楚的文案才能幫助記憶。

☐ 關於你的產品，哪一件事是最重要的？那才是你必須花六十秒的廣告來敘述的。

☐ 廣播媒體是一種地方性的媒體，應針對某一時間、地點及特殊聽眾來製作廣播廣告。如果你的廣告將在甲地播出，你可以利用有關甲地聽眾熟悉的情況，用當地的方言，使大家都能聽懂，如此，他們將馬上廣為傳播。

☐ 重視全部的表現——大部分的電台廣告，甚至於最偉大的電台廣告腳本，在稿紙上看起來，都是索然無味的，但口頭的雙關語和音效，卻能使廣告活潑生動。如果你能預先製作一個錄音帶樣本，就儘量如此做，幸好播音室的錄製時間花費的音帶費，並不像電視製作那樣昂貴。

　　對一位電波媒體廣告的製作者而言，所謂瞭解廣告製作，是表示要知道該如何編寫廣告文案，知道最有效及最普遍的廣告運用形式，瞭解製作廣告的基本技術，以及製作過程中最重要的步驟。

　　電視廣告劇本分為二部分，一部分是音效的聲音、對白及音樂，

另一部分是活動的影像、場景及指示。在一張薄板或白紙上印有一列空白的電視螢幕，讓CM計畫者或美術指導把所構想的劇情，使其視覺化，描繪在故事板（story board）上，然後根據它來攝影、配音。

電視廣告的六種基本型態是誠實地發表、實地示範、推薦證明、生活片斷、生活型態，以及動畫製作。動畫製作技巧，可以進一步加以分類，視電視製作者的意願採取卡通人物、小玩偶、照片漫畫，或利用最新電腦藝術、千變萬化雷射光的方式等。

製作一個電視廣告包括三個階段或步驟：事前製作、製作及事後製作。事前階段包括所有實際拍攝日期之前的工作，如角色分配、安排拍攝場地、估計成本、準備道具及服裝，及其它必須預先準備的工作等。至於製作階段則是廣告拍攝或錄影的確實時間。事後製作則表示拍攝過後的後續工作，其中包括剪輯、過帶、錄製音效、配音，以及複製最後的影片或錄影帶。

大部分的電視廣告被拍攝成影片。影片相當具有彈性且用途廣，它可以造成極大的視覺效果，而且影片印出相片比錄影帶轉錄便宜。然而最近幾年來，漸有許多廣告被拍攝成帶子。錄影帶可呈現出更閃亮出色的影像，且比電影軟片更具傳真感，看起來它較寫實而逼真，而且錄影帶的品質不比影片來得差。此外，錄影帶的主要好處是能夠將所拍攝的場景立即倒帶。

┃電視廣告類型

當創作廣告時，創意之發掘是沒有任何章法的，有時可採「類推」方式。所謂「類推」是利用已得的知識，對同樣條件下的未知事物來作判斷。電視CM也有一些典型的表現方式，值得參考。電台CM是以「修辭」爲主所作的分類，在此從另一種角色分析電視CM的類型。

(一)電視直述型

　　CM演員面對電視鏡頭，向觀眾說明商品特徵。當然這種類型的廣告，偏重演員的說話技巧，如能把商品概念在表現上稍作變化，更能發揮說服效果。

(二)實證型

　　將商品優點以實際證明的方式展示給觀眾，因此被證實的商品必須具備充分的魅力。洗衣粉等CM多採此種方式。基於保證品質的意義上，亦稱證明型（testimonial）（**圖6-10**）。

(三)戲劇型

　　戲劇型（dramatization）CM通常巧妙地描述生活的一個斷面，亦稱生活片段型（**圖6-11**）。

(四)誇張演出型

　　誇張演出型（over action）係典型的幽默式的CM。此種形式CM應審慎行事，以免因過度誇張而成為不實廣告。

(五)演員CM

　　將名人愛用商品的姿態，出現在CM中，此為演員CM形式。演員（talent）知名度的高低，影響CM的記憶度。如果所採用的演員正流傳醜聞，將招致反效果。

(六)廣告歌型

　　廣告歌（CM song）亦稱"commercial song"。反覆商品名稱的廣告歌稱為"jingle"。

圖6-10　實證型的廣告。
圖片內容：新奇果酸洗潔精－手語篇
圖片提供：時報廣告獎執行委員會

圖6-11　戲劇型的廣告。
圖片內容：靠得住－奔跑篇
圖片提供：時報廣告獎執行委員會

(七)圖解型

圖解型（illustration）CM是用插圖、說明圖等作爲表達的工具。

(八)特殊攝影型

數年前，日本製作界盛行用特殊機器，將CF畫面或文字等以類似物（analogue）方式，使之變化。這種動作目前幾乎用CG（computer graphics）製作，畫面效果更爲複雜。

(九)挑戰型

廣告商品與競爭商品直接比較，以強調該商品之優點，亦稱比較法。日本對此種型態之CM，認爲有誹謗他家公司之嫌，忌用挑戰型廣告。

O&M電視廣告製作檢核表

□最重要的決定是──說什麼比如何說重要得多，最重要的決定是怎樣將產品定位。

□作一項承諾──一旦決定怎樣將產品定位，應將你的廣告濃縮成一句簡單的承諾，然後強調此一承諾，此一承諾必須簡單明瞭。

□傑出的創意──用傑出的創意來消除消費者對你的冷漠，使它們注意你的電視廣告，記住它，並採取行動。

□前後一致──你的品牌印象應該年年如一。美國全國保險公司的電視廣告，曾塑造了前後一貫的印象達五年之久，結果其知名度增加了五倍。

□有一顆心──溫和富有人情味的電視廣告，比冷酷無情的，成功的機會較大。

□展示──電視廣告能展示出產品的優點。你的話固然很重要，但不如畫面重要。讓你的產品自己作說明。

□推薦書──有一段時間，電視廣告逐漸被人懷疑。真實的推薦書、滿意的顧客，可能都是你最有效的推銷工具。

□連續演出者──一個廣告活動，奠定在「連續演出者的身上」。它是出現在每一電視廣告中的角色，而逐漸與你的產品品牌融合在一起，這種廣告往往進行好多年。

□名人演出者──一般人愛看社會上傑出的人，當你啓用名人之前，要確定他或她必須喜歡你的產品，如果你的演出者不相信你的產品，鏡頭會暴露出不信任的表情來。

□生活片段──用生活片段來訴求，它所以能發生作用，因為它是根據最簡單的教育方式；這個方式就是「對話」。

□音樂──音樂是感情訴求的捷徑，使觀眾進入情況的快速方式。

電視廣告創作檢核表

□增強CF的兩倍銷售力，比增強節目的兩倍視聽率，還要容易得多。

□畫面要帶有故事性，看什麼比說什麼還重要，不要說畫面上所沒有的東西。

□把聲音去掉，而放映CF吧！沒有聲音就沒有銷售力的講法，是因為CF本身沒有力量。必須使聲音與畫面互相協力奏出進行曲。聲音的作用，在於說明畫面的表現。片頭的文字，必須與聲音一致。

□好的CF當中，必定有強而有力的表現，以及一流的創意。相反地，壞的CF，不是創意弱，就是演出無效果。

□好的CF是由一個或二個出類拔萃的創意所構成者，不是混亂而瑣細的創意的聚合。一個好的CF無法由委員會來產生，其理由也在此。好的CF是場面變化少而一氣呵成的。

□幾乎所有CF的目的都是以強大的說服力、最容易被記憶的方法來傳達商品的功用。所以每一個CF裏至少要強調功用二次。

□平均消費者在一年當中要看一萬部以上的CF。為幫助消費者記憶，要把廣告商品名稱清清楚楚地標識出來。包裝也要大而清楚地表示出來。儘可能反覆商品名稱，至少在每一個片頭要加進商品名稱。

□好的CF是由簡潔的商品功用所構成，強而有力地表示出來。但是表示得太囉嗦則失卻樂趣而不消化。不要使您的顧客在語言中溺斃。

□商品本身就是CF的主角。

□在印刷廣告上，首先是要惹起顧客的注意。但是電視廣告上，顧客是已經在看畫面，所以問題不在於引起注意，而是在於如何捉緊顧客使其不離開。

□從第一個鏡頭開始推銷吧。「現在開始由我們公司來向各位介紹廣告……」等的開場白只會引起顧客的警戒心。CF不可以用難題的類推或無謂的技巧來開頭。

□據蓋洛普博士調查，首先表示消費者的煩惱，接著用商品解決其煩惱，再加證明商品的優秀性，這種CF要比只有生硬說明商品的CF，大四倍的銷售量。

□蓋洛普博士報告又稱：含有新聞性的CF比普通的CF具有更大的效果。

□所有商品，不能每次都用同一種CF的技巧。有時會遇到沒有新聞性，無法利用解決消費者煩惱的方式。此時得塑造情感的格調。但是無論用何種方式，擁有豐富內容的CF，其效果往往較高。

□用人情味把人們圈到情感的氣氛裏，人們不會向沒有禮貌的推銷員買東西，也不會向虛偽欺詐者購買。不要欺侮他們老實，要使他們信賴你才可。

□電影的銀幕有四十呎，而電視的螢幕只有兩呎。用長射鏡頭不如用特寫鏡頭，因為小螢幕，一定要能發揮強大的廣告效果。

□「廣告不能逼人買商品，只能引起購買慾。」蓋洛普博士又稱：「僅止於說明商品的傳教式CF只會令視聽者厭煩而已。」

□電視廣告不是為娛樂而存在，是為了推銷而存在，要推銷並非一件容易事。好的推銷員不唱歌，談話總比唱歌容易瞭解。講的話比唱出來的話雖然缺少娛樂性，但是具有說服力。能說服人的CF是不唱的。

□消費者平均在一週內看兩百部以上，一個月九百部以上，一年中一萬部以上的廣告

（續）電視廣告創作檢核表

片。所以要想辦法使CF具有與眾不同的獨特風格。一定要擁有能夠沁進消費者心坎的鉤鏈。而這個鉤鏈一定要和商品的功用有很密切的關聯才可以。

□撰寫CF廣告詞時要經常留心──寫出來的內容要讓孩子、妻子或自己的良心看了也問心無愧。

第七章

銷售促進

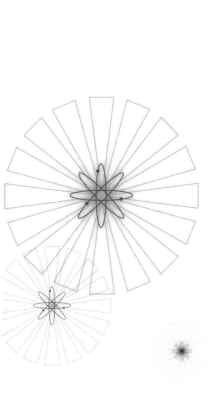

銷售促進

　　銷售促進又稱為「促銷」（SP），被定義為協調各種銷售所引起的努力，以建立銷售產品及服務或推廣某一觀念的說服與資訊管道。故其中所肩負的任務為雙重的──銷售與促進。前者是企業主要制定且永續經營的行銷目標；而後者，尤其是當企業在市場上與消費者溝通需仰賴各種不同的傳播工具，如廣告、公關、事件行銷或直效行銷等，完成傳播目標。這也是行銷組合中的推廣／促進組合（promotion mix）（引自許安琪，2001）。

　　銷售促進及其他補充的廣告以及人員銷售，都是為了刺激購買。經濟不景氣的市場迷霧中，低業績或新進市場的商家無不絞盡腦汁試以「促銷」突破困境和窘境；相反地，業績平穩或競爭者眾的商家則也是費盡心思尋求穩定中求發展的萬靈丹──「促銷」。前者的促銷策略多集中於價格戰、折扣戰，以「請君入甕」消費為優先，如這幾年迅速崛起的500cc飲料連鎖門市，為市場卡位戰而廣佈據點，開店即以十杯以上九折並外送服務來招徠顧客；而後者多企求消費者慧眼獨具，於市場競爭中忠誠其品牌，故促銷手法以贈品戰、抽獎、結合活動事件行銷為主，如太平洋SOGO百貨公司平均每二至三個月以「卡友貴賓回店禮」為號召，不但於兌換贈品期間吸引蜂擁人潮，創造亮麗業績，消費者的忠誠度和集客量，讓同業瞠目結舌。

　　銷售促進包含各色各樣的促銷活動，針對銷售人員、批發商、零售商及顧客等，可以毫無限制地應用。藉著所提供的直接誘因，例如金錢、禮物，獎品或其他的機會，以促使顧客購買產品、參觀商店、索取資料，或參加其他活動。銷售促進技術通常運用於商業行銷，透過行銷通路以推動商品銷售。製造商為了促進其經銷商採購、進貨及展示他們的產品，常利用各種促銷技巧以提供經銷公司獲得額外的獎

勵，這些技巧包括經銷展示、經銷商贈品、合作廣告、促銷經費，以及公司會議、經銷商會議等。

針對產品的基本購買者，其最常見的促銷形式是試吃、試飲、折扣、贈送折價券、聯合促銷、贈品、包裝內附贈品、競賽，以及店面廣告的提供等。

至於補充的媒體種類繁多，很難將他們分類，其中包括原子筆、火柴盒、月曆、溫度計及皮夾子等。其他型態尚有貿易展示及展覽、視聽系統、工商名錄、Yellow Pages及電影廣告等。

▌銷售促進（SP）的定義

SP活動雖然在廣告計畫中確實是一個單獨的題目，並常常由廣告代理公司、SP活動代理公司或行銷組織的專案小組來負責處理，但SP活動仍然包括於發展廣告運動的計畫之中。因其一個品牌的整體推廣計畫中，SP活動常是最重要的要素（Schultz, 1996）。

企業不斷開發優越的產品，供應市場需求，消費者購進商品，銷售活動即告終結。而SP為了達成銷售目標，獲得合理利潤，使銷售活動更有效，必須採取各種方案。據美國行銷學教授Philip Kotler的定義，「為促進某商品或勞務之銷售，激發短期的購買動機」，就是SP。

關於SP的定義，一般分為廣義和狹義兩種，廣義的SP與推廣（promotion）同義，係指廣告、人員銷售、發布訊息（publicity）以及其他銷售促進的總稱。狹義的銷售促進，是把廣義的銷售促進，除去廣告、人員銷售、發布訊息，其餘的銷售促進，就是狹義的SP。銷售促進，顧名思義，係指促使銷售的活動。換言之，將企業的商品或勞務、創意，使其到達目標顧客，激起購買行動的手段，就是SP。

再據美國行銷協會（AMA）所做的狹義的銷售促進定義：「一為在被限定的意義上，係指display、作秀（show）以及展示、示範表演（demonstration）等一般非常設的、非反覆的銷售活動。凡刺激消費者

購買，加強店銷效果，除掉人員銷售、廣告、發布訊息以外的各種活動皆屬之。二是在零售業分野上，包括人的銷售、廣告以及發布訊息，凡刺激消費者購買所有各種方法均屬SP。」

SP係傳播戰略之一環，與廣告、人員銷售、發布訊息等活動互相協調，具有相輔相成關係，對消費者傳達更正確有效的情報，促進購買行為。

銷售促進（SP）的範疇

SP在企業─銷售業者─消費者之間所進行的促銷行為，涉及商品、情報、勞務等所有範圍，SP活動就是促進這三者之間的關係。其活動對象，有時針對消費者，有時針對銷售業者、零售店，也有些是針對公司內部推銷人員以及相關部門，因對象不同，活動方法各異。

(一)消費者SP

當新產品發售時最為常見，如商品的認知、分發樣品、試用等，令消費者理解和體驗商品並促進其購買，希望成為固定的顧客，其關鍵在於如何喚起其欲求，要他自動購買。

(二)銷售業者的SP

SP瞄準的對象是銷售業者、零售店，令他們大量進貨，其焦點在於提高進貨意願。如果零售店面沒有你的商品，我們的業績就無從提升，更談不上增加利潤。所以要銷售業者、零售店能信賴我們的企業，唯有優先大量進貨，才能增加利潤，SP活動的目的在此。

(三)對公司內部推銷人員以及相關部門的SP

企業之所以實施銷售活動，不外為了銷售商品，獲得利潤。因此，必須全公司所有人員上下一體，組成一個強有力的支援銷售體

制。一方面要使行銷部門以外之其他各部門，能徹底瞭解產品銷售重點（sales point），同時，也要他們瞭解廣告活動（campaign）的主旨、SP活動內容、推銷人員獎勵制度等，否則，該項活動斷難成功。

在產品尚未進入市場前的生產與物流活動屬於內部產銷系統，所以對促銷來講，在未達到消費者之前的，就叫內部促銷（internal sales promotion），例如廠商對中間商、零售商的促銷，中間商對零售商的促銷等，都屬內部促銷。內部促銷又可分為通路促銷（或稱為中間商促銷）（channel SP或trade SP）與業務促銷（sales SP）兩類。

通路促銷是廠商對中間商、零售商等鋪貨管道所作的促銷；業務促銷則是指對公司內部業務人員促銷。在物流的過程中，中間商與業務員扮演著將商品往終端遞送的功能，他們不僅較生產者更接近消費者，並且有推銷商品的功能，透過他們，生產者可以舒解倉存與運輸的壓力，廠商對通路與業務人員進行促銷，可以順利地將商品向下游推進，內部促銷故而是推的策略（push strategy）。

而當產品到達市場面對消費者之後，則是產銷流程中的外部系統，針對消費者做的促銷，叫做外部促銷（external sales promotion），無論是廠商對消費者作的促銷，或中間商、零售商對消費者作的促銷，一律屬於外部促銷，對於消費者，生產者並無任何合約或默契使其購買產品，故而所有針對消費者的活動都屬誘導性質，也就是拉的策略（pull strategy）（劉美琪，2000）。

銷售促進的形式

由於SP對象不同，其目的各異，為達成SP目的，必須組合各種有效手段，方能奏效。如何使商品在極短時間內，順利地送達消費者手中，攸關SP手段如何。

正和廣告有各種不同的訴求一樣，SP也能對消費者傳達明確的銷

售訊息。用各種不同的SP技術，能達成一個品牌試用、增加使用或再購買等明確的SP目的（Schultz, 1996）。

♦ 對消費者

消費者促銷是由製造商或其相關廠商，直接針對傳播對象所設計推動的活動，以期加速傳播對象的購買決策。一般而言，消費者促銷都是在零售地點進行的；例如，架上立牌（設在店內架上的訊息）、店內折價券或加值包、特殊的陳列方式，以及降價品等，都是消費者在購買地點可以看得到的活動，而這些和零售促銷手法一模一樣的消費者促銷，唯一的不同就在於發起這些促銷活動的是製造商，而非零售商。以下將詳加介紹十種對消費者進行促銷的手法（Percy, 2000）。

(一)分發樣品

免費分發樣品，供消費者試用。贈送樣品可以用許多形式及方式舉辦。對低價位產品最省錢的贈送樣品方式，通常是送標準產品。而對更貴的產品，或那些買一份即可用幾次、可分幾次使用的產品，則可另製一種樣品包裝。樣品的目的是對消費者提供某種產品足夠的用量，以使其能判斷某產品的優點（Schultz, 1996）。

(二)折價券

對特定商品限定固定期限以折扣出售，最好利用coupon。不論新產品導入期或商品成熟期，皆能刺激銷售，效果宏大。折價券即是授予消費者的一種降價憑證，有了這樣的憑證，消費者可享有特定的價格折扣或產品附屬優惠等（劉美琪，2000）。

(三)折扣

短期實施有刺激銷售效果。降價促銷或折價促銷是一種讓消費者

以實際獲得經濟誘因的方式刺激銷售的促銷活動。一般而言，折扣或降價是所有促銷手法中對促進銷售最為直接有效的，然而，也是對品牌形象破壞力最強的，因此必須配合特定的產品條件，不可以任意使用（劉美琪，2000）（圖7-1）。

(四)贈品

贈品（premium）是最常見的誘引購買對策，有所謂直接premium、郵寄premium、憑證premium等做法。以取得成本來分，贈品大致可區分為免費式贈品和自購式贈品兩種；免費式贈品，意即只要消費者購買產品，就可以免費獲得的額外贈品，但由於是免費，所以贈品的價值通常不會太高。自購式贈品則指在購買產品之後，消費者必須負擔全部或部分贈品成本的方式，由於消費者得自行負擔成本，故贈品的價值通常較高（劉美琪，2000）。

(五)換購印花（trade stamp）

當消費者購買某商品時，將零售店所發的stamp（證據），集到一定張數後，即可換取贈品。超級市場、雜貨店、藥妝店等零售業者，常備有可供選擇的贈品，供消費者選擇。

(六)消費者競賽

舉辦募集歌詞歌譜、攝影比賽、企業或商品之命名、徵求創意或標語（slogan）、作文比賽等活動。

(七)消費者俱樂部

設立愛用本公司產品者俱樂部或友誼會，以提高會員對本公司愛顧與支持之意願。

A.

B.

圖7-1　以折扣來吸引消費者的廣告。

圖片內容：A.拿坡里披薩－義大利篇、誠實篇

　　　　　B.阿瘦皮鞋－週年慶八折篇

圖片提供：時報廣告獎執行委員會

C.

D.

涼麵餐

大亨餐

眾多商品99元

省省Bar

(續)圖7-1　以折扣來吸引消費者的廣告。
圖片内容：C.7-11省省BAR套餐－筷子篇
　　　　　　D.屈臣氏－太陽花系列篇
圖片提供：時報廣告獎執行委員會

(八)講習會

有計畫、有組織地長期實施講習，以期消費者增加商品知識，並向其他消費者推薦。

(九)開放參觀（open house）

宜限定每次參觀人數，效果將會較大，此方式可提高消費者對企業與產品之信賴感。

(十)展示會

以教育消費者為目的，其訴求效果高，最近企業界利用event趨勢強烈，動員人力十分龐大。

┃對銷售業者

在目前的行銷環境下，大多數品牌對中間商有一個規劃周密並有效果的SP計畫，是一項基本的必要條件。大多數對銷售業者進行促銷的目的是獲得他們對廣告或商品販售活動的支持、取得新配銷、建立中間商存貨、改善中間商關係等（Schultz, 1996）。以下將介紹八種對銷售業者進行促銷的手法。

(一)銷售店競賽

舉辦營業額、陳列、接待顧客、現場演出等競賽，不論任何競賽，應簡單易行，使參加者均有獲獎的感受，獎金、獎品要有魅力，實施時機要適宜。

(二)銷售店贈品

對特殊零售店進貨達一定數額，或對特定商品進貨齊全時，發給

贈品。

(三)共同廣告

如報紙夾頁廣告、DM、區域性報紙廣告及其他廣告等,與經銷店共同廣告,予以援助。在許多共同廣告中,廣告主同意支付由零售商在當地刊播廣告費用之半,以支持所廣告的品牌(Schultz, 1996)。

(四)銷售店援助

就店舖地點、現場佈置、店內設備、店面裝潢等,進行店舖診斷或經營財務診斷。其他如店舖裝修、開店資金援助、提供POP及陳列用具、派遣示範者(demonstrator)等,皆與直接強化銷售店、使店面活潑化、提高銷售有關。

(五)經銷店教育

爲提高經銷店對本公司之愛顧意願或推銷廣告商品之熱意,施行經銷店教育,即使教育活動結束後,其效果依然持續。

(六)特殊廣告(spciality advertising)

附有企業名稱的贈品,用於加強企業與銷售業者、零售店等關係。可資用作特殊廣告媒體,如月曆、便條紙、吸水紙、鉛筆、煙灰缸等不勝枚舉。

(七)進貨優待

對一定期間內進貨者,提供短期的折扣(allowance)。

(八)折扣(rebate)

主要目的在於銷售促進功能外,加強企業與銷售業者間相互之關

係。

● 對推銷員

對公司內部銷售促進，就是為使銷售活動順利進行，明確銷售重點（selling point）所在，訂定最佳銷售促進活動，妥善協調有關部門。對推銷人員作好商品特性之認識，使其瞭解銷售促進計畫，能有效地展開銷售活動，並支援該活動。

大多數對推銷人員的推廣，都旨在建立銷售人員對廣告運動之熱心，因為銷售人員的情況有非常大的不同，所以常是困難的工作（Schultz, 1996）。

銷售推廣之企劃

傳播手段一般有以下四種：(1)廣告；(2)銷售促進；(3)發布訊息；(4)人員銷售。

至於傳播組合中SP之位置及其功能，銷售之進行，常以少數個人或小組為對象的推銷人員所進行的人員銷售，以及以大眾為對象所做的廣告，直接由推銷員推動顧客購買，有所謂推的戰略，以及用廣告吸引顧客使其購買，所謂拉的戰略，為使這些傳播戰略發揮相乘效果，必須講究銷售促進，尤其是狹義的SP。

SP活動的企劃包含下列內容：

(一)SP活動的構想

在企業行銷活動中，應特別重視的，就是能否做好傳播組合。人員銷售、廣告以及SP等促銷手段，若不能與企業行銷目標一致，各自為政、個別活動時，企業的人、物、金錢必遭浪費或損失。

　　過去的大眾市場導向時代，推銷員不費吹灰之力就可把商品推銷出去，如果再加上廣告力量，就更能創造需要、增加銷售。但是，當物資豐富時代，為了增加消費者欲求，唯有發揮人員銷售、廣告、SP綜合功能，銷售才能奏效，行銷目標才能達成。

(二)SP活動目標之設定

　　SP活動是從企業行銷目標衍生而來的，然SP活動本身也要有目標。一般而言，SP活動目標設定，只有明確的合計數字即可。其設定程序如下：

(1)銷售目標金額之決定。
(2)活動的商圈與標的之決定。
(3)為達成目標SP手段之決定。
(4)SP活動預算之決定。
(5)活動日程之決定。
(6)活動之實施。

(三)SP活動之效果測定

　　SP活動之效果測定，不像四大媒體那樣完備，SP效果測定所能使用的，僅有賴於比較活動實施前、實施後之銷售業績變動而已。再有調查SP活動後之品牌變動情形所採用的「消費者固定樣本連續調查」，亦廣受重視。

(四)SP活動注意事項

　　SP活動可能動用所有SP手段，必須對銷售店、消費者可能產生之影響特加注意。例如在店面活動中，由於強制推銷可能招致消費者之不滿，由於贈品破損、發送誤失等情形，喪失了對企業之信賴。一旦對企業不滿不信，這並非一朝一夕所能挽回的。所以進行SP活動，如

有疏失，應立即採取適當措施。

(五)SP之發展

　　消費者之生活環境不斷地變化，近年來家庭婦女進入社會，女性走入社會，正意味著可隨意分配所得之增大。再者，休閒活動及方法也起了變化，情報服務滲透各家庭，從物質的社會，加速地轉向服務的經濟社會。面臨這樣多元化的時代，企業經營者必須順應消費者潛在的欲求，提供舒適的生活和文化。因此，站在企業與消費者中間，扮演推動的角色，透過學習與體驗，向消費者奉獻的就是SP。

活動型銷售推廣

　　企業為配合消費者需求的多樣化，實施產品多角化經營，促使種類繁多的商品充斥市場，另一方面，由於產品多角化，也打破了業際限制。面臨此種情況，恐怕僅僅從事商品單方面的銷售促進，已無濟於事，必須寄望於企業形象差別化，這在視覺方面就是CI（corporate identity），在銷售促進方面就是event，譬如sports event，它是屬於遊樂、健康、美容的分野，結合企業年輕、活動的、明朗的形象。如果將event按不同目的分類時，有以下幾種：

(1)商品情報event：展示會、發表會、服裝表演會。

(2)教育event：講習會、研習會。

(3)招攬顧客為目的的event：開幕紀念大拍賣、商店街大拍賣、換季大拍賣等。

(4)價格訴求的event：結算期末大拍賣、休業大清倉。

(5)由通路業者或提供贈品贊助者舉辦的event：音樂event、sports event。

(6)參加型event：媽媽們芭蕾、棒球比賽大會。

(7)社會還原型event：兒童劇場、家庭劇場。

其他如在日本舉行之萬國博覽會、沖繩海洋博覽會、筑波國際科學技術博覽會，這些推動雖然都是國際性博覽會，可是站在綜合行銷的立場，廣告代理業者會同展出企業，設定展出主題，SP人員參與構想訂定、營運計畫、廣告計畫，而建築家、學者，與各分野的製作人交換意見，這些現象可以說是新興SP的再出發。

活動（事件）行銷

event marketing，有人直譯為「事件行銷」，亦有人稱之為「活動行銷」。基本上，它是指企業整合本身的資源，透過具有企業力和創意性的活動或事件，使之成為大眾關心的話題、議題，因而吸引媒體的報導與消費者的參與，進而達到提升企業形象，以及銷售商品的目的。

「台北西門慶」的活動重新造就逐漸式微的西門商圈榮景，熱鬧的主題便裝造型秀，更是吸引四歲到七十五歲共一百多組團體參加，不但將新舊世代都會族群喜好的紋身符號文化推至高點，也將西門町「行銷」給消費者。在全世界五十八國創下電影票房和觀眾人數第一紀錄的「鐵達尼號」，不但扣住女性觀眾的心絃，也擄獲男性觀眾的心，因而周邊商品大賣，連豪華郵輪也蔚為富裕成年人旅遊新創意。

廣告、公關和促銷三者性質雖異，但就企業而言，其目的大致相同，均在提升銷售量、創造企業形象等，貫穿三者位居要角的即為「事件行銷」；事件行銷是指企業整合本身資源，透過具有企業力和創意性的活動或事件，使之成為大眾關心的話題、議題，因而吸引媒體報導與消費者參與，進而達到提升企業形象以及銷售商品的目的。以辦活動的方式來達到行銷目的，是國內近來興起的促銷手法，又稱專

案活動、活動行銷。event被視為只是一個溝通工具，它是藉由活動的形式，聚集委辦團體想要溝通的特定對象後，發布欲溝通的訊息，並讓雙方有面對面互相討論、接觸的機會。由傳播的效果來看，透過各種精心設計的活動或話題，由於參與者具主動性，其接受訊息的意願較高，被說服也較容易。關鍵點在於它只是諸多公關手法中的一種而已，且大多要與其他方法並用，才能彰顯出效果。例如，花旗銀行每年聖誕節（festival marketing，節慶行銷）結合聯合勸募協會，共同為慈善團體募款，活動前以記者會等方式公開報導造勢並強化公益企業形象。

行銷大師Philip Kolter闡述行銷演進時，提出社會行銷（societal marketing concept）的概念，即省思傳統行銷概念（犧牲社會福祉，只重視目標顧客的需求），亟需拉近行銷概念與企業社會責任間的距離，以消費者、企業和社會共存共榮為基礎，追求消費者需求利益、企業長期利潤和社會長期利益三者之間的平衡。而事件行銷運用社會行銷的基本觀念加以發揚光大，以消費者、企業、媒體三足鼎立概念來架構事件行銷的概念，換言之，社會行銷儼然成為事件行銷的主題之一，例如綠色行銷、公益行銷等即為社會行銷的例子，也是各大企業搭事件行銷便車之例。

事件行銷模式可顯示消費者、企業、媒體三者之間的關係：消費者經由參與企業舉辦的活動或提供的事件訴求，獲得有形商品的訊息或購買滿足和無形事件意識的加以探討，提供企業實質利潤或企業商品形象的延展；而企業也因活動或是商品組合具有新聞性和話題性，獲得媒體青睞，以付費或不付費的方式加以報導，進而促銷商品和行銷企業品牌知名度；再者，媒體不但肩負提供消費者訊息告知之重責，更由消費者的觀察、瞭解並掌握消費者趨勢和脈動，也從媒體廣告費和新聞事件的報導得以永續生存。三者利益共生，利潤共享（許安琪，2001）。

從event的觀點加以整理，可歸納出下列七種類型：

(一)創新行銷戰略型

　　市場調查、新商品開發、通路革新、價格策略、廣告、促銷、展示會、CIS等行銷的變數，以及商品壽命循環、市場細分化、商品定位的戰略，都可以在企劃行銷組合之後，變成具有話題性的event。至於行銷變數及戰略能否與event間形成善性循環的行銷利器，則取決於企劃是否具有創新性的賣點。

(二)運用公益活動型

　　舉凡藉藝術、音樂、文化、體育、環保或社會責任之名而從事的公益活動，由於它具有非商業性的本質，以及提升生活素質的功能。所以，較易受到大眾傳播媒體的重視而成為有新聞價值的話題。企業從事公益活動，不但能塑造卓越的企業形象，亦可增強消費者的信心。

(三)擘劃經營管理型

　　企業的經營管理，不但是錯綜複雜的運作體系，也是不創新即死亡的有機體。在今日競爭激烈、瞬息萬變的時代裏，雄才大略的經營者，為了企業的生存發展，也當然會不斷思考諸如新投資、國際化、多角化、併購等求新求變的問題。而管理層為了提高效率、增強競爭力，亦不得不在管理的技術和方法上力求整合突破。這些構思擘劃，往往也能創造有價值、有意義的event。

(四)挑戰禁忌權威型

　　性、宗教和政治，在許多地方都是敏感的禁忌。性涉及人類內再心靈的慾望，宗教因信仰而有排他性，政治則是權威性價值的再分配。在進步開放的社會中，它們既不敏感，也無禁忌可言。但是，在落後或不民主的國家，它們經常是不容觸及的話題。因此，若膽敢向

這些禁忌或權威挑戰，自然會產生event的效果。

(五)利用公權特權型

企業擁有的資源各有不同，有的長於技術，有的善於行銷，有的強在財務。亦有善於利用公權特權者，以其特殊的黨政關係或金權人脈，從事關說、造勢或超貸等狐假虎威的行為。這些活動一旦曝光，必然成為媒體炒作的議題。只不過，利用公權特權製造的event，欲達到正面的效果，需有極允當慎密的規劃，否則不免未蒙其利而反受其害。

(六)善用時勢環境型

所謂善用時勢環境，指的是對世局、政局、社會議題、消費心理等有敏銳的反應，並能將之吸納為企業造勢的資源。此外，像利用口碑、耳語、謠言、突發性事件等來製造event，亦可歸之為對時勢環境的善用。這是一種藉力使力、順勢推舟的event。

(七)導引教育新知型

在資訊與知識爆炸的今天，不斷地追求新知與接受再教育，已經是現代人成就自己、肯定自我無可逃避的途徑。

因此，企業所發動的event，如果具有知識性或教育性，其意義絕對不同於一般的event。此外，教育行銷的觀念，不僅已獲媒體極高的評價，亦逐漸為大眾所接受。因此具有導引教育或新知的event，今後必會為更多的企業所重視。

慶典活動注意事項檢核表

□企劃意圖是否明確？
□是否完全符合本來的概念（concept）？
□出動人員的素質如何？能力如何？
□所發布之新聞是否具有新聞價值？
□使用演員時，演出的技巧如何？
□創意是屬於創造性的嗎？
□對參加的對象，是否準備了足以使它們滿足的活動（例如贈品等）？
□慶典活動是否和促銷發生連帶關係？
□活動的內容是否符合預算？
□是否能為企業或產品創造良好的印象？

有效的促銷活動檢核表

□如有足夠的樣品分贈消費者，就應盡力而為。
□樣品上附帶贈券（coupon），可直接發揮促銷作用。
□在廣告裏以贈送樣品作號召，特別顯得突出。
□如有充裕的廣告預算，最好用贈券來試銷。
□對已判定出來的預期顧客，而想發揮最高的滲透力，用郵寄贈券的辦法是可行的途徑。
□利用最小篇幅的報紙廣告作贈券，或在報紙裏插入單張贈券，此種方法勝過其他形式。
□考慮將贈券附在雜誌廣告上。在雜誌廣告上附帶贈券時，常利用彩色內頁。
□直截了當的贈券廣告，回收率高。
□把贈券刊入當地零售商的廣告裏，遠比刊入向一般消費者訴求的廣告裏有效得多。
□廣告裏不要強調減價，這樣會降低商品價值。
□策劃各種競賽，用店內展示品加以炫耀。
□選擇獎品應顧及是否有助於銷售，對消費者或零售商夠刺激的贈品，會增加銷售。
□獎品要有鼓勵人們使用產品的力量。
□試辦現貨供應的展示。

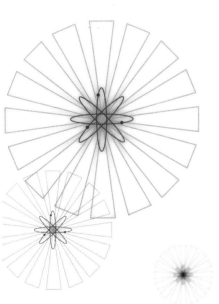

第八章 廣告心理學

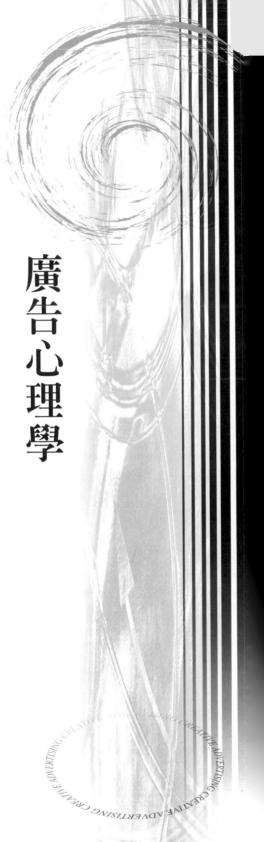

消費行為的意義

　　廣告的目的是要刺激、變更或增強消費者態度、想法和行為。為了達到此一目的，需要有效地綜合行為科學（人類學、社會學、心理學）及傳播藝術（寫作、戲劇、製圖、攝影等）。行銷及廣告人員需不斷地觀測消費者的態度、意念、好惡、興趣、需求及欲望。廣大群體人員的行為特性將給予廣告以指示性的力量。因此，廣告便運用大多數消費者行為的改變來影響特殊消費者行為的改變。

　　消費行為實際上是一行銷溝通的過程（marketing communication process），即消費者與行銷人員透過媒體傳達或交換彼此的需求與訊息。每天我們都扮演著消費者的角色，消費（購買）的行為也不斷地重複循環。當我們問「吃什麼早點好？」（what）時，同時也扮演「發起者」（initiator）的角色；而當提出「中式的豆漿燒餅或西式的三明治咖啡？」（which & how）時，我們可能是「影響者」（influencer）或「決策者」（decider）；如果是麥當勞的經濟早餐則有時間限制（when），「使用者」（user）或「購買者」（buyer）的角色考量就發生……。消費者的角色是多變的，消費的行為也相對難測；有時，使用者不一定是購買者，發起者不一定能影響決策者等各種狀況，因時、因事、因地，消費者會展現不同的消費身分和消費行為（許安琪，2001）。

　　為了廣告的成功，廣告人員一定要瞭解人類行為的複雜性，及影響消費行為的多樣性。由於行銷人員注意到群體行為特性，他們可以利用這些特性來定義新市場，並為這些市場進行廣告活動。消費者行為同時受到內部的、個人的影響，以及外部的、環境的影響。個人的影響包括消費者個人需求和動機、消費者認知的範疇、消費者的學習方式，以及消費者所抱持的興趣，外部環境包括消費者的家庭、社會

結構及文化。這些影響因素將與消費者相結合，以決定消費者該如何行動。

　　由於行銷人員竭盡心思發覺更有效的與消費者溝通的方法，並以市場區隔為基礎而運用共同的購買行為模式，因而激發消費者購買行為。所謂市場區隔是將一個公司產品的總市場分成較小群體的過程，或是為了：(1)設置目標市場；(2)確認目標市場的需求；(3)設計商品以滿足這些需求；(4)並針對這些目標市場而改良產品。業者通常運用多種方法來區隔市場及確認群體行為。用以區隔市場最普通的基礎是：(1)地質學；(2)人口統計學；(3)人類行為學；(4)心理描繪（psychographic）。

　　商業市場的區隔方式常隨著消費者市場的區隔方式，因地理位置及各種消費行為的不同而不同。此外，亦可能經由各種市場形成消費者購買流程不同而加以組合。

消費心理

　　廣告公司市場研究人員對消費者的心理瞭若指掌，他們曉得你是什麼樣的消費者、你喜歡購買什麼的產品，他們更曉得用什麼方法來刺激你去購買。現在的廣告公司，如果極具規模，大都用先進的科技

女性市場區隔檢核表	
未婚組	已婚組
□準備結婚群	□無小孩
□有男友	□兩口賺錢
□無男友	□非兩口賺錢
□非準備結婚群	□有小孩
□有男友	□老么小學、國中生
□無男友	□老么高中以上

區域性廣告目標檢核表

☐引入新的顧客——每年都有許多老顧客由於變換住址、死亡、不方便，或對產品、勞務不滿意等原因而喪失。為了使你的企業繼續繁榮旺盛，它必然要繼續尋找新的顧客。廣告便是最佳的運用方法。

☐建立知名度及印象——很多區域性的企業，實質上供應相同的勞務。但為了與其他公司能夠有所辨認，企業可能運用廣告技巧，以增進知名度，並建立一個獨特的印象。

☐注意保有老顧客並增加他們參觀的頻度——大多數的顧客，由於疏於招呼而喪失，這是商場上最普遍的情形。但由於一再地廣告，也可能將老顧客重新拉回來。一個穩定的、持續的廣告計畫，可讓目前的顧客獲得充分的訊息，並能加強其購買慾，同時也保有老顧客，並促使他們重新購買你的產品。

☐減少推銷經費——由於對許多顧客已做預售廣告，因而減輕了推銷人員的負擔。由於交通工具的進步與增加，使推銷人員可以在短時間內完成更多的銷售工作。這些都對降低銷售成本有很大的貢獻。

☐縮短季節性的顛峰——商業週期中每年都有急降及變動，而平抑其高低起伏的方法之一，就是持續一貫地廣告。

☐促進存貨週轉——有些企業將所有店裏的商品一年內分四次或五次賣出。有些則在一年內將存貨週轉十五到二十次。週轉次數愈多獲利亦愈多，存貨週轉較快，也能抑制商品價格的抬高。因此廣告有助於降低消費價格。

W. S. Townsend廣告評價檢核表

注意——attention
☐注意——把商品名、勞務名註明在標題上。
☐你個人——把讀者視為你個人，招呼他吧。
☐潛在顧客——標題必須針對潛在顧客。
☐佈局和插圖——為吸引注意著想。

趣味——interest
☐利益——在標題或其次的一行要明示對消費者的好處。
☐時間——利益是馬上可得的。
☐焦點——利益的映像（image）要明確地映射讀者內心。
☐主要訴求——主要訴求的內容出現在標題裏。
☐向「生存的欲求」方向訴求吧。
☐向「性的欲求」方向訴求吧。
☐向「健康的欲求」方向訴求吧。
☐向「尊重個人的欲求」方向訴求吧。
☐向「五官娛樂的欲求」方向訴求吧。

（續）W. S. Townsend廣告評價檢核表

□佈局和插圖——對引起興趣也很重要。

欲望——desire

□保證——要保證讀者能得到利益，要明確表示此點。

□良質——強調品質良好。

□歡迎顧客——表示出對顧客的歡迎。

□誠實——必須是受人信賴的廣告。

□劣質——暗示競爭對手的劣質，但要在適當的場合。

□損失——表示如果不買將是很可惜的，也要在適當的場合。

□名人愛用——表示出有聲望的人都愛用。

記憶——memory

□識別——公司名及商品名，要特別明顯、易於識別。

□提示——要明示出來什麼東西、在何處、如何、多少錢、何時能買到。

□聯想——不要有對商品不愉快的聯想。

□佈局和插圖——也要為了記憶。

行動——action

□請求行動——廣告必須包括對購買行動的要求。

□「命令行動」有時較為有效。

□順序——把以上各項納入適當的順序。

□排字及印刷（typography）。

來研究消費者的心理，預測消費者的購買習性，以便掌握消費大眾的行蹤。

所謂「消費者」，可歸納為三種概念：

(1)消費者的概念：基本上構成市場的，是一個國家的每一成員、每一生活者。由於生活與經濟社會相互依存，構成了市場機能。

(2)購買者的概念：以專門業務或以一般消費者的立場，凡在市場上直接參與購買活動的就是購買者，購買者的購買力如何，支配市場需要大小。

(3)顧客的概念：顧客是經營者直接的對象，經營的成敗關鍵，在於顧客的質與量。

因此，對現在的消費者以及消費者的購買行為，歸納如下：所謂消費者，是經常變化的；所謂消費者，是不斷成長的；所謂消費者，是豐富的感性和理性的生活者。

以這種意識作出發點，來考慮對消費者的廣告策略。

構成市場的就是一定領域裏生活的人們。這些人們具有兩大因素：一為不變的因素，如性別、年齡別、地區別、季節別、所得別等。以性別分，有男性市場、女性市場；以年齡別而言，有兒童市場、成人市場、老人市場。另一因素為可變因素，是按照人們生活形式而區分的，有所謂「生活型態別、意志別、必須嗜好別、家族構成別等。再以消費者對商品的感受分類，有利益別、生活價值別等」。

動機

動機（motivation）是心理學領域中對人類行為的基本研究，即探討人類行為的原因，多數人類的行為是有目的的，而指引行為的理由或目的就是動機。行為的結果通常能滿足目的，亦即滿足需求（needs）。一九五○年代行銷學者和企業廠商就倡導動機研究，即對消費者購買動機作研究，目的在於為了瞭解消費者購買行為的原因、消費者如何透過購買行為滿足需求、行銷者以何種方式設法創造並滿足消費者需求。以造就台灣女性一股風潮的美容瘦身中心為例，廣告中不斷強調「讓妳的下半身曲線全部窈窕」、"Trust me, you can make it"等等，讓愛美的女性趨之若鶩，花上大筆錢仍面不改色，探究原因只是女人有愛美的需求，所以有雕塑身材消費之動機，進而產生消費的行為（許安琪，2001）。

至於消費者基本的欲求，以及購買行為的過程，欲瞭解動機的方法之一是將需求分級，可由人本心理學之父馬斯洛慾望五層次來說明。他認為人類的所有行為係由需求所引起的，故將需求由低至高分為五個層次，前提是滿足需求的過程呈現階級化，即低層級的需求被

滿足後，高層級的需求才可能發生，五個分層就是生理的慾望、安全的慾望、愛情／歸屬的慾望、受人尊重的慾望以及實現的慾望。換言之，由物的慾望開始，向氣氛的慾望逐次提升。

(1)生理的慾望：人類基本需要吃飽、穿暖、喝足等，因此行銷策略只需「告知」消費者商品提供的基本功能，因此有速食麵廣告訴求「大碗擱滿意」。

(2)安全的慾望：滿足生理需求後，消費者開始思考商品或服務是否帶來安全感，例如速食麵是否含防腐劑，對人體有無重大傷害等，行銷策略則偏重於「教育」消費者選購不含防腐劑、符合GNP標準的食品（圖8-1）。

(3)愛情／歸屬的慾望：安全無虞之後，消費者希望被關懷、被愛、被團體接受、與別人相同，行銷策略在於「提醒」消費者，廣告表現出同學朋友聚會「吃牛肉麵不必上街」，在家享受情誼：「我們都是喝這個牛奶長大的」等等（圖8-2）。

(4)受人尊重的慾望：有了歸屬感之後，消費者期待被自己及他人尊重，也希望藉由商品或服務來滿足此需求，因此行銷策略首重「創造需求」，例如廣告訴求「這一碗麵是特別作來給你吃的——統一大補帖細麵」，或是一般標榜「頂級、旗艦」等名牌訴求之商品（圖8-3）。

(5)實現的慾望：發展自我潛能，追求盡善完美的生活是每一個消費者的目標，故行銷者將策略放在「昇華」購買情境，例如統一米粉佳人廣告訴求為「空腹的感覺，知性的充實」，即為年輕的女性現代消費者塑造自我實現的情境（圖8-4）。

消費者的動機是滿足基本需求，因此行銷工作重點不但提供一般性的商品或服務，滿足消費者主要購買動機，而消費者從一般商品或服務中衍生出其他需求，或是行銷者為消費者創造的需求，則為選擇性購買動機之滿足（許安琪，2001）。

圖8-1　以安全為訴求的廣告。
圖片內容：安泰人壽－飛刀篇
圖片提供：時報廣告獎執行委員會

圖8-2 安全的慾望滿足之後，人們會期待被關懷、被別人接受、與別人
　　　做相同的事。
圖片內容：左岸咖啡－河左岸篇
圖片提供：時報廣告獎執行委員會

　　為達成以上慾望，各有其動機，以左右購買行為的因素而言，有心理的因素、社會的因素以及文化的因素，最近又加上了企業本身的因素。據E. M. Rojars分析，帶動社會消費的先驅者（innovator）或意見領袖（opinion leader），對購買行為的推動有極大的助力。因此，心理的因素是購買行為的基礎，但另有學者卻認為社會文化的因素是影響購買行為的動力。

　　何謂成熟型社會，成熟一語，源自產品生命週期（product life cycle），所謂導入→成長→成熟→衰退過程。現代社會由於高齡人口比例增大，與其稱之為成熟社會，莫如稱之為成人社會更為恰當。談到成熟社會，大都指市場飽和，美國曾流行所謂「來自四十年代的美」、「針對四十年代的商品計畫」等口號，這正意味著成人社會的來臨。展望成人社會的消費行為，有以下特徵：

(1)對雄心壯志，採冷靜態度→否定衝動行為，從肯定現狀出發。

(2)正確辨認商品真偽→重視高品質，質比量更重要。

(3)顧及社會與個人生活的均衡→協調、和諧、認同、共識。

(4)重視安定、悠閒舒暢的步調→計畫性、回歸自然、冷靜觀察、非刺激。

(5)資訊輸入容許量少，限定的資訊、扣人心弦的資訊必要性相對增高。

　　這樣說來，如果對購買行為重新定位（repositioning）時，可歸納如下：

(1)資訊傳達方法與型態。

(2)訴求方法與內容。

(3)購買決定之時間與廣告時機。

(4)購買時之期待感、利益。

(5)購買時間（時段）。

(6)購買方法（店面、訪問銷售、型錄、電視）。

(7)商品分類與定位。

(8)產品生命週期（使用耐久期間長短）。

(9)付款方法（現金、分期付款、信用擔保）。

(10)購買決定與支持者。

其次，談到生活背景（life scene），對訴求對象有莫大關係，所謂生活背景，係指消費者在多數個性化情形中，由其生活片段產生市場需求，創造銷售機會。因此，要從生活背景考慮廣告對象，而不從性別、年齡、職業等生活舞台著想，而是從生活實態、生活意向來著想的。

廣告訴求與動機

訴求（appeal）者，以廣告刺激視聽者，求其回答或反應之謂也。「訴求」二字，使用於一般情形時，係將一個事件或一個運動的趣旨，廣泛地告知社會大眾，博得其同情，稱之為訴求，或將某特定的趣旨印刷成為文書，廣為分布之意。

以廣告界而言，所謂訴求，係向他人告訴，按照廣告者意志行動之謂也，例如「性」的訴求、「食慾」訴求等。

廣告以激起消費者行為目的，訴求就是促使消費者採取行動。因此，廣告學中對訴求之研究十分重要，但究竟如何訴求，訴求什麼其力量最強，在心理學上用「慾望」或「動機」來思考，容易獲得結果。

訴求分為長與短、快與不快、直接與間接、趣味與合理、暗示與說明、積極與消極等不同方式。

據Starch就四十四種動機，調查七十四位受訪者，評分標準從零到十，投票結果其平均分數如下：

圖8-3　消費者會期待被尊重，若能讓消費者覺得你將隨時準備為他提供
　　　服務，將可滿足此種需求。

圖片內容：NISSAN－水篇

圖片提供：時報廣告獎執行委員會

圖8-4　現代都會女性透過各式商品滿足自我追求完美的境界。
圖片內容：沙宣深層潔淨洗髮精－跳水篇
圖片提供：時報廣告獎執行委員會

(1)食慾 9.1	(16)安眠7.7	(31)模仿6.5
(2)為了兒童9.1	(17)天倫之樂7.5	(32)禮讓6.5
(3)健康9.0	(18)經濟7.5	(33)遊戲6.5
(4)性能8.9	(19)好奇心7.5	(34)動用其他力量6.4
(5)母愛8.9	(20)能率7.3	(35)涼爽感6.2
(6)大志8.6	(21)競爭7.3	(36)恐怖6.2
(7)快樂8.6	(22)共同事業7.1	(37)活動6.0
(8)安樂8.4	(23)敬神7.1	(38)用具6.0
(9)獲得8.4	(24)同情7.0	(39)建設6.0
(10)名望8.0	(25)保護7.0	(40)形式5.8
(11)社交7.9	(26)家庭的6.9	(41)諧謔5.8
(12)趣味7.8	(27)社會的6.9	(42)娛樂5.8
(13)容貌7.8	(28)友情6.8	(43)羞恥4.2
(14)安全7.8	(29)款待6.6	(44)揶揄2.6
(15)清潔7.7	(30)溫暖6.5	

「訴求」一語已成為常識用語，是廣告不可或缺的要素。訴求除正面訴求外，有所謂否定訴求。廣告強調產品的光明面或愉快感，多採肯定的訴求。可是像藥品廣告，常有這樣廣告文：「如不用此藥痛苦不堪」，「不用此藥越來越醜」等，採取負面的手段，這是恐怖訴求，或訴諸於免除痛苦，這種訴求方式稱之為否定訴求。

廣告的心理學基礎

美國西北大學W. D. Scott教授著《廣告心理學》一書，對廣告學術界貢獻極大，Scott教授認為廣告的「質」比「量」重要。濫施廣告無異是一種浪費，唯有基於廣告心理學的研究，才能獲得合理的廣告效果。

廣告心理學者除Scott教授外，尚有Starch、E. K. Strong等人，這些學者已將廣告心理學系統化，其主要內容包括知覺和記憶。一九五〇年以後，由系統化轉向慾望和動機，將人類行為作深層研究愈益普遍。此時開拓廣告心理學領域的功臣有Katona、Contril等純粹心理學家，以心理學的法則應用到廣告心理上。人的本能和廣告有直接的關聯，要是不瞭解人類心理法則，就不能創造廣告，就是創作廣告也對銷售毫無助益。因此，廣告文案家若不是心理學者，殊難勝任。

心理學大師佛洛依德從事四十多年的心理臨床工作，所提出的人格結構和人格發展概念，均為後進心理學之啟蒙。佛洛依德認為人格是由本我（id）、自我（ego）、超我（superego）三部分交互作用所組成。

本我是藉由遺傳而來，包括一切本能的驅力——性和攻擊，個體所追求的生活是以「快樂原則」為主，如果產生不愉快，自我則會形成一些事物的心像或藉幻想以趨樂避苦，依佛洛依德的說法，「夢」是最能滿足願望的方法。「菲夢絲•非夢事」的塑身廣告讓許多女性信心大增；高岡屋海苔以「吃零食不再有罪惡感了」的訴求，使追求美好身材的女性仍能享受快樂的「吃福」；「幻滅是成長的開始」則是以反面訴求提醒消費者成長的共同經驗。

自我是打破本我不顧現實、不合理地滿足自己需求的藩籬，而以面對現實、合乎邏輯、計畫性的方式來取而代之。例如黑松沙士在民國七〇年代，在面對外來碳酸飲料（如可口可樂、百事可樂）相繼祭出「俊男、美女、海灘、享樂、歡愉」等商品使用情境和品牌形象，重新以「我的未來不是夢」喚起台灣本土的青少年不再盲從本我的幻影，考慮自我努力的實踐，即為非常成功的案例。

超我代表已經內化的社會價值觀和社會道德，個體的行為一切以社會標準為依歸，其抑制本我衝動、說服自我的現實、成就超我的完美，包含了良知與塑造理想的自我。以近來流浪動物之家的工作為例，從建立正確的「寵物」新觀念，並教育愛動物的主人或飼養者

「愛牠就爲牠結紮」，減少因過度繁殖而造成流浪動物的問題，進而呼籲加入義工的行列；世界展望基金會推出的「饑餓三十」救援行動，以「是救命不是救濟」的主題，將超我的情懷成功地植入消費者心中。而如保育生態工作則教育消費者從拒購貂皮皮草、如何建立正確的保護動物觀念著手（許安琪，2001）。

F. M. 費勒的《廣告心理學》是根據佛洛依德的精神分析法所推衍而成的，雖然迄今已經有二分之一個世紀久，但由於內容相當有趣、明瞭易解，特別在此引介。佛洛依德在將其頗具爭議性的精神分析理論公諸於世時，我們不難想像他所受到當時學者的激烈批評和攻擊，因爲他的理論完全破壞了當時的宗教以及傳統。同樣地，即使到了今天，他仍然受到相當多專家們的批評及冷潮熱諷。然而，誰也不能否定他最大的功績，在於提出了人在內心深處的「潛意識」這個概念。他很重視夢的分析、日常生活中的錯誤行爲、語言上的缺失、文字的誤寫、遺忘等潛意識的精神表現。在費勒的《廣告心理學》中，與潛意識有關的部分隨處可見。廣告不只該針對消費大眾的意識進行訴求，更重要的是將其潛意識也應該列入考量，否則不能發揮功效。費勒的三項獨特廣告心理學法則簡約如次（引自李永清，1993）：

(1)在所有廣告宣傳中，最有效的是採用「性」的表現方式。
(2)而當廣告讓讀者充分意識到「性」時，廣告效果就無法提升。
(3)爲了讓廣告充分發揮效果，性的表現必須訴諸讀者的潛意識心理。

心理學對提昇廣告效果有很大幫助。廣告是透過暗示，按廣告主的欲求，促使人們採取某種行爲，而心理學就是研究人類動機、注意、趣味、行爲特徵等問題，因此廣告與心理學之關係相當密切。廣告心理學主要的價值，在於它所採行的方法是科學的，從事這項研究的學者，認爲廣告文案最能贏得消費者的心，因此，心理學者集合對廣告具有各種特殊技術者共同研討，對廣告商品進行消費者需求調

查，進而從事銷售分析。廣告研究方式變化多端，如果作系統性研究，必須涉及生物學、社會學、人類學、心理學等領域。尤其女性消費者心理複雜，更應深入探討。

從心理學上的觀點，有效的廣告最重要的就是注意力問題，例如刺激的強弱、大小、色彩、動作、反覆、新奇程度等，都是促使「注意」的要素。好的廣告會運用各種技術提升注意力，此外，有效的廣告更應重視「趣味」和「態度」。一則廣告如能促使消費者對廣告產品具有強烈的關心，那則廣告就必定有效。

至於廣告心理學研究之領域，其主要者如下：

(1)與知覺有關之研究。
(2)與記憶有關之研究。
(3)與消費者行為有關之研究。
(4)潛在意識廣告之研究。
(5)與效果測定技術有關之研究。

色彩心理

廣告表現需要有創意，有了創意才能提案撰寫、作文、插畫及編排等，除此之外，再配合色彩的裝飾，更能相得益彰，使畫面更具美感，廣告效果亦增強。在色彩學裏，色彩分為色相、明度、彩度三要素。由於色彩種類繁多，且有不同之特徵個性，在印刷術進步的今天，更能發揮「本色魅力」，提供廣告設計視覺功用。色彩若能搭配應用得宜，有強化商品促銷功能。在現代廣告設計應用上，色彩的確有驚人的吸引力，尤其戶外廣告所應用的色彩，更能觸動視覺美感。一般而言，色彩對廣告有四大功能：

(1)表現商品特性：色彩能把商品的特徵、個性及內容表現得淋漓

盡致，甚至利用識別系統中色彩的效果，促進消費者維持長久良好的企業印象，例如包裝的特異色和年節特殊的個性顏色等。

(2)促發購買興趣：利用色彩可以美化商品，強調商品之特色，尤其色彩存有強烈的生動力，使顧客促發感情反應，引起好感和興趣，因此有了購買行動。

(3)引發視覺注意：消費者往往因有色彩的誘惑力而容易注目和引起吸引力，人們的視覺會因有色彩的刺激而引起瞳孔加大的生理反應。一張彩色卡片和一張黑白卡片，在內容一樣的情況下，有彩色的卡片一定較易被接受和喜歡。市面上的櫥窗設計，有創意的陳設往往是加上吸引人的色彩，才能發揮視覺功效。

(4)具有美感功能：有光就有色，色彩的應用存乎一種超然的智慧。不會配色的畫面令人頹喪。妥善運用色彩的美化，不但是視覺享受美感，而且對美育教育亦是一種提升。不論是衣服穿著搭配，或是環境景觀的美化等，色彩對我們生活情緒和心靈陶冶都有相當之影響，所以色彩本身已經融入在我們整個文化體系裏（許水富，1987）。

色彩心理學係探討色彩現象對人類影響之學問。色彩具有吸引注意的功能，其應用範圍甚廣。在廣告方面使用色彩，對促進產品銷售大有裨益，據研究結果，有關行銷所用的信紙，有顏色的比白的有較多反應，對各種贈品調查分析結果，如果是彩色廣告的話，其回收率相當高。

在各種不同色彩之間，以紅色最能引人注目。紅色之所以引人注目，因為紅色看起來比較有靠近的感覺。據光學研究，當「光」透過稜鏡，各種不同顏色呈現不同波長的屈折，日光透過稜鏡途中分解，造成所有顏色的輻射波長（spectra），同理，紅色透過眼睛水晶體的光

線，較其他顏色的屈折少，結果紅色的刺激看起來似乎靠近你，靠近與引起注意有密切關係。因此，一般而言，遠方的東西不如近處的東西引人注目。

晴空萬里，陽光普照，使人感到心曠神怡，天昏地暗，風雨欲來，使人感到心情鬱悶。色彩對感官之刺激，令人產生不同之感受。

最近台灣彩色廣告大增，不論報紙廣告或雜誌廣告，幾乎全為彩色，他如包裝紙、包裝盒、封筒、紙袋，五彩繽紛，爭奇鬥勝，發揮極大的廣告效果。

眾所週知，色彩有季節感，寒暖分明，紅、橙、黃屬暖色，藍、藍綠屬寒色，綠、黃綠、紫屬中性色。如以溫度感而言，由暖至寒之順序為：紅→橙→黃→綠→紫→黑→藍。由此觀之，明朗的色彩有溫暖之感，暗沉的色彩有涼爽之感。因此，夏季商店牆壁宜塗涼爽感的顏色，冬天商店牆壁宜塗溫暖色彩。

色彩對廣告之功能極大，除吸引注意外，更能表現商品特性，詳言之，彩色廣告比黑白廣告之注意力強。色彩美化包裝，增強氣氛，訴求力強。總而言之，色彩是增加廣告活力與說服力的滋養劑，也是促進銷售的動力。

因此從事廣告設計者應對色彩有充分之認識，一般人對色彩感受有好惡之分，以日本而言大都喜愛藍與紅兩色，據調查日本大眾喜愛色彩的順位是藍、紅、淡藍、紫等。所以在廣告表現時，最好運用該國人民喜好之色。善用人類視覺的盲點，則能產生意想不到的效果。

好喜惡悲，乃人之本性，以購買產品而言，如能激起顧客好感，自易達到購買行動，所以在廣告表現上，應儘量予視聽者以好感，要使平面廣告達到此一境界，必須從科學的觀點，在其形式、縱橫之比、色彩、均衡與統一、與商品之調和，對其內容、文字與插圖等加以考量。

廣告能發揮視覺效果，在於編排的創意和色彩的應用得當。以色感而言，設計家與純藝術家有不同之處，純藝術家可以用自己主觀獨

特的風格表現色彩魅力，但設計家必須以現實之事物和人群爲對象反映在作品上，不能像藝術家可以作自我任性表現。色彩美雖然沒有絕對的標準好壞之分，但它有共同視覺美感的取捨。一般而言，色彩配色因有宗教不同、習慣不同、民族性不同及商業用色和工作用色，以及生理、心理反應不同等之變化，故配色應依其所需再加上審美觀念，務求高水準的色彩設計。

就色彩而言，各種色彩都具有其感情性及象徵意味，例如黃色代表莊嚴、高貴及和平；紅色代表喜悅、歡樂、熱情、喜慶；綠色代表和平、健康、青春；紫色代表華貴、高尚、優越；青色代表淒涼、幽靜、深沉等。善用色彩，可以加強廣告包裝、櫥窗、陳設等之視覺效用（許水富，1987）。

錯覺與統覺

生理學裏有所謂「五官器」，即視覺器、聽覺器、嗅覺器、味覺器、觸覺器。在廣告認知上，以視聽覺爲首要，在視覺方面，由於心理現象，常會產生錯覺。所謂錯覺，就是知覺被外在的事物所蒙蔽，其中以視覺所產生的錯覺最爲常見，錯覺的種類有長短、距離、大小、黑白、線以及意外的錯覺等。

眼球運動量多時看起來似乎長，少時看起來似乎短，圖8-5中的兩條線長度其實相等，但是看起來一線較長而另一線較短，這是極端的視覺錯覺。圖8-6的兩個正方形是一樣大小，可是看起來右邊的似乎較大，左邊的較小，這是由於右邊的正方形有許多的縱橫線，因爲複雜的眼球運動，所以看起來右邊的較大。圖8-7中的水平線和垂直線是相等的兩條線，可是大多數人都認爲垂直線較長，這是由於眼球運動難易所產生的錯覺，因爲眼球左右運動容易，上下運動困難。

此外，白的東西比黑的東西看起來較大，這是因爲白色的東西受

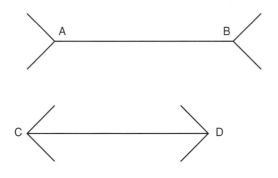

圖8-5　長度相等的兩條直線

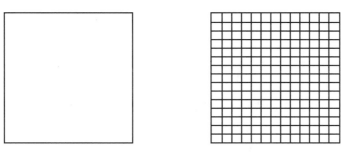

圖8-6　兩個相等的正方形

圖8-7　兩條相等的水平和垂直線

較多的光線反射，因而產生的錯覺。

製作廣告者如能瞭解錯覺法則，常能以小變大、以柔克剛。因此，如果想要使商品變大、加強視聽者印象，可利用錯覺原理。

人類是有趣的動物，據統計一般人不喜歡正四方形，所以大凡房屋、窗戶、書本、流理台大都非正四方形。因為人們對形狀的喜惡對傳播效果產生極大差異，故從事廣告設計者應具備美學素養。

人的目力常有幻覺，本來是正方形，但看起來似乎非正方形，感到上下的高度稍高，因此要想看起來純正方形時，要上下稍微縮短，錯覺程度約3％，如果高是1，寬應當是1.03。四方形令人感到拘泥，圓形令人感到愉快，三角形讓人感到活潑生動，予人敏銳之感。

錯覺令人感到各種不正確的感受，在廣告設計上，如果有視覺障礙之慮時，應設法改善；如果運用錯覺特別能產生視覺效果時，不妨加以強調。錯視美術稱之為OP藝術，moiré現象在印刷上雖然應儘量防範，可是OP藝術卻探究moiré現象，使其發展成美術作品的動機，創造有趣的畫面（圖8-8）。OP藝術代表的作家，以Victor Vasarely最負盛名，moiré係法文「波紋花樣」之意。

統覺（apperception）者，係新舊觀念相融合之歷程，即新來之觀念受既存觀念之化合，亦稱類化。因此我們的新觀念，實際上大部分是舊的要素所構成。知識的進步，也是在舊的事物之上，將新的事物加以妥善地調和。學校教育就是應用統覺理論，從已知之事實，向未知之境界探索。廣告製作者要運用統覺原理，必須將一般人們既有之經驗，趁其經驗未消失時，加上第二手動作。

短時間對商品作全面的廣告，就想竟全功是不可能的，當推廣新商品時，從事廣告者要注意到廣告接受者是否對商品有所準備，訴求廣告接受者既知的事實，才是明智的方法，唯有訴求消費者們既有的經驗，才能激起其興趣，引起其共鳴，喚起其購買行動。

一八九六年國際心理學者會議在慕尼黑召開，會中出示一枚人腦照片，出席者乍看之下，大多數認為這張照片表示腦部構造及其功

圖8-8　1957年Victor Vasarely以「琴座」為主題之作品

能，而大感興趣，可是經他們仔細觀察之後，它並非人腦的照片，而是一群嬰兒集聚在一起。總之，對腦有關係的人認爲是腦，和腦無關的人們，乍看之下看到的是一群嬰兒。對一般人而言，最先看到的是腦，然後感到一陣茫然，最後恍然大悟，看出來是一群裸體嬰兒（圖8-9）。

　　假若我們注視紅色玻璃，透過它遠眺景色，映入眼簾的所有景物都是紅色的。假如它是藍色玻璃的話，則萬物都是藍色。這樣說來，所謂統覺是人們自己心理的思想，把自己所注視的對象著以顏色，我們看東西是透過眼睛，然後以我們的心來看，以個人過去的經驗來看所有的事物。

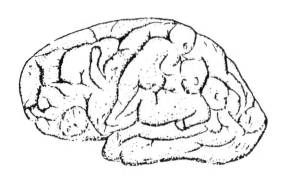

圖8-9　是人腦或是嬰兒集合體？

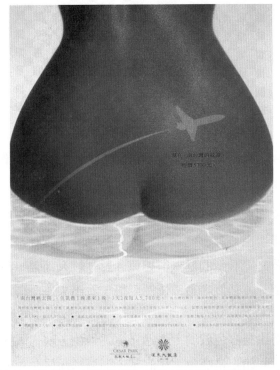

圖8-10　清楚簡單的線條表現產品的特色「休閒」「旅遊」，使消費者一目
　　　　瞭然。
圖片內容：遠航、凱撒、漢來聯合南台灣渡假活動－紋身篇
圖片提供：時報廣告獎執行委員會

　　從事廣告工作者必須瞭解這種統覺的錯覺，廣告者常集中全力於商品品質，但卻忽略事物所有的理論。錯覺的產生並非占大多數，廣告工作者製作廣告時，要有充分的準備，徹底掌握要點，簡單明瞭，以防錯覺的發生。參見**圖**8-10、**圖**8-11。

▌ 曲線心理

　　曲線比直線更能引起快感，不同曲線產生不同的情感。據A. T. Pofinbaga對五百名實驗者實驗結果，歸納曲線具三種要素，即形狀、節奏、方向。其形狀是彎曲的或稜角的，節奏是快的、慢的或中庸的，方向是水平的或上下傾斜的（**圖**8-12）。這三要素各暗示某種特性，例如：

圖8-11　以強烈的對比和背景色彩，表現產品基本的屬性（咖啡→香濃→鄉情）。
圖片內容：麥斯威爾－中秋系列
圖片提供：時報廣告獎執行委員會

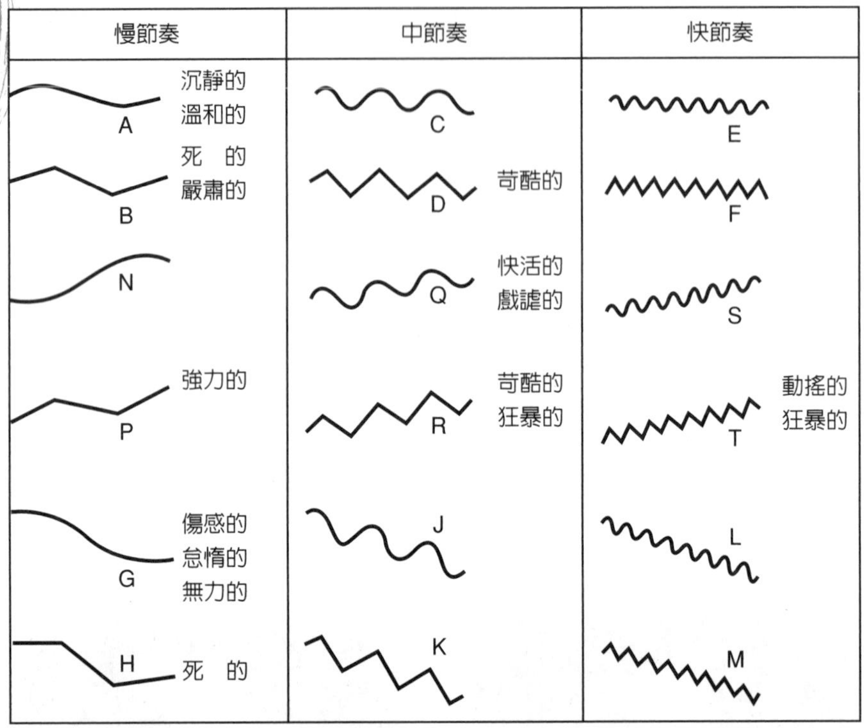

慢節奏		中節奏		快節奏	
A	沉靜的 溫和的 死　的 嚴肅的	C		E	
B		D	苛酷的	F	
N		Q	快活的 戲謔的	S	
P	強力的	R	苛酷的 狂暴的	T	動搖的 狂暴的
G	傷感的 怠惰的 無力的	J		L	
H	死　的	K		M	

圖8-12　曲線心理

傷感的→節奏、方向　　　　無力的→方向

快活的→方向　　　　　　　強力的→節奏、方向、形狀

嚴肅的→方向　　　　　　　死寂的→節奏

戲謔的→方向　　　　　　　怠惰的→節奏

沉靜的→方向、節奏　　　　狂暴的→方向、形狀

動搖的→方向　　　　　　　苛酷的→節奏、形狀

溫和的→方向及某種程度的形狀

廣告與性

在廣告表現上，「性」的問題廣被應用，這反映了在今日文明社

會裏「性」對人的魅力。據調查，日本雜誌內容55％描寫「性」，9％
健康、13％思想、23％其他。人類對「性」問題特別有興趣。很多廣
告創作者喜歡以女性裸露的肢體作表現，這種做法是否恰當，依暴露
程度和一個國家的風俗習慣而觀點不同。美國從前曾有一不成文的規
定，不准在廣告中有女性吸煙的鏡頭，這項禁令直到美國大眾認為在
公共場所中女性吸煙不足為奇之後，才准許女性在廣告中吸煙的畫
面。在人們公開飲酒三十年之後，美國廣告大師David Ogilvy才最先把
女人飲酒的畫面表現在廣告上。

　　巴基斯坦的一位權威回教人士抱怨說，他們的婦女同胞都被電視
與報紙上的廣告所利用而曝了光，這是違反天意和可蘭經裏主張深閨
制度的嚴重禁忌。他要求政府要頒布一項禁止婦女出現在廣告媒體上
的法律。

　　法國女權部長I. Y. 璐蒂為紀念國際婦女節，向國會提出「性別歧
視與人種歧視同為不法」，如果有裸露或性感之廣告表現，可能被視為
歧視或有損女性尊嚴而引起訴訟，其對廣告利用女性胴體表現之嚴
格，可以想見。

　　在沙烏地阿拉伯，如果發現裸婦鏡頭表現在廣告上，會被視為違
法而遭到處罰。除非它是插畫而非攝影圖片，即便是插畫也規定在畫
面上不得有任何暴露的描繪。據說在沙國，曾有一個軟性飲料廣告，
出現一個意猶未盡的小女孩舔嘴的鏡頭，竟被認為淫穢而遭禁。

　　美國的性觀念比較開放，在廣告裏出現裸露女性畫面早已司空見
慣，而帶有性愛的電視節目更是多得驚人。根據蓋洛普民意調查顯
示，有65％的觀眾認為性愛節目太多。奇怪的是一般觀眾對電視的性
愛節目並不歸咎於提供節目的廣告主。而且大部分觀眾並未留意到提
供「性」節目裏廣告的廣告主，或者並不認為廣告主應為「性」節目
負責。

　　日本雖對電視廣告有倫理規範，但其管制不像電影有獨立的機
構，它是各電視台自設部門從事審查，當然其審查尺度各台不一，一

圖8-13　一則以「性」為訴求的廣告。
圖片內容：遠丞圖書－寫真篇
圖片提供：時報廣告獎執行委員會

般之審查項目可分為下列三種：對性表現之管制、對誇大廣告之管制、對搭便車（double）廣告之管制。此三種管制項目中，以「誇大廣告」之標準最為明顯，例如證明商品優良之形容詞，禁用「第一」、「最」、「最高」等字樣。

所謂搭便車廣告，例如SP活動，將所贈之獎品及其廠牌，同時出現在廣告裏，猶如搭他人之便車。換言之，藉著廣告主的廣告，也打出了其所贈送之獎品本身之廣告，令觀眾弄不清究竟何者為廣告主，此種情形在日本是被嚴禁的。

管制中最引人注目的，即以「性」為素材的廣告表現，但關於「性」的廣告表現之管制，其標準尤難判斷，究竟何者為可、何者不可，人言人殊，毫無標準，只能按一般傳統，憑主觀之判斷而已（圖

圖8-14　將人體做巧妙的運用，能充滿趣味，卻完全不含色情意味。
圖片內容：Deep Heat肌肉止痛膏－沙包篇、足球篇、保齡球篇
圖片提供：時報廣告獎執行委員會

8-13、8-14）。

由以上各國對帶有「性」意味廣告的觀點，須視該國實際風俗民情，所認定的尺度各有不同。不過，David Ogilvy卻認為，對於美麗的產品，裸女廣告依然有其存在的必要。

我國正面臨一個多元化的社會，隨著社會的進步，工商業蓬勃發展，不斷出現了新的產品和新的行業，廣告也遍及各行各業，五花八門，種類繁多，於是出現了不妥的廣告。分析起來，這些不妥廣告不外兩種情形，一種是不當營業的媒介，妨害了社會善良風俗；一種是內容誇大失實，欺騙了消費大眾。這些廣告當中最常見的有穢淫廣告、色情仲介廣告、指壓、油壓、按摩和推拿廣告、徵信社廣告、電影及歌舞表演廣告等。

據行政院新聞局制訂之「電視廣告製作規範」，涉及性之廣告表現，規範如下：

(1)廣告表現不應涉及男女「性」方面之效能，並不得有猥褻、曖昧之意識。

(2)廣告畫面、文字和旁白應力求淨化，不得有穢淫意識，足以影響兒童、青少年身心健康者，如裸露半身或全身、擁抱、接吻等。

(3)內衣褲類商品廣告，內容應高尚典雅，避免曖昧、煽情之表現方式，並注意下列原則：

(a)廣告中不得有異性著內衣褲出現同一畫面。

(b)廣告應以商品之介紹為主，不得特別強調人體之展示。

(c)必要時，並得視廣告內容限制其播放時段。

(d)衛生棉廣告不得有涉及「性」的內容表示。

第九章　廣告理論

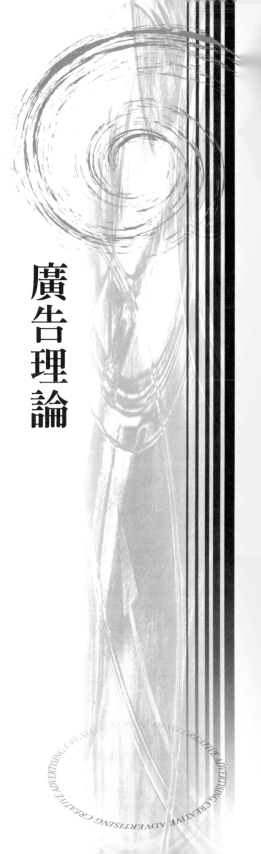

AIDMA理論

　　從廣告心理的觀點而言，在廣告作用階段上，常常引用AIDMA一語，它是自廣告揭露到注目廣告到購買行為，可分為下列五個階段：那就是attention（引起注目）、interest（提起興趣）、desire（激起慾望）、memory（促使記憶、加深印象，有些學者以C取代M，C是conviction確信之意）、action（引起行動）。將這五個階段所使用的英文字頭一字母組合起來，就成為AIDMA。當然它的過程並非一成不變。

　　譬如現在揭露出某一廣告，假定有70％的人注目該廣告，而注目的人中有70％感到有興趣，感到有興趣人中有70％的人感到需要該商品，感到需要的人中有70％的人記住了商品品牌，記憶了品牌的人中有70％的人實際購買的話，那麼全體16％的人，就是因為該廣告的影響而購買的。

　　如果我們把一個金屬貨幣投落地上，正反兩面的機率是50對50，這意味著有一半的或然率。上邊所提的16％看起來是個小數目，但是如果真正能達到16％的人採取購買行動的話，也可以說是相當大的數字。

　　但是此種情形，是各階段以70％的預期率，此一估計數字未免太高，如果各階段的預期率比70％低的話，那麼採取購買行為的數值勢必變小。再者，有時並非——經過各階段，可能越過其中某些階段，直接移到行動階段。

　　在說明廣告作用過程上，AIDMA一語十分順口，容易記憶，如果預期率真能準確算出來的話，也是頗饒趣味的。

　　現在面臨廣告氾濫時代，引不起注意的廣告，於事無補。尤其視覺表現的廣告，引人注意尤為重要。引起視覺注意的要素，稱為attention-getter或eye catcher。

具有趣味的CM，自然就具有attention-getter的力量，也會有趣味，進而產生慾望，促使記憶，激起購買行為。

廣告螺旋理論

廣告螺旋（advertising spiral）理論係Otto Kleppner教授於一九二五年，在其著作 "*Advertising Procedure*" 一書中最先倡導的。

商品在市場上之發展階段，可分開拓期（pioneering stage）、競爭期（competitive stage）、保持期（retentive stage）三個階段。

階段的劃分，固然一個階段向另一階段進行，但在某一階段途中，就開始了另一階段。以開拓期進入競爭期而言，它是競爭期開始後，開拓才算過去，才真正進入完全競爭期，競爭期顛峰剛過，保持期又將來臨。此時，市場上的商品自行調整，殘餘的商品完全成為保持期的階段。

經過以上三個階段後，邁入另一個三階段，那就是新開拓期、新競爭期、新保持期。這種進展情形，並非在同一個圓圈中旋轉，而是以螺旋狀擴大市場範圍。

所以，不論廣告戰略的訴求方式，或表現內容的發展，必須順應市場的發展趨勢予以變化。換言之，必須配合螺旋狀向前進展。這種構想類似商品生命週期理論，即商品誕生前期→誕生期→競爭期→安定期→衰退期，再從商品誕生前期逐步邁入衰退期，作週期循環，生生不息。

廣告螺旋理論正盛行廣告界，但其階段之劃分，眾說紛紜，莫衷一是。

傳播擴散理論

在廣告管理方法中，有所謂以廣告目標來管理廣告，傳播擴散（communication spectra）就是這個理論的總稱，spectra 係spectrum的複數形，意味著傳播如「光譜」一般有幾個階段，一般將廣告的認知或知名階段、理解階段、確信階段、行動階段等稱之爲communication spectrum。廣告接受者看到廣告後，首先知道廣告主或商品名稱，由知名促使理解，由理解促使確信，由確信促使購買行爲。爲了管理廣告傳播的成果，必須考慮這一連串關係。傳播擴散各階段，息息相關，只是一個階段，毫無意義。

的確，在消費者行爲科學所用的「反應順序」一語，與傳播擴散有極密切之關係。例如哥倫比亞大學J. N. Sheth教授認爲這種反應順序應當是注意→品牌之瞭解→態度→意圖→購買。此處所謂注意也可以稱之爲知名。這種反應順序系列上各階段，是透過傳播擴散而來的，至於反應順序如何劃分，因研究者不同而人言人殊，可是以Sheth教授的劃分法算是最標準的。

大多數廣告主、廣告代理業，其廣告目標設定之標準，都是按照傳播擴散階段求得的，譬如某一廣告活動目標，設定知名度a％，理解度b％，信任程度c％，購買意圖度d％，購買行爲度e％時，就應展開可能達到這種目標的廣告戰略戰術。此種做法，對目標管理（management by objective）很有幫助。

商品定位理論

所謂商品定位，以塑造自家品牌形象或強化現有印象爲目的，使

產品特徵在消費者心目中樹立位置。本節僅就定位方法作簡單的說明，不論用何方法，必須注意與競爭者相對位置的關係。可供定位參考之方法如下：

(1)按商品特性對顧客利益定位：品牌與商品特性，品牌與商品利益聯合運用。

(2)按價格與品質定位：例如品質好、價格高者，是所謂高級品，以及合適的價格、實用的品質者，是所謂普及品。

(3)按使用情形定位：將品牌關聯到生活中使用的場面。

(4)按商品使用者定位：起用名人扮演使用者。

(5)按商品種類定位：例如名噪一時的七喜汽水非可樂（un-cola）廣告活動。

(6)按文化的象徵定位：以其他競爭者所未使用的象徵，對廣告對象具有意義的品牌相結合。

(7)按競爭對手所做的定位：例如Avis出租汽車公司面對其競爭對手Hertz，打出「Avis只不過是第二位」的口號，而獲得極佳的反應。

商品定位戰略如何訂定，其程序如何，Aaker和Myers（1987）兩位廣告學者歸納為以下五階段：

(1)競爭範圍定義：商品定位必先找出競爭對手，然後才能決定自家品牌的位置。其競爭範圍如何必先予以界定。

(2)掌握競爭關係商品的屬性：以啤酒而言，口味是輕是重；以轎車而言，引擎排氣量大小，是休旅型或轎車型等，作為判斷標準。

(3)競爭位置之把握：競爭範圍及比較標準明確後，各品牌目前之位置現狀亦自明，這種分析圖，稱之為知覺圖或產品圖（product map）。

商品定位檢核表

□假若已擁有任何一個商品位置，請問該位置是否存於消費者心目中？
　這必須從實際市場中得到這個答案，而非由市場經理的臆斷。假設這項調查需要花
　錢，亦在所不惜，確實知道目前的處境，比以後再發現要好得多。
□所想要的是什麼樣的位置？
　可從一連串長系列的觀點預測並嘗試指出你所要的最好位置。
□如果要建立一個商品位置，是否該避免和競爭者正面衝突？
　假設所企劃的「商品位置」必須正面和一的市場競爭者面對面肉搏，最好放棄這種位
　置。試著尋找無人霸占的位置。
□有足夠的金錢占據並防守這個位置嗎？
　面對一個大障礙建立一個成功的位置，是不可能的。必須花錢在消費者心中建立份
　量，有朝一日建立了位置，必須花錢保持這個位置。
□是否有堅守「位置」的耐力？
　在不分軒輊的紛擾到處都是的分割局面中，必須有足夠的勇氣和足夠的堅持力量才能
　前進。
□創意是否能夠配合定位戰略？
　創意製作人員經常反對定位構想，他們相信「定位」限制了他們的創意。在七○年
　代，市場競賽的別名就是「定位」。而只有玩得好的人才能倖存。

(4)對顧客而言，最有魅力的位置分析：何種商品屬性或利益對顧
　客最重要。
(5)選擇自家品牌位置：檢討各種定位區隔的經濟效率，以及定位
　的長期性格，選定自家品牌應在之位置。

廣告因果理論

　　無可厚非的，廣告的目的是爲了銷售，達到消費者購買行動，這
就是廣告效果。爲了能達到這種效果，必須根據若干問題去探討，例
如企劃問題、購物心理、媒體製作等去檢討得失好壞，以便能達到預
期要的效果或做爲以後廣告計畫之參考，凡此種種都可說是廣告效果
測定的目的。

　　沒有一個人可以預知他的將來會有如何的發展，製作廣告也是一樣，無法想像將會達到什麼樣的效果，但最起碼可以從既得的決策、方案、資料去推測和力求進步。廣告的成效不是一蹴可幾，而是漸進、累積的。整個廣告的效果綜合了從企劃到市場營運到消費者的心理性向問題，因此，測定只能從這些因素找到最能佐證的預先效果。

　　平常我們常會說，某一個廣告有效，或某一個廣告無效，到底如何測知它爲什麼會有效或爲什麼無效？或許我們會根據一般看法，認爲某某廣告能使產品銷售擴大，營業額增加，就認定該廣告有效；反之，則認爲該廣告無效。其實不然，因爲該廣告或許在某一地區很有效，發揮銷售能力，但同樣的廣告若是換到另一地區，可能就無法達到銷售目的，這個問題就不是廣告本身的問題，而是消費者購物心理問題。所以要做廣告調查，必須要做多元化的綜合探討（許水富，1987）。

　　美國廣告顧問Clyde Bedell認爲要提升廣告效果，必須所有廣告有關因素共同協力。Bedell用方程式來表示這些要素。

AE＝P | Ad | IOTA

其中，AE＝advertising effectiveness（廣告效果）

　　　　P　＝proposition（主題）

　　　　Ad＝advertising（廣告）

　　　　IOTA＝influence outside the ad.（廣告以外之影響）

(1)所謂廣告主題（P），係產品本身品質問題，必須具備三種主要因素：

　　item appeal＝產品本質的魅力

　　value appeal＝商品價格便宜

　　name appeal＝產品及公司名稱，博得好評

(2)因此，P之後要放3A

AE＝P　3A　Ad　IOTA

(3)其次考慮廣告以外之影響（influence）：

TF（timing factor）＝廣告時機
FT（follow through）＝廣告之後的銷售政策
S.D（stimulants or depressants）＝補強作用或抑制作用

以S（刺激、補強作用）之例而言，當美國打出汽車安全帶廣告時，《讀者文摘》裏一再刊出那是每個人必需的專文，由於強調安全帶的重要性，所以銷售量大增。

以D（抑制作用）之例而言，廣告效果常因天氣影響或有力的競爭對手出現等因素而改變，譬如生產錄放映機的公司，從前一直保持市場優勢，可是自從自動式錄放映機突然出現以來，業績卻一蹶不振。

基於以上說明，在方程式IOTA處，應當放置TF、FT、S.D之相乘積：

AE＝P3A　Ad　TF × FT × S.D

如上所述，一則好的廣告可歸納以下三點：

(1)廣告本身必須有趣易讀。
(2)必須具有說服力，作明確的傳達。
(3)必須躍出紙面，深入人心，予讀者以影響。

換言之，好的廣告必須具有趣味力（interest impact, II）、說服力（persuasive power, PP），可是只有說服力和趣味還是不夠的，該一廣告訊息必須具有深入人心的傳達內容（communication quality, CQ）。再者，廣告必須無遠弗屆，廣泛普及，當然要考慮到接受者A（audience）的問題。

綜合以上所述，必須把上邊的方程式，總結如下：

$$AE = P3A 〔 (II \times PP \times CQ)\ A 〕 TF \times FT \times S.D$$

因此，決定廣告效果，要依據以上各要素，其成敗關鍵，在於各要素之充分均衡。但是，在此不能忘記廣告的創造性問題。Bedell 教授本人也認為創造性未必與效果一致。這樣說來，廣告本身如果不能有助於銷售，就是廣告表現有創造性也無濟於事，所以說唯有能賣商品的創意才是最佳的廣告創意。

同時要注意到，這個方程式全部用乘法，意味著廣告是乘法的銷售術。如果某一項是零時，不管他項的值有多麼大，也等於零。因此一個公司單靠廣告部門努力，其他部門袖手旁觀，廣告效果亦難提高。

這種用方程式來表達廣告效果，實際上是否可以利用這個方程式計算呢？回答是不可能的，這個方程式只不過表示一種基本的想法，不能實際演算，但卻給我們對廣告效果的觀念有很大的啟示。其實廣告效果評定測量，可以從抵達、注意、態度改變、行動四個層面去進行效果測定。所謂抵達，就是廣告效果發生的前面階段，亦就是開始有廣告的進行，它所發生的行為；至於注意，便是對廣告發生的注目率，如對廣告的編排大小、創意構成等產生注意而加以評量；再來對廣告的親和力有了改變態度；最後或許有所行為表現，便是購買行動的採取。未來廣告效果的測定，若能正確且輕易測定出多少廣告可以賣出多少產品，如此一來，不管媒體選擇、文案選擇，抑或廣告促銷選擇都有了依據，便能就營業額收益多少來判定。但是一般而言，任何測定都只是一種預知，不可能百分之百沒有誤差。

總之，效果測定是用來偵測廣告可預知的效能，進而發揮改變消費者購買的心理因素。所以不論用什麼方法都是同樣的目的。故對測定的廣告效果不妨可從各種角度和學理實踐中去做一番試驗，從試驗中得到最佳的途徑（許水富，1987）。

USP法則

　　廣告課題的選擇，對廣告效果關係甚大，如果廣告的課題，即廣告所傳達的內容與消費者的欲求不相吻合，那麼廣告的效果就會大打折扣，所以廣告傳達什麼內容相當重要。任何商品都有很多特性，要能找出何者是消費者最喜愛的，那麼商品的效能才能被消費者所重視。與其他品牌相比，你的商品特性越獨特，其效用就越大，消費者就越喜歡，對該品牌就會產生好感，因此要根據USP（unique selling proposition）法則來決定廣告課題，是絕對需要的。

　　產品獨特銷售點原本以行銷的觀點而言，廠商於研究發展和製造過程中，創造出市場上唯一的新商品，而以此商品之獨特點行銷於消費者。例如好自在衛生棉首創的加強穩定效果的翅膀；M&M巧克力的「只溶你口，不溶你手」等都是廠商從產品本身開發的新賣點，即所謂的產品力。但是專利或獨特點隨時間消逝，而造成市場上其他生產者的跟風，因此擁有自創USP的廠商不但以產品本身教育消費者區辨，更以廣告的獨特點吸引消費者，創造廣告力即是長期目標的雙重作為（許安琪，2001）。

　　USP法則的基本構想：

(1)找出其他品牌所無的獨有特性——unique。

(2)適合消費者欲求的銷售——selling。

(3)發揮提議的功能——proposition。

　　(a)任何廣告都非有向消費者主張什麼的動機不可。並不單單用詞運句，或者櫥窗式廣告——絕對要向讀者如此招攬：「請購買這件東西——您一買就獲得這樣特殊利益。」

　　(b)這種主張，必定是競爭對手未曾提倡過的，或者即使想要提

倡也無法做到的。易言之，商品本身獨特，或者在其廣告範疇具有獨特的魅力。總之，徹頭徹尾，非有獨特表現不可。

(c)這種主張非常強而有力，且能夠感動無數人，同時非使新消費者引向自己商品不可。

　　現在，將上面三個要點歸納爲一句話：「獨創性銷售主張USP」。利用USP廣告成功實例如下：一年營業額達美金二十四億的美國廣告公司Ted Bated & Company自一九四〇年成立以來，即以USP當作《聖經》般努力遵行。因此在其成立後的幾年間，該公司竟使其最初的四家客戶營業額成長了338％，而轟動了當時的美國廣告界。

　　USP的主要前提是「買這個產品或服務，您就能得到這項特殊的利益」。爲達到此項廣告目的其前提是所有廣告人員都必須密集地從事產品研究、創意開發以及進行瞭解消費者的工作。

　　利用USP使廣告成功的例子很多，在此介紹兩個例子。一是美國海軍的徵兵廣告，製作美國海軍的徵兵廣告，使得泰培茲聲名大噪，同時也等於是爲現代廣告的力量做了一個最好的註腳。美國海軍的徵兵廣告，其catch phrase是這樣的，美國海軍，「不只是工作，更是冒險」（Navy, It's not just a job, It's an adventure.），這句文案不只結合了工作的吸引力，更加上對冒險的嚮往。

　　另一個是美國喉嚼糖的廣告。此廣告使喉嚼糖從地方性的商品，一躍而爲國際性的大品牌。至於喉嚼糖的獨創性銷售主張是：「喉嚼薄荷糖，具蒸氣作用」，能使受涼的鼻子和喉嚨清爽如常。自從這個獨特的主張打出以後，測試結果，它在美國市場銷售量已提高了47％。到了一九七三年，喉嚼薄荷糖已凌駕其他廠牌咳嗽錠市場，迄今仍屹立不搖。

　　任何廣告都非得有向消費者主張的動機不可，即招攬之意；而此主張必定是競爭對手未曾提倡過或即使想提也無法做到的，即廣告的風格或魅力；這種主張非常強而有力，且能感動無數人並吸引新的消

費者。好自在衛生棉以翅膀和廣告代言人張艾嘉，使目標消費者——女性認同並購買，而成功地使消費者區辨此牌與其他競爭者，但並非所有的廠商都能開發產品的USP，因此創造廣告的USP也是建立消費者區辨的方法。例如司迪麥口香糖無產品USP，藉其塑造的意識型態廣告表現方式吸引多數消費者的目光，且造成話題，增加商品的附加價值，即為創造廣告的USP（許安琪，2001）。

認知理論

∣ 認知不和諧理論（cognitive dissonance）

　　無論消費者如何對外界的刺激加以注意，或是以何種方式知覺訊息，都希望達到認知一致，即「我想的和我看到的是一樣的」，但現實生活中卻時常事與願違，尤其是消費行為的發生，消費者接觸的商品或商品訊息，和自己先前的觀念、想法產生矛盾的現象，此為認知心理學者費思廷格（L. A. Festinger）提出的「認知不和諧理論」。

　　認知不和諧產生的原因，可能是訊息的內容邏輯上不一致，或是個人的預期和現實的情境產生分歧，以及個人強烈的期望落空。例如洗髮精廣告標榜「天天洗髮，也不傷害髮質」，但父母親或老一輩的觀念總認為「天天洗頭容易患頭風」，因此認知不和諧自然就產生而無所適從。房地產廣告也是近幾年來頗具認知不和諧的爭議，其廣告訊息中所傳遞的「挑高創意空間，小坪數大滿足」等有關建築物產權登記、面積計算問題，經常造成消費者和建商之間認知上的差距，致使糾紛層出不窮。

　　行銷人員為解決消費行為中經常產生消費者和廠商兩方的認知不和諧之困擾，所以嘗試以行銷策略和廣告訴求加以解決。

(1)訊息採兩面說服的方式：廣告訊息以提供商品正反兩面、優缺點皆談的形式，即新鮮純果汁，百分之百的成份，但價格稍高；福斯公司當年推出金龜車，打破傳統美國大車的迷思，廣告訊息中告知消費者金龜小車的各種優勢，也不忘提醒已存在消費者心中對小車的劣勢觀感。而值得注意的是，此策略必須是對商品瞭解且教育水準較高的消費者，提供充分的商品事實，而將購買決策權交給消費者自己。

(2)合理化不和諧的因素（尋求有利的資訊或迴避不利的資訊）：消費者認知的訊息或觀念的形成，常潛含一些預設因素或是根深柢固的想法，因此對廠商的商品「宣言」容易產生認知上失調，為使此狀況降低，行銷者常是以合理化不和諧的廣告訴求，企圖分散其心理不安。例如以白冰冰為廣告代言人的商品金蜜蜂冬瓜露，電視廣告出現的是自嘲自己與冬瓜一般矮短，而平面報紙廣告則是以「世界上的名人都和他（金蜜蜂冬瓜露）一樣高」為主標題，不但締造銷售高潮，更合理化「矮」在消費者心目中不佳的印象。

(3)以軟性、隱喻的方式提醒消費者潛在需求（改變原有的認知）：不直接以訊息強迫的方式，而以軟性、隱藏的手法提出新的主題或看法，以減少消費者產生衝突和排他性。例如福特汽車推出嘉年華款式的小車，不直接以男性或年收入高的家庭第一部房車為目標消費者，而以「家庭需要的第二輛車」來提醒隱藏的消費需求。

(4)改變消費者的行為或習慣：消費者的行為與認知（或態度）通常是一致的，因此改變消費者慣有的行為是降低不和諧產生的方法。例如以贈品鼓勵消費者試用進而購買，或提供消費者新的使用方法，桂冠雲吞不再只是「餛飩湯」，而可變化各種花樣——油炸或紅油抄手；士力架巧克力在夏天不再為消費者排斥，廠商告訴消費者將其冰凍後再吃更夠味。

認知平衡論

心理學者海德爾（Frize Heider）於一九五八年提出認知平衡論，他認為人的身體會自然而然地傾向於希望保持穩定的狀態，因此會形成一種趨向——把自己和別人或對方的感情釘住在雙方對某一人、事、物或觀念（客體）的共同好惡之上。即傾向於使三邊的關係達成平衡（三邊的關係正負的乘積必須是正號，全為正或二負一正皆可）。此理論常見於消費者對廣告代言人和商品的三角關係上，例如消費者喜歡張小燕，張小燕喜歡新奇一匙靈洗衣粉，因此消費者也會接受此商品；同樣的，一般消費者對靈骨塔頗忌諱，任何知名人物推薦或其親身經驗，可能均無法奏效。

人雖竭力傾向於平衡，但仍時常因外力不可擋，不平衡狀況也時有所聞，此點令行銷人員頗費心思，例如消費者對藍心湄有好感，但對其推薦的零嘴食品敬謝不敏，或是喜歡乖乖，但對其推薦者不以為然。因此進行產品的行銷調查、消費者調查和廣告效果調查（代言人喜好度、文案測試）等便是重要的工作（許安琪，2001）。

消費者知覺理論

知覺原理

引起消費者注意，就心理學和行銷策略的觀點只是觸動消費者的「感覺系統」，純粹是較表象的，而真正的行銷目的和任務的達成是使消費者產生購買決策，即消費者訊息認知歷程中製碼、儲存記憶、解碼的三個動作，隸屬「知覺系統」的部分。

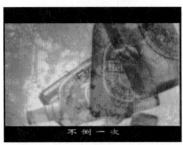

圖9-1　此廣告企圖讓消費者對該品牌啤酒形成完整且強化的印象。
圖片內容：海尼根－色彩篇Ⅱ、保齡球篇、高低篇
圖片提供：時報廣告獎執行委員會

人對外界的刺激加以選擇、組織、解釋且賦予意義，或塑造形象的過程，即為知覺。通常人會依照三種原則知覺事物與刺激——完整性、選擇性、組織意義化。

(一)完整性

認知心理學派的興起和源自歐洲的完形心理學有極大的關聯。一九一二年德國心理學者馬格思·德麥（Max Wertheimer）創造的完形心理學派，其基本精神是「部分的總合並不等於全部」，即人類對外在的刺激會依據刺激的「完整型態」或所搜集到的各種資訊作為完整知覺的「整體結構」，強調知覺的完整性。

利用完形法則的形象—背景（figure-ground）元素，是平面廣告表現和商品陳列常見的技巧；而情境效應（context effects）也對消費者接觸商品訊息產生影響。例如入夜後戶外大型看版的燈光炫目耀眼，就是以霓虹燈泡亮光快速閃動移位的效果呈現出廣告圖案，可口可樂的清涼感即是如此塑造的（**圖9-1**）。

(二)選擇性

人會依據個人的需要、情緒、態度、人格特質等生理和心理現象選擇或過濾外來的刺激訊息，選擇相吻合、過濾相斥的訊息，此為知覺的選擇性（或選擇性知覺）。曾於一九九三年名噪一時的傳奇人物裴洛（Perot），以資訊式廣告（infomercial）炒熱「經濟蕭條，如何一夜致富」的話題，製作三十分鐘的廣告「教育」消費者（選民）致富奇蹟，在當時確實造成巨大的迴響，因為全美國人選擇他們最需要的訊息，加以知覺。

(三)組織意義化

任何刺激進入我們的知覺領域中，我們「習慣」加以加工處理成自認為有意義的訊息，包括將相同的或相似的事物歸類，不同的則作

區分等，以便於經驗判斷（**圖**9-2），因此過程中易產生三種現象：

(1)參考架構的思考（reference frame）：賦予刺激意義時，常以「熟悉的事物」作爲衡量的依據，此即爲參考架構，與「物以類聚」的觀念雷同。房地產廣告常以此手法吸引消費者，位於郊區的鴻禧山莊即以「與總統、院長爲鄰」爲廣告訴求，促使期望擁知名豪宅的消費者，以此參考架構爲購屋思考。

(2)刻板印象（stereotype）：對人或事物的知覺過程中，通常會傾向於依此人所屬的團體或過往的經驗作出判斷，此爲刻板印象。善用消費者刻板印象的觀念於行銷策略和廣告表現之中，可以在短時間內與消費者達成溝通效果，如嬰兒奶粉以醫生推薦的方式，其專業權威的形象可增加說服力。

(3)月暈效果（halo effect）：月暈效果是指人在知覺外來刺激並賦予意義時，常根據部分資訊的概括印象，便驟下判斷或作解釋，經常出現於消費者對某一企業或產品持有良好的印象，便會「類化」至其所有的一切，反之亦然。行銷人員若能巧妙地運用此技巧，則能達到事半功倍的效果，一但弄巧成拙則會功虧一簀。

▌知覺風險（perceived risk）

消費者購買行爲的發生，實際上就隱含著某種程度的風險，包括個人採取購買行爲，作購買決策前後，所有可能產生不可預期的結果和結果的不確定性，都會導致消費者生理或心理的一些反應或變化。因此行銷者不但需要瞭解消費者可能產生哪些知覺風險，也必須提出因應之道（**圖**9-3）。

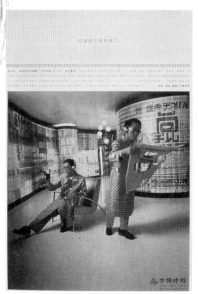

圖9-2　此廣告透過名人代言形成消費者的參考架構。
圖片內容：中國時報資訊狂系列－黃子佼篇、陶晶瑩篇
圖片提供：時報廣告獎執行委員會

(一)知覺風險的種類

(1)功能上的風險：消費者最常產生的疑問是「真的有這麼好用嗎？」，產品的使用是否如預期或「廣告所言」，此即為功能上的風險。

(2)經濟上的風險：「真的是物超所值嗎？」，如此的質疑則是消費者知覺經濟上的風險。

(3)社會性風險：「真丟臉，花了這麼多錢居然無效，而且又有後遺症，真是賠了夫人又折兵」，此噴嘆則是消費者易衍生的社會性風險。

(4)心理性的風險：消費行為有時是追求心理層面附加的滿足，因此商品購買是否能強化消費者心理，也是一大風險考驗。

圖9-3　一則運用知覺風險的廣告，提出一般消費者對商品「殺菌」功能
　　　　的忽略。
圖片內容：聲寶洗衣機－醫生篇
圖片提供：時報廣告獎執行委員會

(5)時效上的風險：流行性強的商品最易使消費者產生時效上的風險，女性消費者常常大嘆「衣櫃裏永遠少一件衣服」，其實是衣服已不合時宜了。

(二)降低知覺風險的行銷策略

(1)主動提供消費者充分的訊息：消費者獲得情報的方式，通常是透過消費者之間口碑、人員銷售和大眾媒體。行銷人員如能善用溝通管道，主動提供充分的商品資訊，必能降低消費者預設的惶恐。

(2)建立企業、品牌和商店形象：消費者購買時，常會以形象（是否有名氣）做為考量，尤其是無產品使用經驗時，更傾向相信「有牌子的比較好」的觀念。因此塑造和維持企業形象、品牌和商店的信譽和形象，是使消費者安心的不二法門。

(3)提出保證：不滿意退貨、保固期限修繕免費、歡迎試用等，都是具體使消費者購前認知的方法，而提供合格證書或實驗測試結果、獲獎證明，都是讓消費者深具「參考價值」的保證（引自許安琪，2001）。

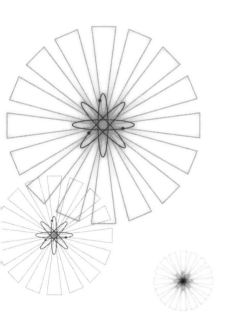

第十章

廣告策略

廣告策略（戰略）與技術（戰術）

　　談到廣告策略，涉及廣告策略（advertising strategy）和戰術問題，茲分別說明如後：

　　在商品推廣領域裏，關於戰略與戰術兩者間的概念，似無明顯之區別，但在軍事領域，兩者卻有明顯之區分。所謂策略，是為了達成某一軍事目標，包括人員與物資之通盤計畫。至於戰術，係指人員與物資之實際運作，換言之，就是實施戰略。一般而言，策略就是作戰計畫，尤其在商品推廣領域更是如此。在商品推廣方面，所謂戰術，包括實施作戰計畫方法，不論策略與戰術都需作決策（decision making），戰術的決策如何，左右策略計畫效果，所以戰術的決策當然受策略計畫的約束，換言之，策略限定戰術決策範圍，基於此一意義，策略的決策較戰術的決策更是最基本的。

　　一般而言，所謂的策略，是為了達成某種目的，所採取的方法和手段。廣告策略者，乃針對廣告目的，為達成最大效果而設定如何達成之條件。換言之，所謂廣告策略，係在廣告活動的戰場上，設定對我方有利的條件。

▍廣告策略的內涵

　　廣告策略內涵，包括廣告目的、策略、預算等。茲分述如下：

(1)目的：廣告的目的是設定戰略的基礎，目的不同，戰略各異。

(2)策略：廣告策略由基本策略、表現策略、媒體策略所構成。基本策略即商品行銷策略，一旦掌握市場行銷的焦點，然後要考慮傳播策略，即針對廣告的對象，用何種構想作表現策略，用

何種媒體作媒體策略。

(3)預算：廣告策略更需包括爲推行整個廣告策略所需的費用，也就是爲達成廣告目的所需之費用，以最少的費用達到最大的效果，此乃策略的本領。

思考廣告策略有一定之過程，唯有在一定的思考過程中，方能看出策略的方向。以下是設定策略的步驟：

(1)掌握廣告的市場環境。
(2)設定廣告目的、目標。
(3)條件之整理與檢討。
(4)廣告戰略之想法：置身於市場中之各種條件要充分活用；著眼於競爭對手的最低抵抗界限；重點攻擊。
(5)作成行動計畫。

至於廣告戰略計畫原則爲：

(1)廣告戰略經常是獨創的（original）：不得因襲他家創意。
(2)廣告目的、目標要明確：無明確目的，便無戰略。
(3)統一的思想：經過歸納得出的戰略計畫，必須要有統一的思想。
(4)廣告策略是行動計畫：策略創意在被統一的思想下，最後要做成行動計畫。
(5)廣告策略要有連續性：現在的策略，要顧及三至五年後的前瞻性。
(6)要重視集中性：設定重點，集中攻擊。

＊廣告策略五大要素

廣告策略的基本架構，是爲何、對誰、將何種事物、在何時、在

何處、用什麼方式來進行的問題，因此廣告策略的五大要素，包括目標、構想、時機、地區、媒體等。

(一)目標（target）

設定目標，才能考慮用什麼構想來達成目標，所以目標設定是廣告戰略的基礎。

(二)構想（concept）

針對廣告目標，用什麼廣告內容，這是廣告構想問題。但廣告傳達的內容，並非只明列和購買者相吻合的商品所有特性，而是在與競爭對手商品比較後找出最有利之處，摘其要者，作為廣告構想的中心課題。

(三)時機（timing）

針對商品需要期，集中廣告，對非需要期，可向消費者建議新的生活方案，例如開發冬季的霜淇淋、生啤酒的市場等。所以說廣告時機不一定與需要時期一致。

(四)地區（area）

廣告地區要考慮需要大小，集中廣告於需要大的地區，這是一般的做法。其次，要考慮自家品牌，要根據自家品牌的銷售實績，來作重點地區的決定，而並非完全根據商品需要的大小。第三點，以培植未來市場的觀點，對自家品牌弱勢的地區，作重點考慮。

(五)媒體（media）

針對廣告目的，設定媒體目標。首先要考慮媒體對目標的適合性如何，各媒體都有正負兩面，為了選擇適合目標的媒體，必須瞭解媒體特性及其質量，以及成本的問題。其次要考慮所要選擇的媒體對廣

告對象效率如何，然後從表現戰略加以衡量究竟應選擇何種媒體才能發揮最大效果。最後要在廣告預算約束下謀求適當的媒體以及廣告刊播數量。

然而訴求太大的市場或太多的人，是發展戰術策略時最常犯的第一項錯誤，當你試圖針對非常大的族群時，結果常常是無法掌握特定的對象。廣告是一對一的溝通，媒體只是用來向個人說明及表達的工具而已。

有時行銷人員會掉入一個陷阱，認為廣告是給全國的民眾看的，所以必須提供所有的人都感興趣的事物。其實並非如此，看到或聽到廣告的每一個人，各有反應，而且這些反應都各異其趣，這是不必太強調的道理。雖然廣告使用大眾媒體，但它是一種「一對一」的溝通方式，千萬不要以大量的訊息搞昏了大眾的頭。

另外，試圖包含太多的構想、太多的銷售重點，這是發展廣告策略時，第二項最常犯的錯誤，最重要的是，好的廣告策略只包含一個銷售訊息，策略必須有一個主要的利益或能解決一個重要的問題。當行銷人員開始在策略中加入其他的利益，試圖涵蓋其他的市場區隔時，整個策略就因力量分散而顯得無力。

如果行銷人員認為需要向其他消費者說明不同的利益，或你的產品可為他們解決其他的問題，則直接針對他們另外再發展一個策略方為上策，千萬不要試圖訴求整個市場，包含太多的利益，這是沒有效果的策略戰術（羅文坤、鄭英傑，1989）。

♦ 廣告戰術

前面說明戰略與戰術之相互關係，現在再對廣告戰術（advertising tactics）加以闡釋：在商品行銷上，所謂戰術，係推動行銷活動流程之一部分。對行銷活動而言，廣告運動（campaign）、試驗運動（test campaign）相當於戰術，但運用廣告戰術時，比軍事意義之戰術，其

範圍更爲廣泛。軍事方面實施戰術時，包括兵戰術和用兵術。所謂兵戰術，最能充分活動的就是補給，供給所需之適當數量，於適當的場所，在適當的時間，供給適當的材料。所謂材料係資金與人力資源。

所謂用兵術，係運用資金與人力資源之技術。在廣告活動裏，包括作品之完成、媒體交涉、廣告刊播、確認、進行之檢核以及調整計畫與協調實施用兵術時之摩擦等。

廣告策略個案研究

傳統的大學教育方法，多由教授單方面傳授知識和技術，此即所謂講義法（lecture method）。用講義法教學，是針對特定問題的知識，於短時間內向學生灌輸，使學生儘早接近問題、瞭解問題。這種教授法對傳授知識固然有效，但要培育廣告行銷人才，只向他們灌輸知識仍嫌不足。個案研究（case study）並非單方面一味地強灌新知，而是要培養他們能實際應用和如何進行的技巧。所以說個案研究是彌補講義法不足，令學習者透過分析問題、訂定廣告計畫、下決策等過程，使其養成判斷廣告策略之能力，欲達成此一目的，非採個案研究方式不可。所謂個案是把現實企業中所發生的某種局面，經過現場實際調查，而寫成的眞實案例。

美國哈佛管理學院曾明示：個案本身最好是不著邊際的、沒有原則的，把充裕的空間留給研習人員自由作決策。所以個案法的理念是：知識可以傳授，但智慧不能傳授（wisdom can't be told）。要想發掘廣告人才，並非只傳授知識即竟全功，而是要培養研習者對問題的判斷力，以及如何採取最適當的行動。

▌日產無限高級轎車廣告策略

過去幾十年，日本汽車成功地銷售美國市場，從原先低價位車種逐次提升，現在日本汽車業又推出高價位豪華車種，與歐洲進口高級車爭奪市場。日產無限（infiniti）與豐田的Lexus 為首批銷美的高級日本車。爲了改變以往美國消費者對日本平價車位的形象，以及配合「無限」的高價位感，日產特地委託美國一家廣告公司設計一套極爲抽象、頗富哲學意味的感性廣告系列，廣告推出後確實引起了消費者廣大的迴響，但也激起了廣告界廣泛的爭議。

(一)禪一般的神秘

這個花費六千萬美元的廣告活動，與一般傳統汽車廣告的最大不同是，它主要以自然景觀作主題，如拍攝一片朦朦朧朧的垂柳或雨絲斜飄在池塘裏，再襯托極富磁性低沈的男性配音，強調人與自然的和諧，整個廣告表現中很少有汽車的影像，給人一種虛無飄渺的神秘感。

(二)爭議的焦點

此種廣告表現方式頗受廣告界爭議，廣告評論家雖認爲其頗具創意，但並不見得對傳統的汽車廣告表現有所影響。一般認爲「無限」的廣告表現只可偶爾爲之，但不可能令所有汽車廣告表現群起效尤。一位爲本田汽車設計廣告的美術指導Robert Coburn說：「近來汽車廣告表現奇招頻出，但終究無法擺脫傳統的巢臼。」可是有些廣告評論家則認爲「無限」汽車的廣告表現非常成功，可能將有其他商品廣告會模仿這種手法。

「無限」汽車代理商大部分對此種廣告表現效果表示肯定，並指明不少顧客是受了廣告的魅力，而特意來展示場一睹車子的真面貌。

　　紐約皇后區一家新開張的代理商說：「廣告確實造成了不小震撼，大家都急於一窺『無限』的眞面目。」洛杉磯一家「無限」代理商的展示場尚未搭蓋好，焦急的顧客已開始對停放在路邊的數台「無限」汽車問長問短，一探究竟。

　　一些權威的汽車雜誌對「無限」的廣告評價極高，這也是一般大眾急於一睹芳容的原因。

　　汽車市場分析家 Ronald Glantz說：「新品牌的汽車剛引進市場，一開始就必須打響知名度，否則以後很難挽回頹勢。假若新車種一開始就滯銷，會讓客戶心存懷疑，日後難以改變形象。」

　　對日產「無限」來說，好的開始尤其重要。因爲另一家日本汽車豐田也在同時向美國市場推出他們的高價位車種Lexus。

┃Lexus 固守傳統

　　Lexus的廣告表現與「無限」大異其趣，它仍以傳統保守的方式表現。它的電視廣告以深宅大院的鄉間別墅作背景，讓Lexus在蜿蜒的山路中奔馳，以強調其高貴豪華。

　　Lexus的銷售也相當不錯，因此很難評斷這兩種廣告手法孰優孰劣。豐田Lexus美國市場行銷總監認爲：「Lexus一開始就能一炮而紅的主要原因，是美國消費者本來就對日本高級車抱著相當高的期許。」

　　一般而論，任何新車種一推出市場，或多或少總會引起汽車雜誌以及愛車迷的注意及好奇，要不是這個理所當然的原因，「無限」的拍攝手法可能更加嚴謹。

　　製作該廣告系列的創意指導Don Easdon說：「電視廣告必須令人看後心曠神怡、沒有壓力，唯有如此，觀眾才能全神貫注融於其中。」

　　話雖如此，但該廣告剛播出時，確實冒著「不之所云」的危險，甚至一些經銷商對此過於抽象的手法不敢恭維。因此，經過這些經銷商的堅持主張下，後來已將「無限」的造型在廣告播出最後四秒鐘，

以朦朧的方式若隱若現地閃過一下。

若干廣播電台也對該廣告的表現手法頗有微詞，甚而拒絕播放。因爲「無限」的電台廣告甚至沒有一句廣告詞，從頭到尾僅是自然的聲音，如流水聲等。由於聲音過分細微，電台當局深恐聽眾誤以爲電台的播放機械故障，而轉聽他台。

製作「無限」廣告的製作公司說：「無限之所以沒有秀出車型，是因爲經研究結果顯示，若在電視廣告裏將車子清楚地展現出來的話，消費者就不會到展示現場去花時間一窺究竟了。廣告只能吸引消費者的好奇心和興趣，眞正的交易還是在展示現場完成的。」

經該公司研究，要吸引「無限」的買主，必須配以特殊的旁白，才能激起這群經濟寬裕、三十至五十歲、年所得十萬美元的消費階層的共鳴。因此，該廣告並未聘請職業配音員，而找寫廣告稿的本人配音，因爲這樣比較自然，更能將感情投入。

♦ Iacocca的反擊

美國三大汽車公司之一的克萊斯勒（Chrysler），以Lee Iacocca爲廣告人物，展開了一連串反擊日本汽車企業形象廣告，此一廣告活動的共同主題爲「Chrysler的優越性」，內容列舉克萊斯勒各車系的優點，來證明其品質及性能，絕對不輸給日本製品。在美國汽車界具有一言九鼎權威的艾科卡，親自在媒體上現身說法；再加上正值日美貿易紛爭所引起的反日情結，也蔓延到了汽車消費層，克萊斯勒此舉，似乎正好捉住了反敗爲勝的絕佳時機。

在廣告播出的同時，克萊斯勒還在美國各大都市舉辦了以新聞媒體、財經界、公司代表爲主要對象的SP活動。事實上，克萊斯勒此一強勢廣告宣傳活動的動機，乃是由於日本車在美國市場的急遽成長所引起的。一九八九年，日系汽車占全美市場的21.9％，比前年增加了1.5％；而克萊斯勒雖然仍保有13.8％，但比上一年度降了0.5％（在美

國市場，一個百分點相當於二十億美元的行情）。

　　以艾科卡馬首是瞻，把日本汽車當成攻擊目標的反日宣傳活動，此次並非第一次。在八○年代前半期，艾科卡也曾在強調「美國車」克萊斯勒優於美國車的廣告中露過臉，只是礙於「克萊斯勒也銷售日本三菱汽車」這件事實，當時無法拉下臉來，將其反日情結表面化罷了。

　　對於這一次克萊斯勒具挑戰姿態的強勢廣告宣傳作風，包括美國進口車同業公會在內的美國國際汽車公會的許多會員，表示了不以為然的態度，有人甚至認為這是另一種形式的猛擊日本（Japan Bashing）。

　　自艾科卡使克萊斯勒汽車起死回生後，他成為家喻戶曉的克萊斯勒汽車公司的發言人，他的自傳在當時成為全美最暢銷的書，所以有些美國公民歡迎他出來競選總統。

◆ 萬寶路香煙廣告策略

　　香煙廣告在美國愈來愈難作了。不只因為反煙浪潮洶湧，就連原先香煙的最忠實顧客——女人和黑人，也相繼對香煙公司提出歧視種族及女性的指控。然而對Philip Morris煙草公司而言，其所生產的萬寶路（Marlboro）香煙，卻不受絲毫的影響。萬寶路仍然是當今最暢銷的煙種之一，也可能是當今全世界最成功的包裝產品。一九八九年，萬寶路在全世界售出三千一百八十億支香煙，比瓶裝的可口可樂銷量還大。

　　若將萬寶路以一種獨立公司來看，以其一九八九年營業額高達九百四十億美金計算，當可在《財星》（Fortune）雜誌五百大企業中排名第四十五位。

　　工業界人士認為其成功歸因於萬寶路數十年不變的廣告表現、產品包裝的多樣化以及從不打折扣的政策。這些因素使得萬寶路吸引了

各階層、各種族的消費者，卻從未被人冠以「欲致某種族於死」的罪名。

萬寶路從不降價求售，卻擁有大批藍領低收入階級為其忠實顧客；雖然標榜粗獷的牛仔形象，但是許多都市的白領人士亦喜愛萬寶路；儘管其廣告以男性為訴求對象，許多女性仍偏愛萬寶路；即使從來以黑人或西班牙裔為廣告牛仔明星，少數民族抽萬寶路的仍大有人在。

Philip Morris煙草公司的行銷副總裁David Dangoor說：「反吸煙人士最痛恨將社會區分成不同類級以為香煙訴求對象，要瞭解這個事實，就不能刻意凸顯或暗示種族或其他社會團體的差異。」

不論萬寶路的行銷如何成功，最重要的還是其本身品質好、香味醇，最終贏得各階層、各種族、不分性別的廣大顧客。這位行銷副總裁又說：「用廣告來創造商品完美的形象，產品本身必須有相當好的品質作為後盾。假若香煙本身味道不佳、包裝不良，即使有再好的廣告計畫亦難成功。」

Philip Morris煙草公司的廣告活動，最令人稱道的是品牌造型歷久不衰，產品印象深植人心。

現在萬寶路不必打上Marlboro的品牌，任何人一看那粗獷的牛仔廣告，就知道是萬寶路香煙。

萬寶路銷路廣及世界各地。過去十數年一直領先各廠牌，成為最暢銷的香煙。這也自然會引起其他廠牌的覬覦，大家都想分一杯羹，但均未能成功。

R. J. Reynolds煙草公司曾推出Dakota香煙，以十八至二十四歲的女性藍領勞工階級為對象，這個階層有許多人抽萬寶路，推出後遭到女權運動人士攻擊。其後又推出Uptown香煙，以黑人為對象，同樣地亦遭民權運動人士批評其為種族主義。

Philip Morris何以能保持領先地位，且不被其他廠牌打倒？最重要的是其廣告主題自一九五四年以牛仔作廣告標誌以來，始終保持一

致。當年Philip Morris公司委託Leo Burnett廣告公司設計一個能充分反映及表現其香醇煙味的標誌及廣告詞。Leo Burnett便想出了以牛仔為象徵的畫面以及廣告詞：「想要品嚐真正的香味，就到萬寶路鎮來。」（Come to where the flavor is. Come to Marlboro country.）這個畫面及廣告詞迄今仍未改變，廣告推出後，立即獲得廣大的反應，肯定了它的效果。

萬寶路從前在電視的廣告，是以西部電影「豪勇七蛟龍」為模仿形象，後來美國禁止香煙廣告在電視播放，萬寶路仍以西部牛仔為主題，而轉到平面印刷媒體及戶外廣告媒體。

David Dangoor說：「西部牛仔的粗獷形象極為重要。牛仔使人聯想到品味濃郁，就像牛仔喜歡濃咖啡，跑得快速、身軀粗壯的野馬一樣。」

Philip Morris公司生產了十三種品味及包裝不同的萬寶路，不同的包裝和顏色代表不同的品味，包裝依不同地區也有所不同，如美國東西兩岸大城市以硬盒裝為主，因為在城市上班的人，大都衣著講究氣派，不喜歡抽折損的香煙。而在中西部及南部農業區，則以軟包裝為主，因為勞工抽煙習慣以輕便易取為要點。

另外，萬寶路維持一定的零售價格，從不降價求售，亦非其他低價香煙所能比擬（**圖10-1**）。

平路先生以「披了羊皮的狼」為題，說明美國香煙廣告策略的軟硬兼施、明爭暗鬥，頗多發人深省之處，茲摘錄如下：

強勢團體斷然拒絕抽菸，甚至拒抽二手菸，弱勢團體為什麼卻要照單全收這種明明有害健康的「毒品」，原因之一，是美國的菸草工業這二、三十年來將銷售方針漸漸集中於女性、青少年、少數族裔，以及第三世界，而我們從這些年來幾家大煙商的廣告策略上就可以見到端倪。譬如說，當他們極欲吸引的顧客是弱勢團體，廣告中便將產品塑造成自主的象徵，與弱勢團體新爭取到的平等地位恰恰相貼合。另一方面，這種跨國公司所銷售的香煙又被刻意地描繪成先進而值得羨

慕的品味，足以撩撥起弱勢族群面對強勢的屈從，或者煽動著弱勢團體努力向上攀升的願望，如此上下其手，香菸公司才在市場策略中無往不利！

非常明顯的例子是菲利普莫里斯公司的作法，一九七〇年間，正是美國婦女解放運動後的時日，莫里斯公司適時地推出專門針對婦女設計的品牌「維珍妮」（Virginia Slim），以及美國菸草業所謂「經典之作」的廣告詞：「你走了很長的路，寶貝。」（You're come a long way, baby）那時候在廣告畫面上，穿著套裝的女性或者大步向前，或者回眸淺笑，流露出成功自信的神態。簡言之，這類的廣告語彙將抽菸與獨立、平等的女性形象相銜接，就連性解放獲得的自由也與抽某某品牌的香菸有關。令人哭笑不得的是，一家大菸廠這麼不費吹灰之力地收割了婦運血汗爭來的成果！

表面上儘管尊重婦女新獲致的平等地位，然而，目的既是為了推銷新產品，便不能讓女性就此安於現狀，必須隨時提醒女性向「上」攀升的願望，廣告裏便塑造令人艷羨的形象，並給予一種可以改變個人際遇的「允諾」。若她抽了畫面上的香菸，生活中不僅有新爭來的自主與獨立，而且變得圓熟與歡暢。像常在「百樂門」（Parliment）香菸廣告裏看見的陽光、海灘與棕櫚樹，繪製的是逍遙的渡假天堂。或者，抽支菸更可以調劑生活裏的冗長與煩悶，見諸Viceroy香菸的廣告詞：「為什麼選Viceroy的濾嘴長菸？因為我從來不抽無聊的香菸。」（Why Viceroy Super Longs？ Because I never smoke a boring cigarette.）這一類的廣告邏輯中，選擇抽什麼香菸，替代了其餘更重要的選擇，香菸的品牌提供女性一條改善目前狀況的捷徑！就這樣，她向「上」攀升的慾望，悉數轉化成為消費某種香菸的慾望。

然而更反諷的是，一面將抽菸的女性描繪成快樂不假外求的解放女性，一面在廣告中，卻又處處援用著性別的刻板印象：不論是「維珍妮」廣告裏的那聲「寶貝」，或者另一種以女性顧客為主的香菸品牌Silva Thin的廣告詞：「怎麼樣讓女人注意你呢？竅門就是忽視她。」

A

B

圖10-1　萬寶路香煙的廣告。
圖片內容：A.萬寶路足球聯賽－潛能激發篇
　　　　　B.萬寶路賀歲鑼鼓大賽－天地縱橫篇
圖片提供：時報廣告獎執行委員會

（How to get a Woman＇s Attention? Ignore Her.），在這些廣告——就像在所有的商業廣告中，性是促銷的工具，女性——即使是獲得了解放的女性，依然是一個可供藝玩的角色！

如上面所述的反諷性不只出現在香菸廣告的內容中，也出現在香菸公司其他促銷的策略上，舉例來說，明明所發售的是導致各種潰瘍與病變的香菸，卻假扮出熱心體育與文教的模樣，去關切社區人民的身心健康。香菸公司更競相舉辦各種球類大賽，包括最負盛名的「維珍妮」婦女網球賽。

而香菸公司在面對少數族裔或第三世界時，服膺的當然還是同樣偽善的邏輯。銷售部門從不忘對區隔市場作努力，找到機會就向少數族裔頻頻示好。舉例來說，一九八五年，美國香菸業者花在一本讀者幾乎全數是黑人的雜誌（Ebony）的廣告費用就是三百萬（因此，這本雜誌從一九八〇至一九八六年，從未刊登過一篇吸菸與健康的文章）：而同一年，莫里斯公司更在紐約舉辦了議題是「自由」的會議，邀請九十三家黑人報紙的發行人與會。而這一類的姿態，說穿了，不外乎是香菸公司為了爭取好感、打開市場的手段。

露出狐狸尾巴的是，標榜著高尚風格與卓絕品味的香菸廣告，即使出現在少數族裔的社區或者第三世界的看板上，主人翁卻幾乎清一色為白種模特兒。即以台灣的女性香菸廣告為例，不論「我喜歡窈窕的感覺」（窈窕牌），或者「吸一口薄荷情緒」（寇蒂牌），畫面上有這種感覺或情緒的都是西方婦女。而根據臺北市「董氏基金會」所作的調查，台灣女性吸菸人口只吸國產菸者占25％，而只吸洋菸者卻占38％。除了兩者品質上的差異，洋菸廣告中典雅自信、儀態出眾的西方女性，可能也是東方女性認同的對象。洋菸廣告所善用的賣點：弱勢族群對強勢族群的嚮往之情，又反過來加深了原本弱勢與強勢間不平等的刻板印象。

◆ 美國西方航空廣告策略

　　一九九○年七月，伊拉克侵入科威特，掀起了波斯灣戰爭。戰爭中最令人矚目的莫過於史瓦茲考夫將軍，身著戎裝，威風凜凜出現在衛星傳播的國際電視媒體上，不畏風沙和烈日，指揮多國部隊浴血奮戰，其知名度之高、威望之大，可謂舉世無雙。如能用作廣告人物，其廣告效果之大是可以預見的。因此，誰能先想到此一構想，誰就能捷足先登、先發制人，獲得市場優勢。

　　果然，一九九一年五月間，美國各大報出現一幅令人動心的全版廣告，一位酷似諾曼·史瓦茲考夫將軍的人，身著野戰迷彩裝，右手指著你，神色凜然，三行斗大的廣告詞：「宣布為民眾取得空中優勢。」

　　乍看這幅廣告，不識就裏的讀者會猛然一驚：在波斯灣一戰成名的史瓦茲考夫將軍，怎麼突然作起廣告了？還搞什麼「空中優勢」？好奇及驚愕驅使下，定神細看，才發現此公不是史瓦茲考夫，而是美國諧星莊拿森·文德斯（Jonathan Winters）；而「空中優勢」也者，不是又要打「沙漠風暴」戰爭，而是「美國西方」航空公司招攬生意的噱頭。

　　以諧星喬裝當時在美國最受愛戴的戰爭英雄史瓦茲考夫，模仿他的動作與神態，脫口說出波斯灣戰爭最為人震撼與津津樂道的術語：「空中優勢」，以此作為航空公司的訴求，確實十分戲劇化，也相當引人矚目，可說充分達到了廣告效果。

　　推出這幅廣告的美國西方航空公司，似乎手筆闊綽，除了全美各大報全版廣告外，還在廣播網同步播出，電視廣告則預定五月二十日出籠，如此三管其下宣揚「空中優勢」。其實這是該公司機票打折40%的一項廣告活動，估計此一廣告活動至少耗資二千萬美元。

　　這幅廣告確實引起不小的迴響。全美發行量第二大的《今日美國

日報》還特別作了報導，標題是「航空公司廣告嘲弄史瓦茲考夫」。姑不論是否有嘲弄意味，但這幅利用史瓦茲考夫的廣告，在引人耳目這一點倒是相當成功。《華爾街日報》報導，目前美國媒體的廣告，能爲消費者「印象深刻」的比例已大不如前。據一項調查顯示，在電視部分，一九八六年時，64％的受測者可毫不猶豫指出他們心中最記憶猶新的廣告，一九九〇年則跌至48％；印刷媒體方面，則從同期的31％下滑至26％。

調查指出，一九九〇年美國印刷媒體廣告最能使消費者「永誌難忘」的，第一名是耐吉牌運動鞋，其次爲卡文・克萊恩衣飾（Calvin Klein），第三爲駱駝牌香菸（Camel）。而這些廣告之所以能深入人心，都有共同點：廣告費多，廣告作得大且作得久。美國西方航空公司的「空中優勢」廣告，在「廣告費」及「聲勢」上，似乎都跟得上「標準」，而它又別出心裁地拿史瓦茲考夫作噱頭，在引人側目上，似乎猶勝一籌。

✦Saran保鮮膜廣告策略

(一)背景

假設你在此一行業早已享有盛名，事實上，你是此一行的開山鼻祖，多年來你的產品均以品質卓越取勝，而其他品牌必須削價才能與你競爭。但是現在這些競爭對手致力於提高品質，與你的產品已不分軒輊，並積極地向消費者推廣，你該怎麼辦？再者這種產品在美國人心目中，趣味性不高，是屬於微不足道的一種消耗品，你該如何與其抗衡？

對Saran保鮮膜而言，這個問題卻相當簡單，從最基本開始（go back to basics），就是實事求是，不虛浮、不飾非，用最淺顯直接的方式說明產品的優點，Dow Brands公司出品的Saran保鮮膜即採用此法，

以老虎示範辨別產品所做的廣告表現，贏得了一九九○年的金愛菲獎（Gold Effie）。

Dow Brands公司的廣告代理——Della Femina Mc Namee用最顯明的辨別法，直接辨別產品的優劣。該公司拍了一部廣告影片，將一隻飢餓的老虎關在籠子裏，在籠子旁邊放了兩塊肉排，一塊是用Saran保鮮膜裹著，另一塊用其他牌子——Reynolds和Glad保鮮膜包著。字幕上寫道：「老虎不吃聞不到的東西。」你認為哪一種保鮮膜止臭保鮮功能最佳？老虎從籠中放出後，嗅到了Reynolds和Glad保鮮膜所包的肉排，因為它止臭功能不佳，於是被狼吞虎嚥地吃了下去。

Saran保鮮膜早在一九五三年即已問世，當時即標榜它是保持食物水份、防止食物氣味之最佳材料，一直採用「最佳保鮮」策略，直到八○年代，當微波爐進入美國家庭後，Saran保鮮膜廣告策略才有所改變，而改稱「唯一能同時適用於冰箱及微波爐之保鮮材料」，此一改變一直延用迄今。然而時過境遷，市場競爭勢不可免。迨至一九八二年時，Reynolds保鮮膜推出新的高品質產品與Saran競爭，及至八○年代末期，Saran不但要對付Reynolds，也要面對Glad向其挑釁。

(二)挑釁

因此，Saran保鮮膜的廣告策略，回歸「基本原則」。經過消費者研究後，Saran當局領悟到消費者購買此類產品的動機，那就是今天的消費者寄望於保鮮膜的是保持食品氣味不外溢。Dow Brands出品的Saran保鮮膜，由於它那特殊的化學成份構造，的確能保持食品的溼度而又能防止氣味外溢，此一優點迄今仍無其他品牌所能抗衡。因此，其廣告代理必須掌握Saran的優點所在，用最淺顯、簡單而有效的方法，將此優點告訴消費者。

(三)解決之道

Saran 的強勁對手——Reynolds不惜投下龐大資金在各大媒體大作

廣告。Saran的廣告代理——Della公司有鑒及此，就用較具干擾性（intrusive）的示範手法來展顯其產品優勢，如同其他成功的廣告一樣，愈簡單愈有利。要證明Saran保鮮膜特優的止味功能，莫過於找一種必須靠敏銳嗅覺生存的動物來示範，經熟慮後，認為老虎是最理想的動物。在其尚未正式製作CF之前，DFM公司為慎重起見，曾請教一位來自維基尼亞州的動物專家，研究動物示範的可信度，他們曾用十二種不同的動物做實驗，用不同保鮮膜品牌所包裹的肉排左右隨機調換，結果總是用其他廠牌所包裹的肉排，被動物嗅出而被吃掉，而用Saran所包者卻完好如初。此項試驗結果給Saran以及DFM公司帶來莫大的鼓舞，因此才敢大膽地選用老虎做示範，此項廣告活動於一九八八年九月時正式推出。

(四)結果

　　商品行銷的成敗，要靠整個行銷計畫的運用，只從其中某一片面很難斷定其真正的結果。Saran保鮮膜的例子也不例外。但此次的廣告活動，有很多證據顯示廣告策略的貢獻功不可沒。

　　在老虎示範的CF播出期間，Saran保鮮膜在同類產品中的占有率比未播出前增加了四個百分點，尤其重要的是，這四個百分點是自其他廠牌占有率奪過來的，並未犧牲自己的姊妹產品。另外，由廣告知曉度追蹤（advertising awareness tracking）測驗顯示，該廣告活動確實令消費者對Saran產品有下列各項認識：

(1)Saran保鮮膜是全美消費者「唯一最常使用的牌子」，這種認知度比該CF推出前增加8%。

(2)Saran的品牌知曉度（brand awareness）增加了13%，為同類產品中九年來的最高紀錄，幾乎為另一牌子Glad的兩倍。

(3)Saran的廣告知曉度（advertising awareness）增加了10%。

(4)綜合廣告知曉度（total advertising awareness）增加8%。

(5)Saran保鮮膜的廣告訊息記憶度達到最高點，比Reynolds及Glad多出14％。

(6)消費者對CF所演出的記憶程度增加12％，爲該項產品追蹤九年以來最高者，大眾對「老虎演出」的印象極爲深刻。

儘管在同一時間有另兩個廠牌推出，但由於此CF的適時播出，給Saran帶來了極大的成功。後來DFM廣告公司在CF裏撤換了老虎，改由大黑熊演出。這回是在籠子旁邊放了兩個櫻桃餅，當飢餓的大熊從籠子裏放出時，這隻大熊嗅了幾下後，對非Saran牌所包裹的櫻桃餅便大快朵頤起來。

以後會用什麼動物做演員呢？森林中的猛獸不勝枚舉，很難確定用哪種動物。但有一點可以確定的，那就是在今天高度競爭的市場裏，有時用反璞歸眞，走回原本（going back to basics）的廣告表現，仍是最有效的途徑。

‖ Dunlop網球拍廣告策略

(一)背景

一九八九年初，Dunlop網球拍的北美地區市場出現了明顯的行銷及市場問題有待解決。翌年六月，Dunlop及其廣告代理——Cole Henderson Drake公司，分析出問題所在，並順利解決這些問題，而贏得金愛菲獎（Gold Effie）。

Dunlop網球拍的主要問題，在於消費者對其產品缺乏認知以及產品不夠普及。從一九八五至一九八九年，網球運動在美國有走下坡的趨勢。但由於廣體球拍（wide body racquet）的誕生，改善了控球及發球的能力，使得網球運動起死回生，也給球拍製造廠帶來了大筆生意。雖然一九八八年時，廣體球拍的市場占有率僅6％，但是預估到了

一九九〇年時，可達90％。一九八八年時就有很多廠商推出廣體球拍，但Dunlop卻遲了很久，才推出Impact Plus、Pro、Mid三種廣體球拍。

Dunlop除了較其他廠商晚了一步推出廣體球拍，可是還有另一個問題值得注意，那就是它雖在同業排名第五，但其產品在專賣店所銷不多。Dunlop的Impact Plus售價甚高，理應賣給網球專業人士，因此，Dunlop應大幅提高其在專業市場中的銷量。

(二)目標

要提高網球專業人士對Dunlop球拍的認識，首先必須增加Dunlop教練顧問的人數。因為這些人不是自己擁有專賣店就是在網球俱樂部中擔任職務，可以說是球拍的活廣告，只要增加教練顧問人數，銷售Dunlop球拍的專賣店勢必隨之增加，一旦Dunlop球拍在這些專業人士中獲得賞識，一般消費者必聞風群起效尤。

經Cole Henderson Drake 公司研究網球市場後，指出下列各項應為Dunlop努力的目標：

(1)推介Dunlop廣體球拍給經銷店及一般消費者。
(2)協助銷售人員達成其銷售計畫中所要求的預定目標。
(3)增加網球專業人員用戶及一般使用者。
(4)在高價位及高性能球拍市場中，建立Dunlop的品質信用，並增加該公司教練顧問人數至50％。

Cole Henderson Drake廣告公司要確定網球專業人士對球拍的需要及期望，以便研究出一套廣告企劃案，能直接打動這群消費者，並將Dunlop球拍在市場上定位，以期符合他們的欲求。

(三)市場調查

Cole Henderson Drake公司挑選出研究對象——一群認真的網球喜

好者（每週至少打兩三次網球），詢問他們目前對球拍使用的看法。從蒐集的資料顯示：這群球手雖然離開球場都是善心人士（nice guys），但在球場打球時，均要置對方於死地。他們迫切地想買能增加競爭能力並能有助於贏球的球拍。誠如一位受訪者所說：「我買球拍時，就像買一把槍一樣，威力要大，便於控制。」

這群受訪者56％為男性，44％為女性，70％年齡在十八至四十四歲，68％的家庭年收入在兩萬五千美元以上，26％甚至超過五萬美元，這群受訪者明顯地表達了他們的心願，這對Dunlop而言，毫無疑問的他們的廣告訴求重點，是如何能符合這些消費者的共同理想，它們的共同理想就是：「不計一切代價贏得勝利」。

(四)解決之道

於是Cole Henderson Drake公司以「威力」及易於「控制」為強調主題，介紹Dunlop的Impact球拍。以不同的表達方式，創作出一系列的廣告。

給經銷店的廣告是以球拍做成「槍」的形狀，上面附有瞄準器及板機，戲劇化地表達了Dunlop的廣體球拍強勁有力，能將子彈透過球網快速打倒對方。Dunlop廣體球拍以此優點為表達方式，獨樹一幟，與眾不同。

至於對一般消費者，Cole Henderson Drake針對一般消費者對球拍使用知識，製作兩則廣告來促進銷售。

Cole Henderson Drake將Impact不但定位在強勁有力、易於控制，並強調其射球力強，能將對方打倒（blown away），因為射出去的不是球而是「子彈」，該廣告刊登在《世界網球》雜誌（*Tennis and World Tennis*），它是一本資深職業網球手最喜歡閱讀的雜誌，這些讀者希望擁有的球拍就是「力道」和「控制力」。

另外該公司針對一些喜歡打網球但對廣體球拍懂得不多的消費者，設計了另一則廣告，該廣告是一個網球半埋在土中，顯示該球為

一強勁有力的拍子所擊出，正好落在球場界線死角內，令對手無法接招。

　　該則廣告刊登在《滾石雜誌》（*Rolling Stone and GQ*）上，該雜誌讀者不像《網球世界》雜誌讀者對網球那樣專精。除了雜誌廣告外，Cole Henderson Drake還以其他推廣方法來提高Dunlop Impact球拍的知名度，如海報、夾在報紙的傳單、貼紙、DM以及免費電話詢問等，並對推銷員提供大量的產品目錄及酬傭獎金，對銷售成績特優者，招待到網球聖地溫布頓旅遊。

　　在公共關係方面，包括設計新穎的展示物（display）、參加各種主要的產品秀、舉辦產品發表會，以及加盟網球協會等，這些活動都是為了加強其廣告效果。

(五)結果評估

　　經以上各項廣告結果，使廣告產品銷量大增。一九八八年時，在最佳網球拍銷售名單中，Dunlop Max 200G僅名列四十，及至一九八九年底，Impact Mid排名就提升到十三，而Impact Plus則排名三十九。

　　一九八九年，Dunlop共開發了一百八十七家新客戶，其增加率約7.5％，其中95％為高利潤的專業用品店。到同年底，Impact球拍系列的銷售增加了111.2％，此一比率已經高出原訂目標。專業用品店的銷售占有率成長54％。自一九八九年以來，其銷售成長仍極穩定。

　　專業教練過去若干年來，對Dunlop球拍的接受程度令人鼓舞。以往，Dunlop很難招募教練顧問來促銷其高價位產品，但自從Impact系列球拍問世後，教練顧問人數自原來不到兩百人增加到四百人。

　　Impact系列球拍的問世，將Dunlop成功地引進專業廣體球拍的市場。Cole Henderson Drake 公司以完美、精確、積極的廣告、行銷以及公關活動，為Dunlop成功地打開Impact系列產品，建立了極高的產品知名度和信譽，使其成為炙手可熱的產品。當初所設定的每一個目標，如增闢專業市場、增加教練人數、協助開發Impact系列產品，均

圓滿達成。

因應不景氣廣告策略

在全球性經濟不景氣的寒流中，廠商打廣告到底有沒有效果？由奧美廣告公司隸屬的WPP跨國集團對全球三百九十九家知名廠商進行調查發現，雖然廠商多認為不景氣時做廣告對短期性的獲利貢獻不大，但維持積極的廣告策略，仍有其必要性，因為當景氣開始復甦時，一直保有積極廣告策略的廠商會比先前刪掉廣告支出或動作保守的業者，更容易搶占市場占有率，且更易取得領導品牌的地位。

一向被視為反映景氣指標的廣告費，在日本似乎也不再受景氣的影響。據日本的廣告業者預估，九〇年代的廣告費仍可維持10%的成長，因為在日本，廣告除了用在商品促銷上，也被企業界廣為利用在徵募人才、建立企業形象等方面。廣告發生的質變，使日本企業在面臨不景氣時仍大掏腰包作廣告。

這種不退反進的做法，其理論根據不外乎是趁競爭對手大幅刪除廣告預算時，增加在業界的廣告量，可突顯更大的廣告效益，在消費者心中留下更深刻的印象。當然「眾人皆退我獨進」的企業，必須是體質好、有遠見，且熬得過寒冬的企業，而更重要的是，必須懂得運用廣告策略，一改以往撒下大把銀子做廣告即可增加銷售量的心態，改採重視長期效益的觀點。

不景氣下消費者購買意願降低，降價是最直接而有效的辦法。但除了價格戰之外，如何擄獲像海底撈針的消費者芳心，則就看各家的功力了。

除此之外，強化企業形象，以公益廣告占領消費者的心，也是聰明的做法。在一片緊縮預算聲中，若能以公益廣告一枝獨秀，不但使消費者在廣告雜音減少的情形下，加深印象，更令消費者認為：「這

家公司體質好，別家都快倒了，他們還有錢做公益廣告。」一舉兩得的高招值得採用。

　　而加強和消費者之間的關係，真正做到體貼消費者的心，在不景氣時也能因此增加買氣。

　　針對特定對象直接行銷也是不景氣時期的行銷策略。寄發DM、電話行銷、人員直銷等方式紛紛出籠，不少廠商甚至和信用卡發卡公司合作，針對持卡的特定對象進行直銷。

　　最黑暗的時代也是最光明的時代，不景氣同時也是大展鴻圖的最好時機。企業主應有的體認是，縮衣節食固然能收立竿見影之效，所得效應卻是短暫而有限的。若以長遠眼光來看，此時的投資成本可能較景氣好時來得低，儘管回收期可能來得長，但只要廣告策略運用正確，此刻所投下每一分廣告費，都是奠定日後景氣回升的致勝基礎；更何況在不景氣時投下廣告費攻占消費者的心，一旦景氣好轉，也就不必再花大把鈔票和同業在廣告上競爭，未雨綢繆方能先馳得點。

第十一章

廣告調查

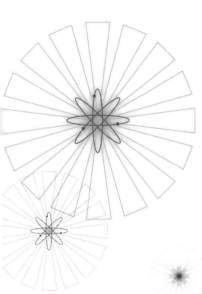

市場調查與廣告調查

﹒市場調查

所謂市場調查就是有系統地蒐集、記錄分析有關產品及勞務的行銷資料。市場調查有助於確認消費者需求、開發新產品及擬定傳播策略，並能增加行銷計畫及促銷活動的效率。

至於研究調查的方針，有幾個步驟：第一，界定問題及訂定調查目標；第二，分析內部資料並蒐集輔助資料，以引導探究性的研究，然後蒐集主要的資料。主要的調查計畫包括觀察、實驗或測量，且可能是質或量的研究。

量的調查通常需正確地探測特別的市場狀況，其成功與否有賴於抽樣方法的運用，及問卷調查的設計。較常用的兩種抽樣過程是隨機抽樣及非隨機抽樣。至於調查的問題設計應具有扼要、簡潔、單純的特質。

行銷人員利用質的調查以獲得市場的概略印象。至於質的調查方法可能是用影射的或其他精密的技術。

﹒廣告調查

廣告調查則常用於發展策略及測定概念。其研究結果有助於廣告主對產品概念的定義，選擇目標市場，並研究出所要傳達的主要廣告訊息是什麼。

依據調查結果，廣告主可以確定他們是否明智地分配廣告費；不論賣的是什麼商品，不管用的是什麼廣告手法，在著手進行廣告作業

之初，如何製作一個「叫好又叫座」的廣告，是廣告主和廣告從業人員雙方共同追求的目標。因爲廣告的成功，影響所及，不只是產品紅了，公司形象提升了，甚至廣告中的模特兒亦可能一夕成名；即連廣告用語都可能成爲盛行一時的流行語（圖11-1、圖11-2）。所以，一個廣告的好壞，效果的良窳是廣告主最重視的，更是廣告代理商最在意的。因此，藉著廣告效果測定的科學方法，加以印證和測知，可爲廣告前、中、後各個不同時期，做一客觀的評斷和驗收。事前測驗是爲了查出並消除廣告活動中的缺點，主要的目的在於確認「表現策略」是否適當，並找出最能被消費對象接受的創意，以發揮最大的廣告效果。而事後調查通常被用於評定廣告後或活動後的效果，於整個廣告活動結束後進行總評估，以瞭解消費者與市場經此廣告活動的洗禮，對產品知名度、理解度、興趣度的變化，及銷售購買的增加和市場占有率的消長等。因此，廣告測定有助於估計幾種變數，包括市場、動機、訊息、媒體、預算及發稿日程。

　　事前測驗有許多技術，包括價值順序測驗及知覺意識研究等；方式有概念測試、文案測試，以及廣告影片測試。

　　最常採用的事後測定技術是輔助回想法、純粹回想法、態度行爲測定、市場占有率調查、詢問法及銷售測定。每種方法皆有其運用的時機，以及使用上的限制。

廣告調查的目的

　　所謂廣告調查，乃是爲了製作有效的廣告所做的調查，或以廣告效果測定爲目的所做的調查。廣告調查可分事前或事後調查，即在廣告尚未揭露之前或在揭露之後所做的調查。假如在廣告費尚未投入之前，能測出某種程度的廣告效果，那麼就能做到有效的廣告投資。

　　成功的傳播運動很少能從傳播計畫者心中自然形成。這些產品、

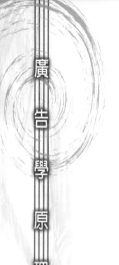

圖11-1　此廣告運用所謂的3B原則（小孩、女人、動物）來加強產品與使
用者之連結。

圖片內容：身得壯活力嚼片－瞌睡蟲篇

圖片提供：時報廣告獎執行委員會

A

B

圖11-2　廣告的效果是廣告主與廣告代理業者最重視的。
圖片內容：A.綠色司迪麥－香水篇
　　　　　　B.多喝水－水蜜桃篇
圖片提供：時報廣告獎執行委員會

消費者及市場上形形色色的變化因素複雜，使得傳播運動計畫者於發展廣告活動時，不能完全依賴直覺與靈感，而且其風險也太大了。不管目前調查研究已大量或經常地被使用，它是一種對廣告活動計畫者最有幫助的方式。

在發展一個有效的廣告活動時，必須要調查研究的首要理由在上面已經提及，亦即由於產品、消費者及市場上日益增加的複雜性所使然。幾年前競爭較小、市場較少、媒體較少、配銷系統較少、傳播媒體也較少的情況下，廣告主或廣告公司只要將有關產品的迷人散文寫成廣告形式，然後刊登在當地報紙上，就算展開了一場簡單的廣告活動。之所以能夠如此，是因為當時顧客與潛在顧客，通常都是行銷及廣告代理公司的親友，他們瞭解該市場，也瞭解當時傳播的人的背景；此外，產品結構也極為簡單，而消費需要則很大。然而，今天情況可不一樣了。

第一，現在的行銷人員常不只在空間及時間上脫離市場，也在文化及社會階層上與市場脫離，而許多產品不只在同一類別中競爭，也在同一市場中競爭。在此複雜的社會環境及日益複雜的競爭市場上，調查研究卻成為成功的樞紐。

第二，在今天的市場上，對失敗者的懲罰驚人。從前廣告主在報紙上刊登一個廣告，只不過負擔幾百美元的風險，而現今一支三十秒的電視廣告，很可能會衝進六位數字，涉及這麼大筆金錢，廣告主及代理公司一定要儘量消除廣告上的風險。

第三，一個真正接受行銷觀念的人，必須要設法滿足消費者的需求與欲求，而為了知道消費者的需求與欲求是什麼，就必須做調查研究。當市場從生產導向轉變成消費系統後，從調查研究所得的消費者及市場資訊就不只是有所助益，而是絕對必須的。

雖然調查研究背景對計畫者發展一個成功的廣告活動極為重要，但有一點要注意，調查研究能提供一項產品或服務在市場上的位置，以及消費者需求與欲求的產品及服務是什麼的資訊，甚至可指出廣告

活動所應移動的方向，它也能提供做為各種不同廣告活動決策所根據的資訊，但它不能指揮達成目標實際上所採用的方法。此一方向的確立有賴廣告活動計畫者的技巧與才幹，一旦計畫者知道情況、方向及可能的報酬，他就必須制訂目的，然後發展廣告計畫，再實際執行以達到目標（Schultz, 1996）。

廣告效果之所以成為議論問題，一般是從廣告主的立場而引起的。換言之，廣告主投資廣告之目的不外乎在於追求銷售額的增加，可是廣告效果並非一蹴可幾，而且廣告效果也不限增加銷售額這種直接的反應，僅認定銷售業績的好壞並不能涵蓋效果的全貌。何以言之？因為廣告效果除了從企業經濟的觀點之外，也可從社會經濟的觀點來考慮廣告效果。

若從經濟的觀點來考慮，所謂經濟的效果，也並非經常以同樣的型態所表現的。商品有其社會的壽命，且其壽命並非一定，每種商品其生命週期的位置各不相同，那麼消費者對廣告的期望也就不同。當產品剛應市的初期，消費者對該商品毫無認識，對該商品不會有任何欲求。

由此觀之，當一般人尚不知該商品存在的時期，介紹商品、提供該商品之知識，因而釀成市場上一種新的欲求，誠屬重要課題。那麼提供這種商業情報，可以說是社會經濟的廣告功能，換言之，此一階段，就算商品的銷售額沒有急劇的增加，可是它對一般大眾提供建議和增加產品知識，間接地也具有推廣產品的效果。

雖然可以這樣說，但是只要廣告的費用是由特定的廣告主所負擔的話，它必然以增加銷售額為終極的目的。從社會經濟的觀點來看，這種結果只不過是廣告效果的一個階段而已。但提高銷售額的因素相當複雜，而且並非只有廣告才有促銷的能力，其影響可能來自其他促銷手段。

廣告效果如以增加銷售作為衡量標準，固然有即時效果，但也有步調遲緩的情形。這就好像今天飽餐一頓明天不會馬上見胖一樣。

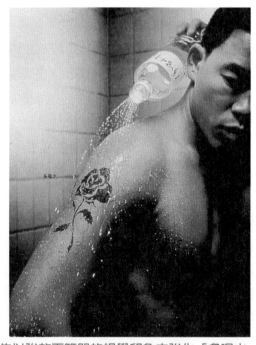

所以效果的顯現，不僅限於銷售額的增加，也可從預防銷售額的降低這種消極的型態來衡量。

和購買行為相關聯的過程，有幾個心理變化的階段。因此，當考慮廣告效果時，其基本目的即或必須關聯到銷售額的問題，但在每一個階段上不以銷售額的多寡來衡量效果，並非不當。

具體而言，廣告效果所涉及的問題相當廣泛，不但與訴求對象相關，也與媒體接觸者階層相關，例如各媒體的發行量、購讀者以及視聽者的問題等，這種媒體調查也是屬於廣告調查的範圍。

廣告媒體決定之後，如果是報紙、雜誌時，何種版位為最佳、篇幅應當要多大都是問題。如果是電台、電視時，什麼時段較好、廣告長度以多少時間最恰當等都是要考慮的問題。

圖11-3　此廣告以強效而簡單的視覺印象來強化「多喝水」的概念。
圖片內容：多喝水－澆水篇
圖片提供：時報廣告獎執行委員會

換言之，由於廣告篇幅的大小、節目時間長短的不同，會影響到視聽者的數量。希望廣告所能達到的盡量有很多人看到、聽到它，這屬於讀者率調查或視聽率調查的問題。

如果版面大小、時間長短決定之後，文案或CM內容也是問題。一般而言，不但希望看到或聽到廣告，盡可能使很多人記憶廣告，使它成為選擇商品的決策者，並激起購買行動（圖11-3）。

大標題或注目字句、插圖等問題，由文案測驗來控制，CM內容等問題由CM測驗來測試。在此，關於文案或CM與各媒體的價值，姑且不談，至於測驗分為兩個時期，即尚未在媒體揭露之前或揭露之後。

當廣告稿作成時，以什麼作為訴求內容，對消費動機或構想方面，可透過動機調查技術，獲得重要的啟示。這一連串的動機調查，包括深層面談（depth interviewing）、小組面談（group interviewing）、文字聯想法（word association）、文句完成法（sentence completion）、繪畫法（picture response）、卡通測驗（cartoon test）、人物推測法（guess who test）、SD法（semantic differential）等。以下介紹調查計畫的五步驟：

(1)潛在顧客、市場、產品以及競爭性調查：在這些範圍內的調查研究包括給要作廣告的產品或服務蒐集訊息，以確認目標潛在顧客、市場規模大小、市場位置、配銷型態、定價、對產品的測試與評價、確認競爭性及競爭產品等。不管怎樣使用廣告，或使用其他形式的推廣，調查研究都涉及發展供某產品或服務上市所需資訊。大體上這些都是廣泛的研究，並常來自現有的來源或資料。

(2)策略發展調查：此範圍內的調查研究涉及對目標市場要作的銷售訊息或要作的訴求類型研究，可能包括蒐集另外的目標市場資訊，通常依據基本調查研究所得，對確認市場範圍的完整程度而定。在基本調查研究完成之後，大體上廣告活動的第一步

The Principles Of Advertising

已完成發展。調查研究的策略目的，是從一切能夠發展的訊息裏，確認一個最強而有力的廣告銷售訊息。

(3)廣告執行調查：調查研究是為了確認廣告執行的效果或市場上正在執行的效果如何，通常測定是以廣告與潛在消費者間傳播的效果為基礎。此外，也有只測試消費者對廣告之反應的調查，此一類型的調查研究常被稱為事前測試。

(4)媒體用途及廣告刊播配置調查：另一類型的廣告調查研究之進行，是以消費人口及媒體視聽眾規模之大小為依據，而決定媒體分配、媒體使用效果及媒體用途。此一類型的調查研究之目標，多以廣告活動的訊息達到目標市場之效果與效率為準，並將廣告預算發揮最大效用為主。

(5)廣告活動之效果測定：這純屬廣告調查研究，包括評價廣告活動在目標市場中的效果之活動與方法。此一部分常只是由廣告活動計畫者所發展及逐項列舉的調查研究計畫，多半包含於活動本身之大綱中。計畫者必須正確領悟調查研究的整體範圍，才能整理成一種產品廣告所需的一切基本資訊與材料（Schultz, 1996）。

廣告調查的方法

∤ 視向測驗

　　視向測驗（eye camera test）係以研究視線方向的機械，用於測試廣告文案。其原理是這樣的：於眼球側方投入小光點，當這點小光點觸及角膜，引起反射作用，因為眼球並非完完全全的球體，就是光源在固定的位置，其反射光也會隨眼球之轉動而轉動。用一般照相機、

小型電影攝影機或電視攝影機，把這種反射光照在軟片或映像管上，這就叫作視向測驗。在測驗之前，先觀察測試型態的四隅，測定反射光轉動的範圍，如超過範圍時應予以矯正。按照反射光所能照射的範圍，來調整透鏡，務使所測試的廣告納入範圍之內，將光點移動情形拍攝下來，以測定廣告中之各要素，觀看者觀看的順序如何，在每一個要素上停留的觀察時間如何。

如用質問法研究時，即或廣告中有幅美女照片，甚至有些人竟回答沒有注意到。但是用本法測驗時，可以測出被測驗者想不出的眼球轉動情形，並將其忠實地記錄下來。這種客觀的資料可作爲修正或變更廣告內容之參考。唯此種測驗不易抽出代表性的樣本（因被測者人數不能太多），以及對所獲得資料之分析，仍有一定的界限，這是它的缺點，但能提供其他方法所得不到的客觀資料。

廣告調查項目檢核表

廣告效果調查
- □廣告內容之意見。
- □廣告內容之反應。
- □廣告內容之信任程度。
- □廣告文案之記憶。
- □廣告標題、商標之記憶。
- □廣告圖案之記憶。

電視收視率調查
- □家庭收入、成員開機率分析。
- □籍貫及地區開機率分析。
- □各台各節目收視率分析。
- □性別、年齡之收視率分析。
- □職業、教育之收視率分析。

媒體接觸率調查
- □各媒體之接觸率分析。

- □各媒體之接觸動機分析。
- □各媒體之接觸時間分析。
- □媒體之接觸階層分析。
- □各媒體之內容反應分析。
- □各媒體之信任程度分析。

報紙、雜誌閱讀率調查
- □閱讀之注意率分析。
- □閱讀之聯想率分析。
- □閱讀之精讀率分析。
- □產品、廠牌的瞭解程度。
- □標題、引句的瞭解程度。
- □文句、圖案的瞭解程度。

第十一章 廣告調查

The Principles Of Advertising

有效的問卷調查檢核表

□說明調查目標──明確調查目標，有助於答案題材及問題的設計。

□寫出問題的要點──再次地提醒你，對於所要獲得資料的描述，一定要簡明扼要，避免因問卷過分冗長，造成應答者缺乏耐心。否則，常會導致應答者敷衍了事或跳答，或無法完整地回答問題。

□分析特殊問題項目──詢問問題時，要清楚明瞭，使應答者易於瞭解。避免籠統及模稜兩可的詞句。

□先要寫出草案──寫出所有要點後，再重新修改潤飾。

□利用簡短的開場白──包括調查的概括目的。

□把容易回答的問題排在前頭──儘早設計一些有趣的問題，避免難答或令人生厭的問題，如此可使應答者心情放鬆。

□注意問題的先後順位──使應答者能夠合乎邏輯，並且輕易地依序回答。先問一般的問題，再進一步深入詢問。

□攸關少數人的問題，儘量不問或少問。

□開放式的問題，能讓應答者在任何情緒下皆可回答，唯答案卻不易統計。

□採用開放式問題時，不妨提供一些可能的答案項目，當訪問被調查者時，出示給被面談者選擇，如此可簡化回答的內容。

□問題中避免出現誘導答案的建議，或可能被認為誘導性的問題。務必讓應答者完整及誠實地回答。遣詞用字不要強調有利或無利的言外之意，因為如此做會使他們回答的結果不夠公正。

□務使問題容易回答──問卷避免冗長繁瑣，否則會使應答者慌張或困惑。

□如果可能，加入一些有益於比對前面答案的問題，如此對確認其有效性十分有利。

□問卷最後應附加人口統計的問題（例如應答者年齡、所得、教育程度等）及其他個人資料。

□實施預查（pretest）可以發現問卷的矛盾和缺點。該特別注意的是，要確定問題是否說明清楚，以及所要問的問題是否業已齊全。實施預試時，只隨意抽出二十至三十位應答者便已足夠。

◆ 透視鏡研究法

　　透視鏡（one-way mirror）研究法係在一間特別設計的房間，在室內牆壁鑲上一面極大的鏡子，此壁與鄰室毗連，從這間特別設計的房間來看，完完全全是一面鏡子，但從其鄰室向這邊看，卻似一扇大窗戶，能看到這個房間的內部。利用這種特別設計的房間來作測驗的主

廣告效果測定方法檢核表

事前測定方法

☐ Consumer jury test（消費者評定法）。

☐ Check list test（檢驗表測驗）。

☐ Direct mail reply（直接信函回郵法）——利用直接信函回郵從事測驗不同的訴求標題以及文案的招攬力。

☐ G.S.R（galvanic skin reflex）。

☐ Tachistoscope（瞬間顯露器測定）。

☐ Eye camera test（視向測驗）。

☐ Program analyser（節目分析法）。

☐ Schwerin test method（雪林氏測定法）——用以測探看廣告前後對品牌選擇的意圖。

☐ 集體反應測定——用鍵盤回答以代替問卷回答。

進行中測定方法

☐ Sales area test（銷售地區試驗）——通常是在若干不同城市測驗不同廣告的銷售力。先將被測驗城市中所選商店的銷售記錄抄下，然後在這些城市中發動新的廣告活動，另外被選定的城市作為控制之用，將試驗城市與控制城市二者在廣告運動前後的銷售量加以統計比較，便可測定新廣告活動的相對效果。

☐ Inquiry test（函索測定法、詢問法）。

☐ Split-run method（分割法）

事後測定方法

☐ Recognition test（認識測定法）為發現消費者對廣告商品知曉程度。以Daniel Starch readership study著名。對被訪問者閱讀廣告程度可分noted、seen-associated、read most三個等級。

☐ Recall test（回憶測定法）——分pure recall test、aided recall test二種。

☐ Measurment of attitude（態度之測定）——在於測定消費者對廠牌忠實度、偏愛程度。測定所用的方法，包括問卷、檢驗表、語意差別法（S.D. semantic differential test）、評等標尺（rating scale）等法。

要原因，在於測驗時儘量不要讓被測試者有被測試的意識，在自然狀態下觀察被測者。

　　在房間之另一方，可通往另一個測試室，此室稱之為準備室，室內桌子上堆集雜誌，請被測試者進入這間準備室以備質詢，故稱之為準備室。被測試者在等待備質詢時，為了解問會翻閱雜誌。這時，鏡子背後兩位主持測試者，透過透視鏡，按照被測試者如何翻閱雜誌、如何去閱讀、閱讀那一頁、視線注視情形如何，加以詳細記錄。

　　然後，針對被測試者所讀的內容或所看過的廣告，當面詢問。本法與使用機械測驗相比，由於並非強制測驗，而且限制條件少，是一

種極度接近正常的狀態之下所作的測驗。這雖然是原始的做法，卻能獲得令人信賴的豐富內容。

┃EDG測驗法

本法係用檢流計（galvanometer）所作之測驗，稱之為EDG（electro dermogram），或稱GSR（galvanic skin response）、PGR（psychogalvanic response），亦稱測謊器法。

測驗時必須將測試者兩根手指繫上電線，以電池和百萬分之一安培（micro ammeter）精緻的電流作成線路，一旦加與任何刺激，由於汗腺活動，增加出汗作用，皮膚的電氣抵抗力頓時減少，然後在恢復到原來狀態，此種測驗過程稱之為EDG或GSR。但此種測驗由於電流精緻，顯示出的訊號十分精密。實際上無法識別其經過情形，必須增大幅度，把它記錄在電流變化指示器（oscilograph）上。

此種方法最大的價值，就是被測驗者在意識上看不出或說不出的情形，換言之，就是被測試者無法控制無意識的反應，也能做為客觀的反應而被記錄下來。

但不容忽略的，用本法測驗有所謂「順應」現象，此種現象就是把相似的刺激，反覆施予四次、五次時，EDG所顯示的就逐漸小起來。如果所測試的CM、文案等有很多種時，其刺激的提示順序，要是不預先按照「實驗計畫法」予以隨機排列，順序列於後面者，其強度有被隱避的可能，招致判斷錯誤。再者，所測驗的反應究竟意味著積極的或消極的，只根據反應是不易明白的。所以在被測驗後，再與被測驗者面談，加以補充，這是必要的。

┃節目分析法

節目分析（program analyzer）測驗係節目播映前，測驗視聽者對

節目或廣告喜好之反應。

令被測者視聽所播映的節目，當被測者感到廣告或節目引人注意或感到有趣時按綠鈕，一直有趣就繼續按，不引人注意或無趣時，按紅鈕，兩者皆否時不按鈕。就這樣隨時間之進行一直記錄下去。

至於統計反應之方法，可以參加受測者全體人員的合計值來表示，也可採取每個被測者的記錄，作爲結果的表示。此種測定可以測出節目中，哪一個場面視聽者最感興趣，哪一個場面不感興趣，但是卻無法獲知爲何對該一場面感興趣。爲了獲知感到有趣的理由，必須在測試結束後，針對節目內容加以研討，並聽取受測者對節目喜惡反應的原因。

本法最大的問題，在於被測者肩負著必須不斷按鈕的義務。一般人在家裏無拘無束地看電視節目時，常在不知覺中被節目所吸引，以致達到忘我的境界，這才是眞正的視聽態度。但是本測驗常把被測者以第三人的立場來批判，這可能會造成與事實不符的窘境。

♦瞬間顯露器測試法

瞬間顯露器（tachistoscope）之測試原理，是控制照明一定的（例如1／100秒、1／10秒等）時間，在極短的時間內，予對象者以刺激，譬如提示廣告文案、商品包裝等，以測定其醒目程度。瞬間顯露裝置種類繁多，有個人用的，有以一間暗室作爲顯露室的，也有以整個櫥窗作爲瞬間顯露器的。

如果用作文案測試（copy test）時，經過瞬間顯露之後，在一定時間內，可以獲得最先看到的部分。如果用作測試文字或標誌時，必須露出較長的時間，才能被辨認出來，是一種認知度的測定。櫥窗式的顯露裝置，用作測試商品包裝或檢討陳列商品效果。

• 雪林調查法

雪林（Schwerin）調查法係美國紐約一家名為雪林調查公司（Schwerin Research Co.）所倡導的，故名雪林調查法。本法係強制被測者視聽CM，以測定視聽CM前後選擇商品之變化情形。首先令被測者約三百人齊集於播映室，每人給一份記有所要測試之CM商品及其競爭商品的名單，令被測者從名單中所列的商品，按著所詢問的問題，選擇其中一個。

然後，令被測者視聽包括所測試之CM在內的一些廣告影片，視聽完畢，測試其記憶情形。再向每人分發與視聽前同樣的商品名單，令其選出所希望的商品，以前後選擇數之差，作為CM效果的程度。

• 記憶測驗

記憶測驗（memory test）乃指消費者對於某一廣告究竟記憶了多少的一種測驗，大致分為回憶法及再確認法。

(一)回憶法（recall test）

所謂回憶法，不提示任何有關被測試的廣告，令被訪者回憶的一種方法。譬如測驗報紙廣告時，詢問對方：「看過今天〇〇日報了嗎？」如果回答看了，再問：「你所看的那份報紙有什麼廣告？」詢問時如果不給任何線索而使其回想者稱之為純粹想起法（pure recall method）。如果給他一些線索，譬如所測試的是藥品廣告，那麼要問：「你看到的那幅藥品廣告是什麼藥品呢？」這種略微提供一些線索幫助對方想起的方式，稱之為輔助想起法。

回憶測驗要比下面介紹的再確認法更為精確，因為它證實消費者的確看過該則廣告。在測驗中，主試者出示某廣告出現的媒體，並請

消費者形容他在該媒體中所見的任何廣告。例如，研究時可能給消費者看雜誌的封面，然後詢問他記得該雜誌上哪些廣告。此測驗也可運用於廣電媒體。研究者指出一個電視節目，並要求消費者形容在該節目中所看到的廣告。柏克隔日回憶測驗（Burke Day-After Recall test）就是廣泛做這類研究的。

如果消費者記不起很多廣告，研究者可以提示一下某些產品種類，而由消費者指名廣告中的品牌，並描述該則廣告。如果有這種提示，稱之為提示回憶測驗（aided recall test），如果沒有，則稱之為未提示回憶測驗（unaided recall test）。

由蓋洛普公司進行的回憶測驗著稱於世，他們測定記得一個廣告的視聽眾百分比。由該公司發行的研究報告中尚包括了受試者的實際想法，從中更可以深入看出廣告的效力（漆梅君，1994）。

(二)再確認法（recognition test）

所謂再確認法乃提示廣告實物，問他是否讀過或看過該一廣告，是否記憶的一種詢問方法。再確認法中有所謂掩飾法（masking method），即提示給被測者的廣告，預先將廣告上的商品和廣告主的名稱予以掩蓋，令被測者判斷它是什麼商品廣告、廣告主是誰。究竟他是否真正看過那個廣告，從他對廣告的大致感受便可明瞭。由於確認他所看的廣告的確是我們所測驗的廣告，而且把重要的地方加以掩蓋，就能測出記憶的程度來。

在此測驗中，廣告主出示某一出版物中的廣告給消費者看，並詢問他們以前是否看過。這裏有個問題，我們並不能確定消費者在何處看到此廣告。消費者也可能把這一類廣告與另一廣告相混淆，因此，他們的廣告不一定是完全正確的。

最早的和最廣泛使用的再確認法是由史塔奇公司（Daniel Starch and Staff）做的。該公司對大眾進行訪問，並把全國性讀者閱讀率分為三類作報告：即知道但未讀類、略讀類，以及精讀類。受試者在看到

研究者出示的雜誌及廣告時，只要回答是否看過。

再確認和回憶測驗都可以用於找出有多少人看到過這則印刷或電子廣告，又有多少人進一步讀過或看過該廣告內容，以及每個人所讀過或看過的是該廣告的哪一個部分。回憶測驗還可以顯示我們的廣告是否有些言過其實，或誤導了消費者，或是沒有提到主要的賣點。要做到這點，我們只要問問民眾該廣告能使他們相信這產品對他有助之處在哪裏，進而比對一下，這些是否正是我們在廣告中所欲表達的（漆梅君，1994）。

┆詢問法

所謂詢問法（inquiry test）係按消費者看到廣告後向刊播廣告者詢問，按詢問數目多寡，衡量廣告效果，這種方法便稱之為詢問法。因為本法並非強制消費者來作實驗，是消費者自願的，所以事前略動腦筋，譬如在廣告中的贈券（coupon）上作暗號，便可比較媒體價值。

一般的做法是這樣的，在廣告裏印有贈券，如果廣告讀者剪下贈券函索時，即贈商品樣本或商品目錄等。在贈券之一角，預先加上暗號，即可辨別來自哪一媒體。如果是電台、電視媒體時，按播映電台或電視台之不同，分別播出收信人不同之姓名、地址，即可辨別來自何媒體。如此，從消費者寄來之贈券，憑其暗號和收信地址之不同，就可瞭解媒體之傳播效果，這種暗號稱之為「鑰」（key），意為它是解答謎底的關鍵。

但是，寄回贈券者，並非全是有購買希望的顧客，包括相當數目的好奇者或為了中獎的幸運者。因此，為了避免這種並非真心對產品具有興趣而索取樣品的常客，有時把「提供樣品」或「特別優待」等字樣，故意放在不醒目處，要不細心讀完所有本文（baby copy）的話，就不易注意到它，這種做法一般稱之為hidden offer。

分割法

所謂分割法（sprit-run method），有些報社為了提供廣告主測試廣告，由報社訂定一定的手續費，提供一項分割印刷的服務。這種測驗法稱之為分割印刷測驗。分割印刷的原理是這樣的，圓筒型輪轉機的大小，可容納兩大張報紙，每轉動圓筒一次能同時印出兩份同一版面的報紙。因此，能把一種商品AB兩種不同文案的廣告，同時個別分割刊載在報紙上。圓筒這一邊印出來的報紙和另一邊印出來的報紙，交互落進輸送機上，當分發給讀者時，即或不另加特別操作，也能分配得十分平均，也就是完全順其自然、隨機（random）地把這兩種廣告分配到所有訂戶，如果第一戶所配達的是刊載A廣告的報紙，那麼第二戶所配達的便是刊載B廣告的報紙，第三戶又是A，第四戶是B，如此類推。

廣告內容通常是同一內容，只不過在表現上略加變化。同時在個別文案裏的coupon分別加上不同的符號「鍵」，用來比較寄回來的反應數量，以判斷不同廣告表現的優劣。但是該文案的優點為何，卻無法直接獲知。

再者，本法係事後的驗證，一般而言，文案測驗本來是在廣告刊播之前測驗哪個廣告比較好的一種事前測驗，選擇較好的廣告予以刊載，以發揮更大的廣告效果，但本測驗卻是在刊載之後來判定效果的。

廣告主知名度調查

視聽眾視聽那一個節目，由視聽率調查可以獲知，但是該節目由哪家公司提供，廣告的商品是什麼，這種調查知名度的方法，稱之為確認廣告主（sponsor identification）的調查。

調查時，給被調查者列有星期幾、播映時間、電台或電視台名稱、節目名稱的卡片，詢問是否視聽該節目，如果視聽過的話，再問該節目的廣告主、廣告商品名稱是什麼。有時換另一個角度來問，譬如問他是否正在使用該產品，用以測試知名度與使用度之相關情形。

┃ 監看制

所謂監看制（monitor）係從一般消費者中被選出來的一些人，針對所刊載的廣告提出意見，每隔一定期間請其將批判內容送回的一種制度。將所有批評的內容予以統計，可以分析找出問題癥結所在。監看制並非測驗，其結果可以用作文案或CM製作上的參考資料。

如果所委任的監看者，任期過長，易陷入脫離一般消費者立場，成為半職業性的可能，必須經過一定的適當時期，更換監看者。

如果監看CM時，並非請其作CM的批判，一般都是檢核CM內容或次數，這是由於廣告主不易確認他的廣告是否被播映出來所設的制度。

┃ 揭示法

所謂廣告效果，並非只是引人注意的問題，最重要的是有無細讀。因此，在尚未實際刊登廣告之前，在和刊登相同條件之下予以展示，測試何者廣告最引人注目。

譬如將廣告作成海報的形式予以展示，然後暗中設調查員調查面對海報但視而不見就過去的人數，和駐足閱讀的人數，這些駐足閱讀的人數，對所有通行的人數相比，便成為該一廣告的指數。

◆ 閱讀率調查

　　關於報紙、雜誌廣告閱讀率之調查，係由丹尼爾斯塔齊（Daniel Starch）所倡導實行的讀者率調查（readership survey），調查方法係經由隨機抽樣選出對象者，由調查員訪問。

　　如果所調查的是報紙，必須於該報發行之次日實施，因爲時間拖久，會受另一天報紙的影響，使記憶減弱。

　　調查時首先詢問有沒有讀過該報，如果讀過，再對該報刊載之廣告一一發問，譬如問：「這幅廣告你看過沒有？」如果他看過，再問：「是否讀過這個廣告中這一部分？至於另一部分又如何？」就這樣地對廣告的各要素，即標題、圖解、本文等，是否讀過，加以詢問。

　　總之，本法屬於再確認法，具有再確認法的缺點，譬如被訪問者，就是回答看過或讀過，是否發自內心眞正讀過，不無疑問，可能有閱讀者多少會迎合調查員而回答的。就是他本人認爲的確讀過，但所讀的並非那一號的雜誌或報紙，很難避免這種主觀的因素。但本法卻是現行唯一的調查方法，實際而有用。

◆ 衝擊法

　　讀者率調查雖然能調查一般狀態下對廣告的閱讀率，但廣告加諸於讀者的印象如何卻未予測定，因此，對於因廣告所帶來的影響也應予以測驗。

　　所謂衝擊法（impact method），首先要準備調查用的雜誌，作爲事前測驗的材料，譬如蓋洛普使用《新世界》（*New World*）或羅賓遜的 *"Space"* 雜誌，再如Young & Rubicam廣告公司用 *"New Canadian World"* 等，這些雜誌和市面所賣的雜誌體裁相同，把事前測驗用的廣

告編進去，他是特別準備的，其中也刊載一些不太與當時有關的記事，有時使用市售雜誌的打樣板（即最先印出的試樣品），而特別改編者。

雜誌分發給調查對象者數日後，由調查員親自訪問。在尚未詢問對象者特定廣告之前，先問是否讀過該雜誌，然後詢問有關該雜誌所刊載的內容，如果答不出來，該一對象者就不能被認為是讀者。

經過此一資格測驗過程後，給他看一張列有被刊載在雜誌中的廣告商品或品牌名稱的卡片，卡片裏除列有實際在該號雜誌所刊載者外，為了排除回答的不實，也加進一些實際上並未在該雜誌刊載的其他商品名稱。由讀者挑選他在該雜誌看過的商品品牌。

然後開始正規的訪問，詢問他所預定測試的廣告，那是什麼廣告、廣告裏有哪些內容、看它時有何感想等問題。

┃視聽率調查

視聽率一詞，一般是用在電視的，如用在電台則稱為收聽率，兩者雖然媒體不同，但現在不論對電台或電視，一律稱之為視聽率，其調查方法如下：

(一)Arbitron

Arbitron係美國調查公司（American Research Bureau, ARB）用於視聽率調查的裝置。該公司所作的視聽率調查，以全美一千兩百個家庭作樣本，被抽出來的家庭電視機上，裝有transponder，各transponder透過電話線，被連結到Arbitron總部。

每九十秒由總部傳送某種訊號電流，transponder則開始動作。依此原理可以掌握樣本家庭是否在看電視，是看哪一台，這些資料透過電話線，瞬間即可傳送到調查總部。

此一系統是由電腦即刻統計算出，將其結果自動印刷出來，或把

視聽率顯示在電光揭示板上。每天全部節目視聽率的報告，第二天即可送到該訂戶，調查對象是電視機而非視聽者。

(二)Audimeter

這是美國尼爾森公司（Nielsen, A. C. Company）所從事的視聽率調查所用的調查工具。其原理是這樣的：把自動記錄器（audimeter）安裝在被調查家庭的電視機上，隨時間之流逝，該被調查家庭所收看的節目時間和收看的電視台，被一一記錄在自動記錄器內部軟片上，軟片盒可自由取下，每週由尼爾森郵寄來的新軟片盒，上週的軟片盒由被調查者直接寄至尼爾森公司，將其打入IBM卡，送進統計裝置進行統計。

(三)Videometer

Videometer是自動記錄被調查家庭視聽情形的儀器。這種電子記錄器體積不大，僅三公斤重，它是由電子工學與膠帶（tape）結構巧妙組合而成。將其裝在被隨機抽出的調查家庭的電視機上，用簡單的天線，以檢測視聽家庭所收看的頻道變化，它是由Vidermeter 的檢測部分，自動記錄地方台發振周波數，來記錄所收視的頻道，每隔一分鐘將其鑽孔在膠帶上。Videometer特徵如下：

(1)它是無線切換裝置，並非在電視機內有任何裝置。

(2)能將視聽情形，以一分鐘為單位，正確地記錄下來。

(3)可自動地長期連續記錄。

膠帶每週收回一次，將其裝進獨特的自動統計裝置予以統計，並經電腦加以分析，每週定期作成報告。

(四)電話調查法

電話調查法係當節目播映之同時，用電話詢問你現在收看什麼節

目的一種調查方法。因此，按節目播映時間之長短調查對象受限，而且其調查對象並非一般家庭，偏於擁有電話機之家庭，此為其缺點。但此種方法具有時效性，昨天的收視率，今天即可送到訂戶手中。

(五)日記式調查法

日記式調查法係先將電視節目表或印有時間階段的調查問卷，分配給調查對象家庭，請調查對象者按實際視聽情形予以記錄的方法。調查對象多為家庭，有時用於個人。

(六)問卷面談法

問卷面談法係按照印有節目的問卷，由調查員直接詢問對象者，將前一日的視聽情形重新確認的一種調查方法。雖有輔助想起法的缺點，但有選擇多數樣本和廣大調查區域的優點。其調查對象為個人。

(七)觀察法

機械調查法雖是以電視機為對象所作的調查，但吾人所欲獲得的資料並非電視機而是家庭中每個人的視聽情形，何況一架電視機並非只有一個人收看，既有多數人一起收看，也有開著電視機而無人收看的情形。

再者，以廣告主而言，節目收視率的大小對他並不重要，重要的是他的廣告是否被視聽，因此有時委託家族中之一員權充調查員，來記錄家族的視聽情形。

所以觀察法就是觀察節目開始時有幾個人在看，途中又有幾人加入或退出，播映廣告時是否也在收看，均予一一記錄。其調查結果可供機械調查結果之參考。

收視率僅表示某一個節目受視聽者喜愛之程度，但對廣告媒體的選擇卻無太大的幫助，因為媒體選擇最重要的是什麼人是它最大的收視者，亦即節目視聽者之構成為何，是媒體選擇重要之依據。美國一

家視聽調查公司發明了一種新的調查方法，可以識別觀眾的身分，當打開電視時，一個附裝的電錶就開始閃爍，要求觀看者輸入身分代號，以後每隔三十秒必須輸入新的身分代號，以便確實掌握觀眾身分。身分代號是選擇樣本家庭時事先填妥的，內容包括視聽者姓名、年齡、職業、教育程度、所得等。

⸙ Reeves的使用牽引率

判斷廣告活動是好是壞，如Rosser Reeves說，「請用極簡單的算數算法」。

「第一間大屋子裏，關進對你現在所實施的廣告毫不知情的人。他們對於你的廣告是什麼廣告文句，全無記憶，不但沒看過、沒讀過，連聽也沒聽過。於是進入那間屋子訪問那些人，調查究竟有多少人正在使用你的商品。暫且假定百人之中有五人，也就是5%的人是不知道你的廣告但是卻用你的商品的人。

這五個人對你的廣告毫不知悉，一定是因為別的因素才選用你的商品，可能是從朋友口中得知的，也許得自免費試用樣品而知道的，或許業已忘記是否在過去曾看過他的廣告，也有可能兒童時代父母曾教導過。可是無論如何，絕非因為你現在的廣告結果而成為你的顧客，這一點是確定的事實。

現在走進另一間大屋子裏，這裏是對你的廣告有深刻記憶的人們，假定這一組中有25%是你的顧客。

從以上的事實，假如不做廣告時，只有5%的人買你的商品，一旦做廣告時，更有額外20%的人被廣告所吸引用你的商品。」

此兩組百分比的數字之差稱之為使用牽引率。

Reeves是以大規模的廣告活動作為研究的問題，他把全國人民分別關進兩間大屋子裏的用意，這是調查專家們人盡皆知的，也就是從廣大領域裏抽樣，並訪問那些人，充分做到不但樣本要大而且母體的

範圍必須普及全國。

✦ Wolfe 的 PFA

Reeves的 *"Reality in Advertising"* 一書，是一九六一年出版的，在此之前，有一位叫Wolfe（Harry Dean Wolfe）的人，他對廣告活動效果測定極有研究，據Wolfe於一九五八年二月所發表的Wolfe方法（Wolfe method），他的理論是這樣的：

	接觸廣告層	非接觸廣告層	計
購買層	700　35%	600　20%	1,300　26%
非購買層	1,300　65%	2,400　80%	3,700　74%
計	2,000　100%	3,000　100%	5,000　100%
	40%	60%	100%

首先要確知是否看到或聽到該品牌的廣告，然後再問該品牌之產品最近是否購買，譬如接觸到廣告者有40%，而最近購買該品牌商品者占26%。

此種情形，廣告效果是這樣計算出來的，PFA（plus for ad.）因廣告所帶來的效果如PFA。

1.PFA的購買率

　　35%－20%＝15%點

2.對全體PFA的比率（即plus for advertising in terms of total population）

　　40%×15%點＝6%

3.PFA購買者數（plus user for ad.）

　　5,000人×6%＝300人

4.所有購買者中PFA比率

300人÷1,300人＝23％

在此馬上令人注意到，PFA購買率是和Reeves所謂的使用牽引率是相同的。

▪ Starch 的NETAPPS率

廣告效果之表示，除使用牽引率、PFA外，尚有NETAPPS率。NETAPPS（net ad produced purchases）係表示在購買者數中視為廣告的力量，據Daniel Starch本人表示，他對NETAPPS的構想，始自一九五九年，顯然這個構想比Wolfe較晚。

Reeves係以campaign的效果作為問題，而Starch的對象係限定特定媒體的讀者，也就是並非多數媒體效果，再對商品之購買期間，限定最近的一週內。

現在將X商品廣告登在某一雜誌上，假定每一百個閱讀該雜誌之讀者有三十三人看過該廣告，其中購買X商品為五人，而在未接觸該雜誌廣告的六十七人中有八人也購買了X商品，那麼，購買者全部人數為十三名。

此種情形，即或未看過X商品廣告，其購買商品率，是六十七人中有八人，等於12％，那麼在看過廣告者中，也應當有購買的人，如果是三十三人中的12％時，相當於四人。那麼看過廣告而購買五人中，其中一人是因為廣告刺激的淨（net）購買者，這是以購買X商品全部十三名除得的NETAPPS率，因此，可以證實Starch係對購買者總人數比率為著眼點而求得的。

◆ 效果指數比較

　　如果把使用牽引率、PFA、NETAPPS依次排列，可以看出三者似乎有其共通之處，但也有些不明確的一面。

　　現在以下列表格中因接觸廣告而購買、未購買的英文字母代號，用程式加以比較。

	看	未看	計
買	a	b	l
未買	c	d	m
計	e	f	n

　　可以看出使用牽引率即PFA購買率，是從看過廣告人們的購買率a/e 減去未看過廣告人們的購買率b／f而得來的。

　　其次，對全體PFA比率，係對看過廣告層次之大小，乘上PFA購買率，結果如次：1／n（a−e×b／f），這就是一般所謂AEI（advertising effectiveness index）廣告效果指數。

　　1. PFA購買率（使用牽引率）

$$\frac{a}{e} - \frac{b}{f} = \frac{1}{e} \left(a - e \times \frac{b}{f} \right)$$

　　2. 對全體PFA比率（AEI）

$$\frac{e}{n} \times \left(\frac{a}{e} - \frac{b}{f} \right) = \frac{1}{n} \left(a - e \times \frac{b}{f} \right)$$

　　3. PFA購買者數（Wolfe score）

$$n \times \frac{1}{n} \times \left(a - e \times \frac{b}{f} \right) = a - e \times \frac{b}{f}$$

　　4. 所有購買者中PFA比率（NETAPPS率）

$$（a-e\times\frac{b}{f}）\div1=\frac{1}{1}（a-e\times\frac{b}{f}）$$

CE與VE

以上所有論點都忽略了商品普及率的問題，其實普及率越大的話，廣告功能達成越不易，廣告對已購買者有其必要，但從普及率層面，所涉及廣告的問題，並非針對已購買的人們，而是在剩餘的市場中能獲得多少新顧客。

基於此一意義，評估廣告效果時，其標準並非在於普及率的層面，而應當是剩下的非普及的市場層面。

因此，考慮將剩下的市場（1－b／f）除UP（usage pull使用牽引率）與AEI，所得的指數，稱之謂CE（copy effect或creativity effect）與VE（virtually effect）。

亦即先以注目率，再以說服力的CE，求出綜合效果的VE。

$$VE = AEI / （1-\frac{b}{f}）$$

$$CE = UP / （1-\frac{b}{f}）$$

$$VE = e / N \times CE$$

蓋洛普廣告測試法

蓋洛普與羅賓遜（Gallup & Robinson）公司，曾率先設計各種不同的方法，來協助廣告主與廣告公司評審其廣告在市場上的效果，該公司迄一九九〇年止，曾測試過十二萬則印刷媒體廣告及六千支電視廣告影片。

本書所蒐集的案例，摘自 "*Which Ad. Pulled Best？*" 一書，這些案例大都均以此法進行測試。其測試要點如下：

(1)評估市場上各廣告的表現。

(2)分析全盤廣告活動及其策略的效果，並與其從前的廣告策略和其他相同商品廣告做比較。

(3)針對同一類型產品或某一行業的銷售及執行方案作效果評估。

G&R公司執行測試人員令受測者選擇自己常看的雜誌廣告來進行測試，每次調查樣本約一百五十名（男女均有），年齡必須在十八歲以

廣告事前測驗方法檢核表

印刷媒體廣告

□直接詢問——問及有關廣告之特殊問題。常用於廣告作品早期發展階段，從多數作品中選擇其一。

□焦點群體（即具代表性的群體）——由具代表性的群體中，抽出兩人或兩人以上，自由討論有關產品、勞務或市場現況。

□價值順序測驗——展示兩個或兩者以上的廣告，讓消費者按其優劣，排成順位。

□一對比較法——由應答者將每個廣告與參加預選中的其他廣告相比較。

□作品集（資料夾）測驗——參與測試的廣告和其他廣告，分散穿插於模擬作品集中，向試驗團體中的消費者展示該作品集，然後讓團體的成員分別回憶作品集中的內容及被測驗的廣告。

□模擬雜誌測驗——常以實際的雜誌取代作品集，受測驗的廣告被散播在雜誌中，分送應答者閱讀，然後詢問一些關於被測試之廣告問題。本法之主旨，在於被測驗之廣告，一如讀者閱讀一般雜誌中之廣告，如同事後測驗（post‑test）一樣。

□知覺意義研究——將廣告置於瞬間顯露時間，例如 1／100秒之短時間，令應答者在如此之短時間，注視顯露器中之廣告，然後令受測者回憶商品品牌、插圖、文案內容以及廣告中之主要創意。

電波媒體廣告

□中心位置投射試驗——在中心位置（如同購物中心），投射試驗廣告，針對廣告揭露前後提出問題，以決定品牌的認知，發掘廣告的弱點。

□預告片測驗——將試驗用的電視廣告，以預告片方式在購物中心放映給人們觀賞，詢問購物者有關商品廣告的問題後，贈與一些贈券（coupon），以便他們下次購買廣告片中商品時，可以折價購得。另一組消費者亦令其觀看廣告片，但同樣給予同量的贈券。廣告效果的測定，是根據兩組贈券回收率大小。

（續）廣告事前測驗方法檢核表

□劇場試驗法——令受測者齊集於小型劇場，內有完整的放映設備，能使應答者對所播映的CF，指出他們所喜歡及不喜歡的部分，劇場環境如同在家中看電視廣告一樣。

□現場映測驗——將試驗廣告影片呈現在閉路電視或電纜電視上，以電話詢問受測者的反應，也可以廣告播映地區的商店銷售業績，來評定廣告效果。

□銷售試驗法——將兩個不同的廣告傳播於二個或更多的不同的市場地區，根據各該地區之銷售業績，以決定哪個廣告是最有效的。

□直接郵寄試驗——將兩個或兩個以上不同的廣告，分別寄給郵寄名單上的潛在顧客。在各廣告上分別印有訂購訂單，訂單上印有暗號，以便追蹤訂單來源，凡產生大量訂單的廣告，可認定為最有效的廣告。

生理學上的試驗

□瞳孔測量裝置——衡量被試驗者瞳孔的擴張程度，根據被試驗者瞳孔在圖解上反應的情形，來推測對廣告之注意力。

□視向測驗——被試驗者眼球轉動之路徑，隨廣告而變化，視向測驗可測知什麼部分容易引起注意力，標題位置的安排是否恰當，文案的適當長度，以及最滿意的佈局。

□電流器測驗——以２５毫安培電流量通過被試驗者人體，電流由手掌進入，從手肘流出，當受測者對廣告起反應時，汗腺活動量增加，對電流的抗拒減小，且電流流通速度較快。這些變化被記錄在旋轉式的儀器上。假定某廣告產生較大的張力，該廣告比較有效。

□音調分析——用錄音帶記錄消費者對廣告反應的說明。然後，電腦將對廣告所產生的情緒反應，測出其引起的音調變化。這種技術可推測出介於音調與廣告效果間的直接關係。

□腦波檢驗圖分析——當廣告被播映時，腦波掃描機便監看腦部反應，根據腦波反應可以指出受測者是否喜歡或不喜歡該一廣告。

上，樣本戶分布於全美十個城市，受測者至少看過該雜誌最近四期中的兩期，但不准看過最近的一期，這樣才合乎樣本資格。G&R不事先告知受訪者電話訪問的目的，且要求受訪者不要在訪問的當天閱讀雜誌。

　　電話訪問時，首先問受訪者在該雜誌的廣告名單中，記得那幾則廣告，以便決定這些廣告的閱讀率（readership）。一旦指出記得的廣告後，繼續問受訪者下列各問題：

　　(1)那則廣告是什麼模樣？內容說些什麼？

(2)廣告的銷售重點是什麼？

(3)你從該廣告中知道些什麼？

(4)當您看該則廣告後，心裏有何反應？

(5)你看完該廣告後，購買該產品的慾望是增加或減少？

(6)廣告中，什麼因素影響你購買的慾望？

(7)你最近購買的此種產品是什麼廠牌？

這些問題的答案綜合分析整理後，可衡量出該廣告下列三種廣告效果：

(1)Intrusiveness（Proved Name Registration）：吸引讀者記住（或想起）某則廣告的能力（PNR）。從受訪讀者中，以百分比來評斷某廣告受注意的程度。為了公平比較，將一些其他影響因素先予以調整，如廣告版面大小不一、黑白與彩色等（意謂某一廣告為黑白，與另一性質相同，但為彩色，且版面較大的廣告相比時，先以某百分比調整，再進行比較）。

(2)Idea communication：受訪者對某廣告的心理反應或對銷售重點的瞭解程度的分析。

廣告事後調查法檢核表

□輔助回想法（再確認法）──提示某些廣告給應答者，以喚起他們的回憶。詢問有關問題以決定先前揭露的廣告，是否讀過、看過或聽過。

□純粹回想法──詢問被問者有關問題，而不給予提示，以確定他們是否看過或聽說過有關廣告的消息。

□態度測定──包括直接詢問法、語意差別法，或未經組織過的問題，用以測定在廣告活動之後消費者態度的改變。

□詢問法──外加商品訊息、產品樣本或獎金，以提供給讀者或觀眾，對廣告產生最大反應者被認定為最具廣告效果。

□銷售測定──測量過去的銷售量（比較廣告效果對銷售的影響）、控制實驗（例如一個市場利用各電台廣告，另一個利用報紙廣告，並計算其結果）、消費者購買試驗（測定因廣告活動而帶來的零售額），以及存貨決算（廣告活動前後清點零售商庫存的存貨以測定廣告的效果）。

(3)Persuasion（說服購買產品的能力）：受訪者看了某廣告後，購買該產品的慾望受影響的程度。

第十二章

國際廣告

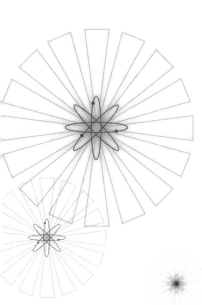

國際行銷

隨著全球經濟的發達以及貿易的自由化，越來越多廠商在不同的國家銷售他們的產品，國際行銷（international marketing）日益重要，因此「國際廣告」（international advertising）也就越來越受重視。

國際行銷問題及其所涉及的領域，係指一個企業，跨在國與國之間，進行各種行銷活動所產生的各種問題；換言之，是在國際環境與條件中發生的行銷問題。因此，有的行銷學者主張國際行銷和國內行銷必須分別處理，不可混為一談；但也有一部分行銷學者主張，國際行銷與國內行銷（national marketing），不論其目的與功能，在本質上並無差異。根據以上兩種不同的主張，國際行銷與國內行銷可分為「程度」與「性質」兩種差異，前者主張國際行銷與國內行銷其本質是相同的，只是環境條件是一個變數，這個變數的強弱，影響差異大小。而後者主張國際與國內的環境條件是異質的，而且存在著不能同質化的特性，例如國際匯兌或特有的貿易制度等。但不論如何，當展開國際行銷戰略時，至少必須具備兩種能力：(1)具備國際環境各種條件知識，並對這些因素作系統的、理論的瞭解。(2)將其所瞭解的知識，在行銷戰略中正確地具體化。

國際廣告

所謂國際廣告，就是將本國的商品和廠商的聲譽向國際推薦所做的廣告。國際廣告指的是可以跨越國家、文化界限的廣告。但是不幸的是，在過去所謂的國際廣告，不過是將廣告用當地的語言直接翻譯而成的，很多直譯的廣告文字都離題太遠，例如，百事可樂（Pepsi

Coke）在引進台灣時，他的廣告標語為 "Come alive with Pepsi generation"，若直接翻譯，並不是「新一代的選擇」，而是「百事可樂讓你的祖先再活過來」。而今日，全球性的廣告必須要花很多的注意力在跨越各國的文化上，才不會讓一些奇怪的廣告出現，破壞產品的整體形象（于心如，2000）。

向國際推薦的方法有二，一為由本國向外國市場直接實施廣告，另一為廣告主的國外機構在當地實施廣告。譬如，廣告主的總公司刊載於《讀者文摘》國際版的廣告屬於前者，廣告主的國外分支機構在當地媒體上刊登廣告屬於後者。

嚴格地說，國際廣告可因其訊息在世界各地是否有一致的訴求而區分成全球性廣告（global advertising）、國際性廣告（international advertising）、當地廣告（local advertising）三種。全球性廣告是指廣告主在全球所用的行銷策略、廣告訊息、廣告創意等，都是相同且一致的，並沒有針對不同地區而有不同的修正案。國際性廣告與全球性廣告的差別在於廣告主會依據不同地區的特性，在行銷策略、廣告訊息、創意上做修正。國際廣告的類型大致上可以分為商品廣告和企業形象廣告兩種，雖然大部分的廣告為直接推銷產品的商品廣告，但對於企業形象廣告也是不容忽視的，因為消費者對於企業並不熟悉，因此很容易產生不良或是錯誤印象，所以在消費者心中建立良好的企業形象也是相當重要的。而所謂的當地廣告乃是指當地的廣告主在當地所做的廣告（于心如，2000）。

國際廣告也和國內廣告一樣，大致上可分為商品廣告和企業廣告。國際廣告在廣告量上而言，直接推銷商品的商品廣告固然多，注重創意的企業廣告，其重要性尤大，這是因為外國人對出口廣告國家之國情多不瞭解，對出口國持有偏見，為了使外國人瞭解出口國的真正面目，糾正其歪曲印象，故較國內的廣告更常採用企業廣告。

以國際廣告之對象而言，可分為對消費者和工商業者兩方面；由於國際廣告也向當地消費者做廣告，使該地區之消費者對廣告商品產

生需要，結果當地工商業者必然要向國際廣告主訂貨。

但國際廣告主向工商業者進行廣告，比向一般消費者廣告之比重為大。因不論工業用品或日用品，必須首先由外國的進口者、代理商、經銷商等採辦後，直接消費者方能購買，所以應先向各業者廣告。

◆ 國際廣告的障礙

自從二次大戰結束以後，廣告便在世界各國普遍發展。由於世界各國經濟情況及生活水準大幅提升，廣告的運用也隨之增加，但目前各國的廣告現況，視其當地對一般銷售促進的情形而定，各國均不相同。

國外市場所執行的廣告活動，所使用之方法，視其行銷結構和戰略而不同。有些公司被組成國際性的市場，有些則組合成跨國性市場或全球性市場，視其國際廣告計畫的需要而定，這些公司或許選擇利用大型的、以外國為基礎的國際廣告代理商，也可能選擇當地的外國廣告代理商、輸出代理商、標準的國內代理商或是子公司（in-house agency）。

在海外市場，公司常需要運用出奇制勝的創造性策略，比國內所運用的活動更多。第一點，因為外國市場是不相同的。它們具有不同社會的、經濟的，以及政治環境等特徵。而且，在某些開發中國家，市場調查可能不像在北美洲國家一樣地可靠。因此，就更難瞭解當地的傳統習慣、文化背景以及生活態度。第二點，外國市場的媒體各不相同。有些媒體可能無法利用，其餘的可能不太有效，或是不合乎經濟效益。再者，廣告訊息往往是不同的。他們勢必要充分瞭解當地的購買力、嗜好，以及消費者的動機。當然，他們也一定要運用當地消費者的語言與其溝通。

由於全球的資訊與流通越來越發達，越來越多的企業進行跨國行

銷，使得國際廣告活動的地位也跟著越受重視。無論是廣告主或是廣告代理商，在進行國際廣告活動時，最大的挑戰就是對於海外市場的瞭解程度不夠。要克服這個挑戰最好的辦法就是要先對不同地區的文化、政治及法規、科技發展、消費者行爲進行深入的瞭解，並且配合產品的特性來決定國際廣告的類型，如此一來，企業才能眞正地進入不同的市場並且進行產品的銷售（于心如，2000）。

最後，廣告主必須特別注意文化上的限制，及政府方面對於言論、表演或作法等在廣告上的限制。有些屬於法令上的限制，部分則爲倫理道德上的約束。

國際廣告之策略

接下來討論的是自一般國際廣告中所採行的兩種策略——標準化策略（standardized advertising）與在地化策略（localized advertising）。

標準化的策略就是在全球採取建立同一種品牌形象或是相同類似的品牌廣告策略；地區化的策略則是在廣告訊息的設計上及媒體的選擇，都要根據當地市場的情況來量身訂做。目前有許多廣告主都採用折衷策略，一方面利用相類似的廣告策略建立起全球統一的品牌形象和品牌知覺，另一方面則用一些多樣的、有創意且符合當地文化的訊息設計，來建立消費者對品牌的偏好度。但是到底是標準化的廣告策略較好，還是運用地區化的廣告策略爲佳，這個話題從一九六〇年代至今都還一直在討論當中。主張地區化的論點認爲，全球各地的國家都有自己特殊的文化，不應該用同一種標準化的策略來進行廣告；主張標準化策略的人則認爲，在地球村裏，各種不同的文化都將會融合在一起。標準化的策略和地區化的策略都有其優缺點，而往往標準化的優點可能就是地區化的缺點，反之亦然。以下我們將以標準化策略的優缺點爲主軸，來討論這兩個策略的不同之處。

(一)標準化的優點

(1)品牌形象統一：一些在全球行銷產品的公司，例如Levi's或可口可樂都是利用全球標準化的廣告策略，來建立起全球統一的品牌形象。這些運用類似或相同廣告訊息標準化的方式，讓產品訊息不僅在「價值」上有強烈相同的連結，對於來源國的連結也加強了。除此之外，一些廣告主在新產品上市時，會運用全球的廣告活動迅速建立統一且全球化的品牌形象。NIKE便是第一個運用這項策略的公司，它在一九九一年介紹新產品"NIKE AIR"時，即利用美國超級杯（Super Bowl）的廣告時段來告知新產品上市，隨後又立即地在世界各地刊登平面或電子媒體廣告。而VISA信用卡廣告也運用了相同的策略，它在全球的平面媒體刊登的廣告標語強調「全球都接受」，只是它在不同的國家以不同的語言呈現而已。微軟公司在一九九五年上市Windows 95時，也是採全球同步上市的廣告活動來做全球性Windows 95的推廣。這些公司都運用了全球標準化的廣告來建立起統一的企業形象或品牌形象。

(2)訴諸於相同或類似消費者的基本需求：當產品可以跨越國界或文化來滿足消費者的基本或相同需求時，全球廣告可以發揮最大的效用。許多針對年輕族群所設計的產品或服務，就具備了這個特性，例如MTV頻道在美國、印尼、台灣、德國等都是運用相同的廣告策略來滿足其消費者的需求，就是針對有相同需求的年輕族群來進行全球廣告。

(3)分享好的廣告創意：全球廣告的標準化提供了許多公司在不同市場上交換或流通好創意的機會，例如麥當勞的寶寶搖籃篇，廣告中一個坐在搖籃中的嬰兒一下子哭、一下子笑，後來才發現原來搖籃中的嬰兒是因為一下看到、一下沒有看到窗外麥當勞招牌的關係。

(4)降低製作、設計和運輸的成本：全球標準化廣告的最吸引人的
地方，就是可以降低花費，這是很可以理解的，當減少產品類
型和廣告的製作，花費自然就降低了。例如舒潔衛生紙，為了
減低製作的成本費用，現在已經在全球減少旗下許多不同的品
牌名稱。但是在降低花費的同時，所要思考的另一個問題則
為：雖然製作的成本及設計的成本降低，但是在與消費者的溝
通時，行銷溝通的花費卻是分散的，許多預算都是掌握在總公
司的手裏，有時各國的媒體預算都相當稀少，這樣的廣告效果
是有限的。

(二)標準化的限制

(1)各地的語言、文化以及生活習慣不同： 各地的語言、文化、消
費者生活型態上的差異，是許多廣告者無法使用標準化全球策
略，而改採地區化策略的主要原因。例如在語言方面，前面有
提過的百事可樂就是一個例子；在文化方面，許多國際性的雜
誌，例如《時代雜誌》（*TIME*）、"*Newsweek*"、"*Business
Week*"等，在行銷至日本時全都改採日文全新編輯，主要是因
為日本人不相信非自己國家語言所編寫的資料。除此之外，
「幽默」更難以全球統一的標準來傳達。有些地方適合用的幽
默，到另一個國家恐怕就行不通了。

(2)各個國家市場的特性、工業發展的情況不同：全球市場可以分
為已開發國家、開發中國家，以及未開發國家等三種，若是在
全球採用同一種標準化的策略，而這些不同市場的特性都不
同，那麼廣告的效果也一定不盡相同，說不定還會造成廣告的
浪費。某一些產品類別在已開發的國家或許是屬於成熟型市
場，但在開發中國家或是未開發國家才剛進入導入期，這些都
會造成使用策略上的不同，全球標準化的策略並不能放諸四海
皆準（于心如，2000）。

第十二章 國際廣告

The Principles Of Advertising

• 國際廣告之特性

國際廣告第一以人為對象，第二要把握市場特性，若從上述兩點實施廣告而言，國際廣告和國內廣告其本質並無不同。但是國際市場和國內市場卻有很大的差別，這種差別如果認識不清，常易招致失敗。外國人對事物的想法、生活的方式各有不同，容易惹起難以預料的後果。所以，在墨西哥最成功的廣告，在南非有時則完全失敗。某種商品在甲國當作早餐，可是在乙國則用作餐後的點心。如不明瞭甲乙兩國人民的生活習慣，就不能做出適合該國的廣告（**圖**12-1）。

國際市場與國內市場不同之點，不勝枚舉，最令人注目者，可舉出下列各項：

(一)語言

世界各國語言至為複雜，除非有共通的世界語言，任何國家都能通用外，無法徹底解決。譬如，只是西歐一區域就至少有十四國語言，所以要向西歐作全面廣告時，至少需精通十四國語言文字，並且所寫的廣告文案要感人肺腑，使人悅服。

即或世界最高水準的美國廣告代理業，從事歐洲共同市場之廣告，亦因各國語言不同，常告失敗。對先進國家施行廣告已感不易，向方言複雜的國家（如印度等國）進行廣告時，其困難之情形不難想像。因此，語言在國際廣告上是極難排除的障礙。

(二)傳統習慣

國際廣告所面臨的問題，更有甚於語言者，那就是各國的觀念、感情、習俗不同。此一問題不僅後進國家，先進國家亦是如此。世界各國各以傳統文化自負，不願效仿他國，在其自己領域，永久持有固執的歧見。

例如墨西哥婦女認爲買冰箱比存款作爲子女教育費更有意義，更能表示富有，這完全是觀念不同所致。

(三)法規

因各國法規不同，處理以及影響廣告或行銷的一般法規各異。換言之，在國際廣告裏，經常纏繞著「國境」的問題。國際廣告是在對象國家獨立政治支配之下，受不同國家的限制。不論任何外國市場，當向它接近時，首先必須瞭解的，就是該國對出口及出口廣告各種法規和關稅知識。這些可以說是國際廣告困擾的泉源，所以，不論任何國家廣告活動之限制或關稅的障礙，在「廢除」時代尚未來臨之前，這些困擾是不可避免的。所以要充分地蒐集這些資料，將該國實情作周詳的觀察，研究如何排除或避免這些困擾。

(四)教育

教育程度不同，購買情形亦不同，譬如某地區，文盲率甚高，如向該地推銷書刊，猶如緣木求魚。

(五)自然環境

向北極地帶人民推銷冷氣機，勢必無人問津；向蒙古地區遊牧民族可以售茶牟利，但無法向夏威夷、印尼等熱帶地區販賣皮革。雖然全球不同地區會有不同的特性，但是各國之間也會有一些相同或是類似的地方，例如亞太地區、西歐國家等，這些國家在環境資源、政治、歷史背景等都有其相似的地方。這些相同之處，可以幫助廣告主更方便地來界定全球市場或是瞭解市場的特性（于心如，2000）。

(六)宗教

北歐國家，新教勢力較大，人人講求勤儉，所以瑞典家庭主婦認爲買洗衣機乃是極度奢侈之舉。新教重視清潔，天主教則認爲過分重

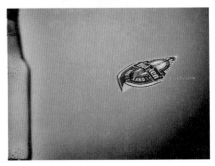

圖12-1　國際廣告舉例。
圖片內容：Heineken Beer－Bird / Wing / Plane
圖片提供：時報廣告獎執行委員會

視肉體、沉溺於沐浴裝扮均為不當。印度人信奉印度教，視牛為神聖之物，不食牛肉；回教國家民眾則不食豬肉，反而以牛羊肉為主要肉類來源。

(七)收入

低收入國家之消費者，通常只求溫飽，高收入國家之消費者，則講究享受，例如汽車在高收入國家認為是「行」的必備工具，但低收

nothing.

ONLY OREO

圖12-2 國際廣告舉例。
圖片內容：Oreo－Or Nothing
圖片提供：時報廣告獎執行委員會

入國家之人民則認為是項奢侈品。依各國的經濟狀況可以將全球的各
國區分成已開發國家、開發中國家，以及未開發國家。

(1)已開發國家（highly industrialized countries）：這些已開發國家
多為工業發達的國家，例如美國、德國、日本、加拿大等，這
些國家大多是自由市場的機制，消費者在市場上有多種的產
品、服務可以選擇，在他們的購買決策中，廣告往往是幫助了
他們選擇何種品牌的依據。台灣在西元二〇〇〇年也升格成為
已開發國家之一。

(2)開發中國家（newly industrialized countries）：這類型的國家大
多在東歐或是東南亞的印尼、馬來西亞等國，他們的社會多半
是正由傳統的農業轉變為工業或都市化國家，他們也正在開放

讓外國廠商或是品牌進入市場，讓這些企業運用國際廣告來在本國建立市場。但是，要進入這類型的市場並不一定都是容易的，有時當地政府政策、法律的要求，會增加進入市場的困難度。

(3)未開發國家（less-developed countries）：這些類型的國家包括了許多非洲的國家、中國或是亞洲的一些國家，像是柬埔寨、越南等國，這些國家未開發的原因有時可以歸因於其國內的自然條件太差，或是國家面積太小、市場不夠大，並不具有經濟利益吸引外資來投資。在這些國家中，中國已經逐漸地開放其經濟，讓許多的外資可以進入投資。（于心如，2000）

(八)人口統計變數

一般而言，廣告主要獲得不同國家的人口統計資料是很容易的，而且廣告主需要很敏銳地分辨各國在人口統計特性上的相同及不同之處。人口統計變數的資料應該要包括這個地區人口的多寡、年齡的分布、收入的分布、教育程度、職業、識字的比例、家庭規模等，這些都是幫助廣告主瞭解市場的方式之一。舉例來說，美國與西歐的許多國家都有社會老化的現象，也就是說這些國家的老年人口占全國人口的比例越來越高。這種人口統計上的特性，可以是從事醫療、旅遊休閒性產品廣告主的良好參考依據（于心如，2000）。

(九)價值觀

文化價值觀是區分不同文化的一個基礎，也是一個文化的歷史經驗的結果。例如在美國社會有一個很重要的文化價值觀，就是個人主義，而某些其他國家則更強調團隊的重要。當個人的重要性與團隊的利益起衝突時，不同文化價值觀會影響人們做出不同的決定，廣告主要瞭解不同的市場特性，才能不違背當地的文化價值觀（于心如，2000）。

(十)風俗禮儀

　　一個地區的風俗習慣已經和它的文化中心價值緊密地結合在一起，這些風俗習慣對於這一地區的人民來說是很平常且自然的，他們有時候並不需要去想為什麼要這樣做，而是自然習慣如此，然而很多的消費行為和他們的風俗習慣有密切的關係存在，例如結婚的儀式、送禮物的習慣等。對廣告主而言，要跨越文化的障礙與消費者溝通，除了要注意到不同文化的差異之外，更應該要進一步地瞭解不同地區的文化，如此一來才可以真正地和消費者進行溝通（于心如，2000）。

(十一)產品使用與偏好

　　關於產品的使用與偏好對於行銷人員來說是很容易就可以獲得的。近年來A. C. 尼爾森公司已經在二十六個國家發展出一套全球的消費者產品使用的資料庫，而Roper Starch Worldwide也在四十個國家執行一個全球性的消費者產品偏好、品牌忠誠度以及價格敏感度的研究。這些研究都可以幫助廣告在市場選擇上更加的正確以及更貼近消費者（于心如，2000）。

　　如上所述，國際市場有多種特殊性，對這些特殊性的國際市場，必先加以研究。因此，「調查」是國際廣告的前提，是出發點，在國際廣告上，「調查」占有特殊的重要地位。這些不同類型的全球市場，在進行跨文化、國界的廣告活動時，也會有不同的結果（圖12-3）。

國際市場調查

　　如上所述，從事國際行銷，必須具備國際環境各種條件知識，這

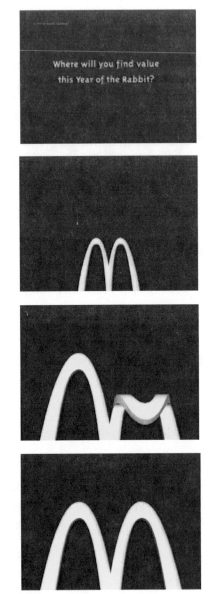

Where will you find value
this Year of the Rabbit?

●圖12-3　國際廣告舉例。
　圖片內容：McDonald's－Rabbit Ears
　圖片提供：時報廣告獎執行委員會

些資訊有些可從國外政府機關或民間調查機關獲得。如果把某一特定產品，以一定價格，向一定的外國市場行銷時，必須蒐集當地特殊資料，這些資料唯有在當地作市場調查方能獲得。所謂特殊資料，例如國外的消費者對你的產品設計愛好情形如何、對產品在當地所做的廣告反應怎樣、當地的消費者為何要購買你的產品、其心理動機為何，這些資訊從國外現有的資料中是無法得到的，所以必須實施國際市場調查。國際市場調查和國內市場調查，其調查方法在理論上是相同的，但調查技巧由於各國習俗不同，必須因地制宜、隨機因應。有些人在進行調查時十分困難，有的則特別順利；一般而言，日本和歐美較易進行，開發中國家，譬如非洲、南美、印度等國則較困難，因為這些地區甚至人口統計等基本資料都沒有，厄瓜多爾、巴拉圭、海地、玻利維亞等國家向無人口調查，印度之總人口數亦缺乏根據。埃及則缺乏夠格的市調人員，主要原因是利用男性充當調查員不易直接訪問家庭主婦，女性訪問員由於教育不普及又難有合格者，況且調查員常被誤認為稅務員而遭拒絕訪問。在印度有所謂「加斯特」、「普魯達」制度，這些制度就是把女性隔離起來，不得與人接觸，尤其是與外來男性接觸，所以想從家庭訪問上獲得正確的消費者資料，真是一件難事。再如加拿大法語區的家庭主婦往往不願接受陌生人的訪問，主要基於家庭私事應保持秘密的傳統觀念。尤其涉及一些敏感性問題，例如家庭所得等問題，大都諱莫如深，不肯吐實。

教育程度也會為市場調查帶來困難，在文盲率較高的國家，文字問卷調查完全失去意義，多用圖片作溝通媒介，效果較佳。可是有些開發中國家雖然教育不普及，但有購買能力的階層，其教育水準相當高。

從事國際市場調查，複雜的語言成為最大障礙，有些國家通用多種語言，例如瑞士的德、法、義語，新加坡的英、中、巫及淡米爾語，加拿大的英、法兩種語言，在印度方言則多達數十種，使國際市場調查員增加了溝通上的困難。

其次，在開發中國家從事市場調查時，不易用隨機抽樣法抽出樣本，因為人口統計資料不完備，缺乏可靠的母體名單，有些國家甚至連電話簿與市區行政圖都沒有，因此，想要用機率抽樣就辦不到，只能用便利抽樣，其外在效度自然就降低許多。

其他如宗教信仰、民族性格等，從事國際市場之市調人員均應瞭若指掌，在從事調查時才不致犯忌；中國人不喜歡將人像剪成數塊，但西方人卻毫無忌諱。如美國麥斯威爾（Maxwell）咖啡，號稱「美國最好的咖啡」，用這個口號在西德行銷時很暢銷，但在荷蘭用此口號卻無效果，因為荷蘭以烘培咖啡聞名達數世紀之久，對此口號無動於衷。我們要瞭解這些習俗，如此，不論在擬訂問卷或詢問問題時才不致貽笑大方。

◆ 國際廣告激增的原因

近年以來，國際廣告不論其質與量，皆有急劇增加之趨勢，此種現象，一言以蔽之，就是國際行銷的具體表現。

一九七〇年代，可以稱為國際行銷時代，至少國際行銷來到了和國內行銷同樣重要的時代。所謂國際行銷的觀念，在現代經營上，是不可或缺的。現在是「世界市場」時代，在這世界市場時代當中，無國內市場和國外市場之分，只是一個「世界市場」而已。

廣告是行銷不容忽視的要素。國際行銷時代就是國際廣告時代，九十年代的國際廣告，所以能大規模增加，可以說是時代的要求下必然的趨勢。具體言之，國際廣告激增的動力，可舉出下列數項：

(一)無國界時代

世界各國間的距離縮短了，國與國間變成了近鄰，此一事實，促進了物質和人民的交流，資料的交換，通信的頻繁，這些都驅使國際廣告的增加。

(二)國際市場的擴大

國際市場和國內市場一樣,有所謂的大量生產、大量消費、大量傳播三個支柱。而且,在國際市場上,大量傳播——所謂「廣告」的支柱,所佔的比重尤大。何以言之,因爲與互不相識的異國人從事商業行爲,首先必須使該國人民「知道」,所謂「認知」的要素特別重要。

所以,國際市場擴大時,當然國際廣告也擴大了。二次大戰後的國際市場範圍日益擴大。

拉丁美洲及其他國家逐漸工業化,譬如中南美的國民總生產額,增加之程度相當可觀。當然,此乃有賴於豐富的天然資源和工業化的進展,所以,現在的中南美,不論作爲消費財市場或資本財市場,都表明了有相當拓展的餘地。而美國以及歐洲等工業國家,其產品不斷向中南美出口,可以說正是他們適當的市場對象。至於亞洲、非洲更具有巨大的潛在性,遼闊的地域和激增的人口,將來的拓展無可限量。

(三)貿易自由化

如上所述,對經濟之國際交流,賴以傳播的「國際廣告」,和所謂「國境性」的障礙,是經常存在的。如果某一國家關稅障壁過高,或國際通商取締法規過嚴時,國際廣告即不易向該一國家進展。

貿易自由化是克服「國際障礙」方策之一。如果貿易自由化邁入了正軌,國際通商之國境限制緩和時,各國企業自然競向國外發展。企業一發達,無論如何必須以「廣告」作爲傳播的工具,因此,國際廣告必然增加。

(四)經濟聯邦化

經濟聯邦化活動在世界各地處處可見,例如歐洲共同市場、中南

美自由貿易區、中美洲共同市場等經濟地域的聯合。此一趨勢在非洲和亞洲也正在滋長形成之中。

經濟聯邦化之後，會發生下列各種影響：第一，各國市場如預期地擴大、新企業的誕生，生產力的增強以及生活水準的提高。第二，各參加國間的貿易空前擴大，關稅及阻礙貿易種種法規等人為的國界性因素大為摒除（全球化現象）。第三，隨經濟聯邦區域各國國際廣告之增加，提高廣告作品的水準。第四，擴大了與區域外各國的貿易，增加了區域外的國際廣告，歐洲共同市場便是最好的例證。

歐洲共同市場的廣告水準，不論質與量都有驚人的進展。本來歐洲的廣告和美國相比，大約落後二十年，譬如義大利廣告代理業的報酬漫無標準，任憑媒體決定。但是自從歐洲共同市場成立之後，廣告活動發展成為國際組織，對各國的廣告秩序予以決定性的刺激。更值得注意的，歐洲共同市場的廣告技術和廣告組織，其進步之迅速，甚至廣告王牌的美國也感到訝異。

(五)廣告技術國際平均化

廣告或行銷技術和生產技術一樣，也有國際平均化的趨勢。本來美國的廣告技術壓倒世界，最近各國（尤以日本和西歐）攝取了美國的精華，廣告技術日新月異，均有長足之進展。

(六)國際公司的概念

一九五〇年代的美國，集中精力拓展國內市場即已滿足，可是現在國內市場業已飽和，生產成本陸續增高，相對的利潤則大為降低。但在國際市場上，尚有遼闊的未開墾市場，與美國國內市場相比，利潤極高。因此，美國各大企業多以出口或以外國營業的盈餘來彌補國內營業的虧損。

從前一談到出口，多指剩餘物資，或國內無人問津的商品向國外傾銷，但現在產生了所謂「國際公司」這種新的概念。以往只有「向

外國市場推銷產品的公司」此種單純的想法，目標對象僅有外國市場，而現在有了以全世界為銷售對象的公司。

綜合以上所述，現在無所謂國內市場、國外市場，只有「世界市場」而已。要而言之，「國際公司」的概念具有企業的向外發展以及國際廣告不斷增加之寓義。

國際廣告的執行

廠商根據調查，選定出口市場，指定當地總代理或代辦所，決定銷售計畫之後，就是如何實施廣告的問題。

● 實施方法

其實施方法一般有下列數種：

(一)廣告主對外國當地媒體直接廣告

可能有人認為這是最簡單的事，但事實上非常不經濟，也是不切實際的方法。這是因為採用本方法，必須僱用熟悉外國當地廣告媒體的人才，否則甚難獲得預期的效果。

(二)委由當地代辦處或總代理實施廣告

撥給當地代辦處或總代理廣告預算，委其從事廣告之管理、製作以及實施的方式。因下列原因本辦法已被廢止：

(1)當地的代辦處，只憑自己狹隘的知識或愛好而作廣告。
(2)大多數當地代辦處，不善運用有效的媒體（雜誌、報紙、電台等）作廣告媒體。常愛舉辦贈獎（premium）等特別活動。

(3)當地的代辦處多從宗教等關係從事媒體之選擇。

(4)在不同國家實施廣告時，因各地代辦處個別實施廣告，換言之，不論文案或美術以及其他事項，都是個別進行，所以成本增高。

(5)產品各有特徵，這種特徵就是廣告的銷售重點，當地的代辦處缺乏該一產品知識，廣告內容常與銷售重點脫節。

(6)當地報告的廣告費或折扣率是否正確，本國的總公司不易審核，支出的證件也不易獲得。

綜合以上各種因素，現在先進國家廠商大都委託具備充分國際廣告能力的廣告代理商全盤處理。使當地有通隔性，同時由本國管制——國際廣告由本國管理，其管制方法有下列數種：

(1)歐美和日本因其廣告水準較高，若由本國控制時，能作出各地區同等高水準的廣告。

(2)同一種廣告作品（圖或相片），由於世界各國通用，由本國製作，如製版等費用，成本自然降低。

(3)廣告成果較易判斷。

(4)可避免當地代辦處對廣告任意妄爲等情事發生。

(5)可能與當地的推銷活動（展出、店面廣告等）和其他媒體廣告作緊密配合。

(6)爲了符合地方色彩，必須予當地較寬的通融性。力求本國總公司所做的新穎展示物或設計，能與當地配合。

所謂國際市場，按各個國家不同，有極大的差別和特性。即或在本國認爲水準高的廣告，如果不合地方色彩，不是無效果就是反效果。所以大多數國際廣告主，在當地檢討廣告，都盡力將其本國高度的廣告技術符合當地各種條件，如文化、風俗習慣、語言等。此時大都利用在外國有分支機構的廣告代理業進行。

◆ 實施國際廣告注意事項

實施國際廣告必須注意事項如下：

(1)即或在限制進口的外國市場，也應實施廣告，因一旦解除限制，對所廣告之商品非常有利。

(2)不斷派遣公司幹部出國考察，對當地代辦處或總代理的推銷活動予以督導，可收莫大的廣告效果。

(3)為了適合當地市場特性，應注意廣告內容細節，譬如：(a)展示物（display）上的商品價格，應以當地貨幣作單位。(b)要研究當地送禮日期（如母親節、父親節等）。(c)對於潮濕和熱帶的市場，展示台的材料必須耐久。應當用木材、玻璃、金屬、塑膠等製作。(d)國外市場的商店大都面積狹小。因此，展示品不宜過大。(e)印製廣告函件（DM）時要多留空白，以便重新印刷當地代理業者的應酬語句。

(4)提高「親切」的程度，譬如某一外國市場，有人向甲國某公司發出一封詢問信。結果只寄來一本目錄，即算了事。如果是同樣的一封信向乙國某公司發出時，第二天會派兩位推銷員專程到發信者的地址訪問，由甲乙兩國某公司對詢問信之反應，可以顯然地表明出「親切」的程度。

(5)資料交換，例如：(a)廣告的校對稿、廣播用的CM資料、PS（point of sale）廣告資料等，最好能寄給各地的廣告代理業、總代理、經銷商，藉以觀摹參考，可以利用者，便可活用到自己的廣告活動裏。(b)公司報（house organ）等，對資料的交換功用甚大。譬如美國的菲爾考公司，用英語和西班牙語發行"Philco World"公司報，分給世界各地的經銷商。公司報的內容包括新產品、銷售狀況、推銷教育、廣告、行銷研究等，對

促進國際廣告收效頗宏。還有荷蘭的菲利普公司，全世界擁有六十多個分公司。公司蒐集了各地市場所用的廣告創意、廣告活動、推銷活動等資料，將其整理編輯，分發所有分公司。

(6)國際媒體廣告或企業廣告，大都由本國總公司實施。譬如荷蘭的菲利普公司，企業廣告由總公司實施；以美國的菲爾考公司而言，《生活雜誌》、《讀者文摘》等國際版廣告，都由總公司進行。這兩家公司的大部分廣告都委由當地處理，只是企業廣告和國際廣告由總公司處理。

(7)國際廣告活動權限之委託——在世界各地國際市場有分公司，特約代理商的公司，多將國際廣告事宜委由當地進行。這是國際廣告地方主義所謂地方分權。「每個市場有其本身獨特問題，解決該問題最佳方法，就是接近問題的當事者」，這是他們的信念。譬如美國的雪佛鋼筆公司，把90％的國際廣告費，委由國外當地代理業者支配，10％保留在總公司用作展示品。其他例如廣告研究及製作費，菲爾考公司也採地方主義，把大部分國際廣告費供給國外當地代理業者、經銷商。荷蘭的菲力普公司把產品大致分為十三個部門，在較大市場，將國際廣告權限按各產品別，委讓給當地廣告單位。可口可樂也把用於廣告以及推銷活動費的二分之一，分配給國外的工廠。由此觀之，上述各公司著重地方分權，但並非全盤任由地方處理，總公司有督導權。

(8)語言和文案問題：

(a)為了符合當地的語言，不可將用於甲國的文案直接譯成乙國語言，這樣會造成南轅北轍、格格不入的現象。必須順應當地市場特性，去撰寫廣告文。

(b)習慣語、成語、暗示語、幽默語、俚語、笑話、雙關語等，在翻譯時宜特注意，應儘量符合當地民俗民情。譬如，向美國或日本家庭主婦作電化器具廣告時，可以「節省時間」作

訴求點，可是有的國家，用這種訴求是無效的，因為僱用女僕工資低廉，可將家事委之於很多傭人，所以時間對她們而言並不重要。

(9)世界上很多國家的報紙、雜誌所用的紙張，品質低劣，有的國家印刷技術和設備亦極落後，故製作國際廣告所用之材料，應特別注意。

國際廣告代理業

如上所述，國際廣告委託代理業實施時，代理業之類型如何，值得研討，茲將日本、美國、西歐等國之實例介紹如下：

✦ 無國外分支機構的本國代理業直接辦理國際廣告

此種代理業不得缺乏下列各項：

(1)國外的熟練服務人員。

(2)當地資料。

(3)廣告費資料。

(4)關於購買媒體版面習慣知識。

(5)外國語言能力。

(6)國外匯兌知識。

(7)與當地關係。

國際廣告公司常作為國際跨國企業開拓國際新市場的先鋒部隊，因此，其重要性猶如電腦和通訊衛星般，已成為一種重要的傳播系統（Fejes, 1980）。現今的國際廣告公司已成為跨國企業的密切工作夥伴，其所提供是全套的整合行銷傳播（integrated marketing communication）

的服務，其中包括市場分析、消費者購買習性與行為的研究、廣告的前測與後測、媒介閱聽眾的分析、廣告媒介效果研究、媒體企劃與購買、產品包裝研究與設計、產品的定價、公共關係等。

廣告代理商對外擴展最早始於一八九九年，當時美國湯普遜廣告公司（J. Walter Thompson）為配合其客戶通用汽車（General Motors）的需要，而於倫敦設立辦事處。基本上，如以美國廣告公司對外擴展為例，國際廣告公司對外的發展可分為三個主要階段：初步對外擴展時期（從二次世界大戰後至一九五〇年代）、積極對外擴展時期（一九六〇與一九七〇年代）、全球併購時期（從一九八〇年代迄今）（Kim, 1994, p.74）（引自胡光夏，2000）。

有國外分支機構的本國代理業辦理國際廣告

此種廣告代理業之中，能活躍全世界者不多，在美國有J. Walter Tompson、McCann Erickson、Foote Cone & Belding、Young & Rubicam 等公司。這些廣告公司的優點為：他們熟悉廣告主的產品、品牌，甚至於對於廣告主現在所進行的廣告活動都很瞭解，他們知道哪一個廣告適合哪一個地區的特性，也可以幫助廣告主作一致性的規劃，並幫助廣告活動的籌備。然而，其最大的缺點在於：他們對於當地文化的瞭解並不一定很深入，並且對當地的消費者、媒體、法規等也不一定很清楚（于心如，2000）。

國際廣告專門代理業辦理國際廣告

這種代理業在美國相當多，它們的營業額在美國國際廣告總額裏所佔之比率極高。這種代理業雖然設有國外分支機構，但和全世界各地一流的廣告代理業合作，透過這些當地的代理業辦理國際廣告。當地的代理業相當於國際廣告專門代理業，規模龐大，設備完善，足以

發揮現代代理業之功能。

本國代理業與國際專門代理業合作

國際廣告專門代理業成為本國代理業的國外部而從事廣告活動。這種辦法，本國代理業不必支出設立在世界各地分公司的經費，但能向顧客提供國際廣告專門技術和知識，是一種經濟而有利的作法。這種作法在美國博得工商業界之重視。

本國代理業和當地代理業互相合作

合作的契約，其內容繁簡不一，與合作的代理業互相代辦分公司的業務。

這種國際結盟公司在進行全球廣告活動時，並沒有一個獨立作業的全球公司，而是以建立國外結盟公司的方式來滿足廣告主的需要，他們通常會加入地區性的廣告公司網路，或擁有當地廣告公司少部分的股份。這類型廣告公司的優點為可以提供瞭解當地文化、風俗的專家，如此一來可以減少廣告主進入市場的障礙。然而，其最大的缺點在於：當地的專家對於廣告主的品牌、產品或是競爭策略不見得有完整充分的瞭解，有時產品或品牌的真正價值並不能與當地廣告有效地結合（于心如，2000）。

當地廣告代理業單獨辦理國際廣告

此一方法多無效果，委託美國一流的廣告代理業則另當別論。因為各國當地的廣告代理業，仍以從事媒體版面掮客者較多。雖然說「地方事情由當地來作較為適合」，但各地代理業之成員素質不同，利用當地代理業時，必須檢討其素質。

國際廣告媒體

國際廣告媒體分國際媒體和當地媒體兩種，以國際廣告費所占比例而言，當地媒體較國際媒體為大。

例如在巴黎發行的三種美國報紙（*New York Times, International Herald Tribune, Christian Science Monitor*）、在各國舉辦的貨樣展覽會等，稱為國際媒體，還有美國民間通信衛星將成為最重要的國際媒體之一，而現在所謂國際媒體必須還行銷於兩國以上的。

這種國際雜誌可分為針對業界者的業界雜誌和針對消費者的一般雜誌，國際雜誌最發達的國家就是美國，美國發行的國際雜誌約一百種。

在此把美國代表性的專業國際刊物舉例及說明如下：

(1)國際業界雜誌：一般業界雜誌以*American Exporter*、*Guia*、*Universal Commerce*等著名。專門業界雜誌有藥品、農業、汽車、航空、建築、石油等專門的國際業界雜誌多種。尚有對國際媒體價值最大的各種名簿、年鑑等多種。

(2)對消費者的國際雜誌：如《讀者文摘》、《時代雜誌》、《新聞週刊》、《觀察》等國際版。但最成功的要算《讀者文摘》。以美國以外其他國家的廣告主使用率而言，該雜誌國際版占有85％的記錄。

(3)羅姆報告：美國羅姆調查公司，關於國際雜誌廣告量，定期出版調查報告。該項調查報告頗受國際廣告主的重視。

(4)企業廣告和國際雜誌：對國際之企業廣告，利用國際雜誌最有效，當然國際雜誌廣告中，商品廣告量仍占壓倒的優勢，但國際企業廣告，利用國際雜誌媒體極為有效。

國際廣告為國際廣告主的產品創造消費市場，所以國際廣告對外國當地進口商或經銷商關係重大，國際業界雜誌為國際廣告主要媒體之一，其重要性可以想見。至於國際雜誌閱讀率，購買力低的國家，每份雜誌的讀者數就越多。

國際廣告大部分係國際廣告主的外國分公司、經銷商、廣告代理業的當地分支機構等，向當地媒體實施廣告。所以當地的媒體情況應詳加研討。

(1)業界雜誌：業界雜誌在當地的媒體所占之地位極為重要，但很多國家沒有業界雜誌，此時必須用報紙來代替。

(2)對消費者的報紙、雜誌：在國際市場，一般皆以報紙為重要的媒體。因為大多數國家的雜誌，不是為數不多，就是聲譽不高。可是在美國有很多發行份數龐大的雜誌，可作為國際廣告媒體。歐洲共同市場各國，婦女雜誌成為最大的廣告媒體。因為歐洲共同市場沒有商業電台，主婦掌握購買家庭物品之大權，基於此種原因，婦女雜誌是極重要的媒體。

(3)電台、電視：電台和電視，不論任何國家都是極重要的廣告媒體，可是很多國家不准播報廣告。英國有商業電視，只許廣告主插播廣告，不准提供廣告，但卻無商業電台。在歐洲除英國外，其他各國尚無專門性的商業電視公司，只有西德和義大利公營電視有費接受播映CM，但CM時間限制極嚴。但在法國國境卻有盧森堡、摩納哥等商業電台，透過這些電台，向法國播出廣告，香港設有「有線」商業電台，博得廣告主好評。

(4)戶外廣告是購買力低、文盲多的國家最有效的媒體。但如印刷的海報、油漆海報、招牌、霓虹招牌、廣告塔等，有些國家禁止擺放或設置。

(5)公共汽車廣告或車廂廣告：僅部分國家可行。

(6)櫃台展示台（counter display）和櫥窗展示品（window

display）：是空間大、設備好的商店最有效的媒體。

(7)樣品展覽和實際表演：如能督導週到，花費不多時，亦極有效。

(8)電影廣告和幻燈片：除歐洲一部分國家尚未視爲重要媒體外，大多國家對此種廣告極爲重視，法國的電影廣告製作技術堪稱世界第一。

(9)向各個家庭分配宣傳小冊：對報紙發行份數不多的國家有效。

(10)廣告函件：廣告函件的最重要關鍵是名單，很多國家不易得到名單。此種媒體對當地進口商或經銷商作爲廣告工具，具有特別意義。

(11)有關銷售份數公證調查機關：目前全世界已有很多國家設有發行份數公查機關，公布可靠的報紙、雜誌發行份數。如無公查機關確認其發行份數，其發行份數多不可靠。

其他媒體如樣品展覽會或巡航展覽船，爲極被重視的國際媒體。

(1)國際樣品展覽會，是最新的國際廣告媒體。參加樣品展覽會，展出產品，同時分發參觀者各種印刷品，其宣傳效果甚大。

(2)巡航展覽船，係特別裝置只載商品樣品的船，巡迴世界各地，供人參觀。

國際媒體計畫檢核表

基本的考慮

☐廣告主的廣告政策是什麼——是有關廣告的管理及安排？你是否業已知道在何時、何地展開廣告？廣告主的稱號是什麼？它的海外分支機構是否有意伴隨一起進行廣告？

☐委託受理廣告活動的是廣告主的哪一單位？是總公司或地方分支機構？或兩者同時兼之？需要提供哪些諮詢服務？提供的範圍是什麼？是廣告創作或媒體選擇？

☐是否有既定的媒體組合可資利用？有任何「絕對必要」的媒體嗎？

☐如果必須利用外國媒體，由誰負責翻譯文案？

☐由誰核准所翻譯的文案？

☐廣告文案的可能接受性，在外國由誰來審核？某些廣告，特別是有關財經金融方面的，有時需要經過外國政府當局的審核。

☐實施廣告的程序是什麼？

☐與廣告總公司協議後，由外國的分支機構直接傳送到外國媒體。

媒體考慮

☐媒體的有效性所涵蓋的市場範圍——所欲動用的媒體，在個別的市場領域內有效嗎（例如商業雜誌、貿易及專業雜誌、女性雜誌、企業及財經雜誌、電視、電台等）？

☐外國當地媒體或國際媒體——在獨特的國家進行廣告活動，是否應以該國的印刷媒體或當地語言來作廣告？或應兩者兼用？

☐競爭性推廣活動用什麼媒體？

☐媒體合適嗎？

☐視聽眾的質與量最為適宜。

☐想要的印象、編輯內容及設計。

☐合適的紙張及色彩。

☐適當的稅率及CPM（外國課徵廣告稅，因媒體而異）。

☐折扣的有利性。

市場考慮

什麼是你地理上的目標範圍？

☐非洲及中東。

☐亞洲（包括大洋洲）。

☐歐洲。

☐拉丁美洲。

☐北美。

這些範圍內何者是最主要的市場因素？

☐地方性的競爭？

☐該國GNP成長需超過前四年，並且還希望更進一步成長。

☐國家的進口金額對總GNP的百分比。

☐它是一般市場或自由貿易協會國的會員。

☐社會及宗教習俗。

☐你的視聽眾基本目標是什麼？

☐企業界或產業界的管理者。

☐某種企業的經營者或購買者。

☐軍方或政府官員。

☐消費者；外國市場貨品的潛在購買者。

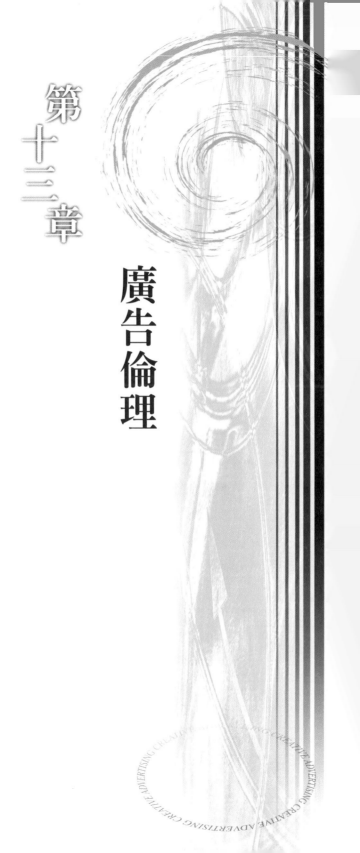

第十三章

廣告倫理

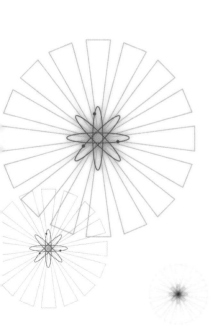

廣告的社會及法律問題

　　當廣告媒體與日俱增，對於廣告的批判也隨之激增。貶抑廣告者認為廣告降低了語言辭令，使我們太唯物主義，而且不道德地操縱人們。此外，他們認為廣告是極端不入流且具攻擊性的，它經常是詐欺虛偽的、不切實際的陳腔濫調。

　　廣告的支持者承認廣告曾經被誤用，有時候仍會被濫用，但無論如何，他們認為加諸於廣告學上的咒罵、抨擊常是不公平而且是過火的。此外，攻擊廣告的批評家認為，可以利用基本的廣告技法來銷售他們的書籍，更進一步銷售他們的創意觀點。

　　一般而言，雖然說從業倫理可經由工作經驗的累積而獲得，但對社會新鮮人來說，往往錯誤嘗試的代價太大，應該要在就業之前就培養好對專業規範的認識，以免因不瞭解而做出落人口實之行徑（劉美琪，2000）。

　　對廣告評論的結果之一，是限制廣告的使用，乃當前法令規章中最主要的部分。規則的訂定包括許多方面，例如廣告主自訂規則、廣告業者和廣告媒體的規則、地域性的規則、工業協會及商業團體的自制規則，以及保護消費者組織的規則等。

　　嚴密的廣告管制，是由法律規章來強制執行。以美國而言，法律的實施可能來自聯邦貿易委員會（Federal Trade Commission）、聯邦傳播委員會（Federal Communications Commission）、食品藥物管理（Food and Drug Administration）、證券交易委員會（Securities and Exchange Commission），和一大堆其他的繁文褥節。聯邦貿易委員會（FTC）曾被強烈批評，以致國會在一九八○年限制了它的司法權。無論如何，最近數十年間消費者團體活動的成長，幾乎持續施予廣告主以壓力，進而限制廣告主的作為。

商標、商號、勞務標誌（service marks）、象徵人物（trade characters）、檢定標誌（certification marks）及集體標誌（collective marks），可經由專利商標局保護其權利。此外，廣告亦受到著作權協會的保護。

在美國，自制規則中最有力的主體是國家廣告評核會（National Advertising Review Council），是由美國經營改善協會（Council of Better Business Bureaus）組成，同時與美國廣告代理商協會（American Association of Advertising Agencies, 4A）、美國廣告聯盟（American Advertising Federation）及國家廣告主協會（Association of National Advertisers）等相關。透過最主要的調查主體——國家廣告部門（National Advertising Division），接受消費者或品牌競爭者的抱怨申訴，另外當地的美國經營改善協會（Better Business Bureaus, 3B）也受理矯正廣告的方法及建議。如廣告主拒絕矯正，那就歸因於會議的訴請主體——國家廣告評核會如何裁決，它或許會擁護、修正或推翻國家廣告部門（NAD）的判定，也可能直接由廣告主變更或撤回正在討論中的廣告問題。

廣告代理業的倫理

以下將分客戶服務、專業執著、社會責任和競爭倫理幾個部分，來看什麼是這個行業專業與不專業的表現（劉美琪，2000）：

┆ 客戶服務

廣告代理商接受客戶的委託作廣告，在這個過程中勢必會吸收客戶產品的商業資訊，一般而言，凡是屬於客戶的商業機密，客戶會主動告知，要求代理商保密，事實上，在承攬客戶業務的過程中，代理

商和廣告人應該一律對所有的客戶資料都予以保密。國內的廣告業從業人員的數目很少，彼此熟識度亦高，平常不應該把客戶的服務內容作必要性之外的討論，尤其是具有時效性的行銷或廣告服務，舉例而言，新產品在還沒有上市之前所有的策略與準備工作；廣告影片在拍攝前有關代言人選角、價碼、內容、廣告媒體量；任何公關或促銷活動執行前的內容，凡此種種，都應該算是商業機密，不應該在客戶公司以外的時間、地點傳述相關資訊。

基於這一點，廣告代理商也應嚴守避免客戶衝突的堅持，同一家廣告代理公司不應該同時代理同一市場之內彼此競爭品牌的客戶，這是業界心照不宣的默契。然而，由於業界競爭十分激烈，而主要的綜合代理商有限，近年來已經看到一些廣告公司同時代理一家以上的競爭品牌。雖然有些公司因為面臨較多這種情形，基於客戶衝突的考量，已成立一家以上的廣告公司來容納並分離客戶，但是仍有許多廣告代理商目前在客戶組合之內仍存有衝突性質而未予以處理。

另外，廣告代理商對客戶提供的服務品質不應該因為客戶廣告量的大小而有懸殊的差別待遇，應該在不同廣告活動的服務上有相同的品質。誠然廣告業因為人事流轉率高，會因為從業人員的離職關係而產生服務品質不一的現象，但是這是屬於廣告代理內部管理的問題，儘管客戶間的廣告量大小不一，也不可因此影響對客戶的服務內容與品質。

再者，廣告代理商對客戶的收費制度應該建立在一套公開並且合理的制度之下。國內的廣告業素來收費標準不一是眾所周知的，常常在同一家代理商之中不僅不同客戶的收費標準不一，甚至相同客戶在不同時空的服務也會產生不同的收費標準，廣告代理商的主要服務收入來自於媒體佣金、製作費、企劃費、人力費的方式，廣告代理商就應該堅持制度化的收費標準，不應該在請款單上有浮報不實的項目。

♦ 專業執著

廣告是否是一項專業（profession）？目前仍舊是見仁見智的界定，在國內並沒有一套專業化的作業機制，如鑑定或發照，因此任何人都可以從事廣告業，但是為求專業分工、建立外界對於廣告專業的尊重，從業人員應該要具備「有所不為」的堅持，一方面，應深入瞭解所代理的廣告商品，方能從事廣告企劃的工作，許多代理商因為時間的壓力或人手不足，並未充分地瞭解客戶的商品，便匆匆進入廣告表現，甚至憑空製造產品利益，事實上是有失專業堅持的作法。雖然廣告主和廣告公司的關係近年來越來越不穩定，廣告客戶三不五時轉換代理權，時有所聞，但是從服務的角度，廣告代理仍舊應該投資足夠的時間與精力，深入瞭解所代理的商品，避免膚淺的廣告。

另一方面，每一家公司應該自行訂定代理產品的標準，對於產品本質不良的應予以拒絕，對於產品屬性不清的應予以深究。在國外，一些知名的廣告代理公司便有一套公司內部的作業標準（code of ethics），某一些產品如果被管理者認定為不適合作廣告，則會加以拒絕。但是國內廣告公司似乎是來者不拒，對產品的選擇，除了廣告量大小之外，鮮少篩選。

在從事創意服務時，便應該堅持不抄襲、不剽竊的原則。雖然創意的主觀面很難避免，不同公司的創意人員對類似的產品有時會產生相同的創意內容，但是專業性的堅持應該讓廣告創意人儘量釐清以往的創意表現。雖然在廣告的法規上無法清楚地界定抄襲，而有時巧妙地運用借代效應（replace effect）是可以發揮成絕佳的創意點，但是蓄意剽竊創意則會喪失廣告從業人員的專業地位。

當然，很多時候一般大眾並不知道某些創意乃是剽竊於國外得獎廣告，甚至在國內比稿時，偶爾會聽聞中選的公司「參考」未中選公司的創意之事件，即便業界不願因此而反目成仇，但是有損廣告公司

的商譽，所有的專業應該建立在一個尊重之上，像這樣的非良性循環應該不是建立廣告專業的正途。

┃ 社會責任

廣告在創意內容部分發揮的可能空間非常大，傳遞同樣的訊息有各種不同的切入面。廣告人既然掌握了龐大的媒體資源，就應該分外小心，同樣的訊息應朝正面的創意發想，具爭議性的、違反社會善良風俗的主張，不愉悅的畫面、音效等等，在有其他更好的取代方案時，更應該多加思考。

廣告訊息的身分應該要公諸於世，不可變裝在社論、公關稿、新聞、節目之下，以變相的訊息試圖隱藏廣告的本質，這也是不負社會責任的作法。因為如此一來，消費者會用不同的資訊處理方式看待這些廣告，除了矇騙消費者之外，對於規規矩矩的競爭者而言，也是一種不公平競爭的形式。常常在許多大眾媒體之下看到這樣的狀況，都是遊走於法規與從業倫理之間的行徑，不是一個將廣告真正視為專業的廣告公司或廣告人會採用的取巧作法。

┃ 競爭倫理

國內的廣告業不同於全球的廣告整體發展，是非常快速而壓縮的。廣告公司自從一九九七年外商進入之後，競爭突然變得十分激烈，許多廣告代理在爭取廣告客戶時，不惜以削價競爭的方式來招攬業務量。但是如同任何的服務業，服務的品質才應該是一個公司真正的競爭利基，業者本身以降低代理佣金來爭取廣告主，最後一方面破壞業界的行情，二方面廣告公司勢必要從其他名目去彌補這樣的損失，當然就無法建立公開且合理的收費制度。

雖然4A曾一度呼籲會員堅守固定的媒體代理佣金，但舉目望去，

能夠落實的代理商屈指可數。而以削價競爭的方式來招攬客戶，最後只會削弱廣告主和廣告代理商之間的合作關係，而增加代理的轉換率，事實上對廣告業而言，並沒有任何好處。

　　另外一個業界競爭的現象便是人才競爭。因為業界的需求以及高度的人事流轉，廣告業普遍對廣告教育的培訓和投資興趣缺缺，最快的方式便是進行同業挖角。我們可以從兩方面來評論這種現實：當一個廣告從業人員達到工作瓶頸，需要在職場上有所突破而離職他就時，固然無可厚非，是任何職場都會發生的正常現象；但是若只是為了快速應付眼前客戶的需要，或是傷害同業而高薪惡意挖角，雖是損人利己，但絕非健康的競爭手法。

　　從個人角度而言，離職、轉業應該有正面的考量，如果只是以離職作為薪資與職銜的跳板，事實上也不是一個被尊重的專業行徑。尤其挾客戶以增進自己在新公司的地位，更不是在業界被尊重的行為。一個跳槽到競爭公司的人員不應從原有公司將客戶的資料或工作夥伴一併帶入新公司。國內廣告界的離職現象早已超越正常的離職率，純粹乃跳槽現象。像這些急功近利的作法，事實上並非國際上的常態。

　　以上所提到的雖然並不一定是廣告專業不專業的區分標準，但正如同其他行業一樣，可能上述行為都不是將自己的職業當作永續經營的正面態度。廣告從業倫理當然不是絕對的分際，很多時候只是尺寸的拿捏。

消費者組織與廣告審查

　　我國目前正處在經濟發展和經濟結構改變的轉捩期，而經濟的改變必然導致社會的變遷。在這個經濟社會變遷的轉型期，要消費者和企業界重新建立新的產銷觀念。為了維護消費者的權益，要有強而有力的消費者保護組織。唯一般此種組織多係民間團體，缺乏嚇阻和制

裁的實際力量，政府有關機構對此種組織，應全力協助和輔導。

他山之石，可以攻錯，茲列舉外國消費者組織之概況，以作我們的借鏡。

(1)美國第一個消費者運動發生於一九○○年代早期，此項運動由於物價上漲、肉品加工業的弊端以及某些藥品管制上的醜聞，而如火如荼。美國第二個消費者運動發生於一九三○年代間，由於經濟不景氣，物價高漲，再加上藥品等管制之失信，而消費者運動愈演愈激烈。一九三六年美國終於成立了一個民間消費團體，並由於其努力而促使政府制定消費者保護法律及建立行政體系。美國近年來正致力於保護消費者與制止物價上漲方面等工作的推展，比起一九七○年代的消費者運動，還來得更落實有效。使美國的人民可以逐漸地感受到，消費者對於商品製造廠商或是零售商調高物價的作法，已經開始採取抵制的措施。而且近來美國所推展的消費者運動，鬥志高昂，並已致力協助生產廠商改善產品品質和安全性，改良工人的工作以及生態環境的保護，帶動消費者意識的抬頭等許多的貢獻。此外美國消費者運動還正在向汽車市場與服裝業進軍，要他們主動打折或降價，否則消費者就會團結一致拒絕購買。據分析家指出，目前美國正在進行的消費者運動，業已成功而有效地協助遏止了美國通貨膨脹的發生。美國最具歷史的保護消費者機構是美國經營改善協會（Better Business Bureau，簡稱3B）已有七十多年的歷史，全美有一百多個單位對消費者的訴願和質詢提供詳盡而懇切的解答。3B的活動目標是：防止擾亂正當商業秩序和虛偽宣傳，保護合法利益：調查虛偽、欺騙的廣告或銷售手段，並予以揭發。

(2)英國規格協會（British Standards Institution）和消費者協會（The Consumers Association）是保護消費者運動的樞紐。

(3)法國消費者聯盟（Union Féderal de la Consommation）為維護消費者利益之代表者。其主要活動目標為消費者問題的調查研究、商品品質價格、使用方法等資料之提供。此外，法國有「廣告審查局」，為了維護大眾利益，從事監察廣告的真實性。

(4)西德消費者團體聯盟（Arbeitsgemeinschaft der Verbraucherbande）旗下擁有主婦同盟、消費者團體作為活動中心，出版《購物指南》及有關消費者政策之定期刊物，透過電台、電視台播出對消費者之教育和啟蒙知識。

(5)日本於一九四九年成立第一個民間消費者組織，促使廠商回收瑕疵產品，推動政府立法保護消費者。日本由民間成立日本廣告審查機構（Japan Advertising Review Organization, JARO），由廣告主、媒體、廣告公司三者共同成立的，以受理有關廣告的任何抱怨。其目的在於消除誇大不實的廣告，使消費者免於蒙受不利。它是參照美國3B而創立的，目前的任務僅止於審查廣告，未來的方針以產品品質及安全性為對象。

在受理審查消費者訴怨時採三審制，對於發生問題的廣告，經過廣告同業、廣告媒體及學者專家三階段的審查，於是判決「有過失」時，視實際情況，飭令修正廣告表現，公布不講道德者名稱或禁止刊登廣告等處置方法。JARO只是一個民間團體，並沒有法律上的權限，可是仍然嚴厲地實行社會制裁。

此外，澳洲、比利時、丹麥、義大利等，世界各先進國家雖有歷史和規模之不同，都展開了保護消費者的運動。

如今消費者保護已成為世界潮流，特別是在一九八三年底，聯合國通過各國消費者保護準則以後，更將一國有無消費者保護措施、有無消費者保護組織，做為評估一國經濟、人權的基準。

台灣雖早在一九六九年就有消費者團體成立，但因進展得緩慢，直到一九七三年消費者協會的成立，才算是第一波的消費者運動。當

時由於能源危機，引發了全球性的通貨膨脹，若干廠商趁機囤積商品、哄抬物價。在當時的經濟部大力推動下，促成了國民消費者協會的成立。可惜在物價上漲的威脅降低後，消費者運動的熱潮很快就冷卻了。

一九七九年起，由於接連發生「多氯聯苯事件」及「假酒事件」，使消費者保護的問題再度受到社會輿論的重視，終於促使「消費者文教基金會」於一九八〇年十月一日正式成立。該基金會是一個純粹民間的消費者團體，成立後扮演了台灣地區消費者「利益團體」的角色。多年來該基金會已處理不少消費者申訴案件，對消費者權益之維護與爭取貢獻良多。

國際商業廣告從業準則

1.廣告一般準則

為保護消費者之利益，應由下列各當事人共同遵守：

(1)刊登廣告之客戶。

(2)負責撰擬廣告稿之廣告客戶、廣告商或廣告代理人。

(3)發行廣告之出版商或承攬廣告之媒體商。

2.保護消費者利益之廣告道德準則

(1)應遵守所在國家之法律規定，並應不違背當地固有道德及審美觀念。

(2)凡足以引起輕視及非議之廣告，均不應刊登，廣告之製作也不應利用迷信或一般人之盲從心理。

(3)廣告只應陳述真理，不應虛偽或利用雙關語及略語之手法，以歪曲事實。

(4)廣告不應含有誇大之宣傳，致使顧客在購買後有受欺騙及失望
之感。

(5)凡廣告中所刊登之有關的商號、機構或個人之介紹，或刊載產
品品質或服務周到等，不應有虛假或不實之記載。凡捏造、過
時、不實或無法印證之詞句均不應刊登。引用證詞者與作證者
本人，對證詞應負同等之責任。

(6)未經徵得當事人之同意或許可，不得使用個人、商號或機構所
作之證詞，亦不得採用其相片。對已過世人物之證件或言詞，
及其照片等，倘非依法徵得其關係人同意，不得使用。

3.廣告活動的公平原則

廣告業應普遍遵守商業上之公論與公平競爭之原則。

(1)不應採用混淆不清、足以使顧客對於產品或提供之服務產生誤
信之廣告。

(2)廣告應以本身所推銷之產品及服務為基礎，努力獲得公眾之信
譽，不作侵害同業的宣傳。

4.廣告商及廣告媒體商守則

(1)廣告代理商及媒體商不應詆毀其競爭者。

(2)在本國以外國家營業之廣告商，應嚴格遵守當地有關廣告業經
營之法令，或同業之約定。

(3)廣告商為廣告客戶所作歪曲或誇大之宣傳，應予以禁止。

(4)廣告客戶對於刊登廣告之出版物或其他媒體，有權瞭解其發行
量，及要求提供確實發行數字之證明。廣告客戶得進一步瞭解
廣告對象之聽眾或觀眾的身分及人數，以及接觸廣告之方法，
廣告業者應提供忠實的報告。

(5)各類廣告之廣告費率及折扣，應有明瞭詳實而公開之刊載，並
應確實遵守。

5.國際電視廣告準則

　　國際電視廣告業之約定，最初係由「國際廣告客戶聯合國」於一九六三年會中所通過。比利時、丹麥、法國、英國、義大利、荷蘭、挪威、瑞典、瑞士及當時西德諸國均曾派代表出席該會。

　　該會對電視商業等廣告，最初僅作若干原則性的規定，但為期達成淨化目標，乃進一步訂立原則。

6.基本原則

　　依據國際商會廣告從業準則之規定，所有電視廣告製作之內容除真實外，應具有高尚風格。此外，且必須符合在廣告發行當地國家之法令及同業之不成文法。因電視往往為電視觀眾一家人共同觀賞，故電視廣告應特別注意其是否具有高尚道德水準，不使觸犯觀眾之尊嚴。

7.特殊廣告方式準則

　　(1)兒童節目廣告準則：原則規定在兒童節目中或在兒童所喜愛的節目中，不應作足以傷害兒童身心及道德之廣告，亦不容許利用兒童輕信之天性或忠誠心，而作不正當之廣告。特殊規定要點如下：
　　　(a)利用兒童節目揭露之廣告，不應鼓勵兒童進入陌生的地方，或鼓勵與陌生人交談。
　　　(b)廣告不應以任何之方式暗示，使兒童必須出錢購買某種產品或服務。
　　　(c)廣告不應使兒童相信，如果他們不購買廣告中之產品，則將不利於其健康和身心發展，或前途將受到危害，或是如不購買廣告中的產品將遭受輕視或嘲笑。
　　　(d)兒童應用的產品，在習慣上並非由兒童自行購買，但兒童仍有表示好惡的自主權。電視廣告不應促使他們向別人或家長要求購買。

(2)虛僞或誤人之廣告：不論聽覺或視覺之廣告，不應對某種產品之價格，或其顧客之服務，作直接或間接的虛僞不實的報導。

　　(a)科學或技術名詞：在引用統計數字、科學上之說明或技術性文獻等資料時，必須對觀眾負責。

　　(b)影射及模仿：不應採用足以使顧客對所推銷之產品或服務發生錯覺，藉機遂行魚目混珠之廣告方式。

(3)避免不公平之比較及引證。

(4)濫用保證之避免。

(5)據實作證之原則：

　　(a)廣告文不得具有作證性質之說明及含義。

　　(b)捏造、過時、不實之證詞均不得使用。引用證詞者與作證者本人應負同等責任。

　　(c)未獲得正式許可時，不得使用或引用個人、商號或機構所作之證詞。

　　(d)未經當事人許可，不能以其相片爲佐證，亦不得引述其證詞。對刊登已逝人物之證件、言論或相片，更應特別謹愼。

8.特殊產品與醫藥廣告準則

(1)關於酒精飲料廣告之規定：各國對含有酒精之飲料，所作廣告活動之態度頗不一致。一般而論，電視廣告與其他廣告相同，在發行廣告國家當地法律之範圍內，不應鼓勵濫用酒精飲料，亦不應以青少年爲廣告對象。

(2)關於香煙及煙草之規定，各國對香煙及煙草廣告之態度頗不一致。一般而論，電視廣告與其他廣告相同，在國家法律範圍內，不應鼓勵或提倡濫吸香煙及煙草，亦不應以青少年爲廣告對象。

(3)關於設備性產品之租用或分期付款購買之廣告規定，廣告對於產品總值、銷售條件及詳細辦法，應明確說明，以不致引起誤

信為原則。

(4)有關職業訓練廣告之規定，凡為職業考試或技術性考試舉辦之某一行業或某種科目之訓練班，其廣告不得含有代為安排工作之承諾，或誇言參加此種課程者，即可獲得就業機會之保障，亦不可以授予未被當地主管當局所認可之學位或資格。

(5)關於郵購廣告之規定，推行郵購業務之廣告客戶，必須對廣告業者提供證明，以證實廣告中所推銷之產品，確有足量之存貨後，方可刊登郵購銷售廣告。僅有臨時地址或信箱號碼之商號，不得刊登郵購廣告。

(6)與私生活有關之產品廣告，凡與個人私生活有密切關係之產品，其廣告之製作應特別審慎，宜避免不宜在社會大眾面前公開討論之文辭，廣告應特別強調其高尚之風格。

(7)藥物及治療之廣告

(a)應避免誤人或誇張之宣傳，除非具有足資證明之事實，廣告中不可引用某大學、某診療所、某研究所、某試驗室或其類似之名稱。無論是採取直指或含意的方式，廣告不應對於藥品之成份、性質或治療有不實之說明，亦不得對於藥物及治療之適應症作不當之宣傳。

(b)不宜採用恐嚇手段，廣告不可使患病者感到恐懼，或予暗示如不加以治療則將陷於不治之境。廣告不可揭示以通訊方式診治疾病。

(c)應避免誇大治療效果之宣傳，廣告不可向大眾宣示包醫某種疾病。

(d)不宜濫加引用執業醫生及醫院臨床實驗之效果，非有具體事實根據不得以廣告證明醫生或醫院曾採用某種治療方式或試驗。廣告不可涉及醫生或醫院之試驗。

(e)不得登載文詞誇張之函件樣張，廣告中不可採用內容過份渲染與文辭誇張之函件影印本，以作為治療效果之佐證。

(f)禁登催眠治病廣告，廣告不可提示採用催眠治療疾病之方式。

(g)疾病需要正常醫療，廣告不可對通常應由合格醫師治療之嚴重疾病、痛楚或徵狀，不經醫師處方，即提供藥品、治療及診斷之意見。

(h)對身體衰弱、未老先衰及性衰弱等醫藥廣告之規定，醫藥廣告不可明示某種藥物或治療方法，可以增強性機能、治療性衰弱，或縱慾所引起之惡疾，或與其有關之病痛。

(i)在治療婦女經期不調或反常之婦科醫藥廣告中，不可暗示該項藥物可治療或可作流產。

廣告道德檢核表

☐是否有虛偽誇大表現？
☐是否使大眾心存僥倖心理？
☐是否為了誇大自己而誹謗或排斥他人？
☐是否與廣告主的品格和聲望有相違之處？
☐是否趁法律空隙濫用廣告表現？
☐是否有盜襲模仿的表現？
☐是否有對同業者不滿的表現？
☐是否有不正當商業行為的表現？
☐是否有趁消費者缺乏商品知識而愚弄的表現？
☐是否有擾亂風紀、敗俗的表現？

附錄

ＡＥ手冊

怎樣使用AE手冊？

- 本手冊可幫助AE人員，對廣告主的全盤廣告，面面俱到，避免忙中疏失。
- 如果你負責廣告主的全盤業務，可用本手冊各核對項目，依序核對並作簡單記錄，以備查考。
- 如果你僅針對部分項目例如僅對銷售問題，或對今後的廣告活動，可尋找該部分所在頁數，靈活運用。

AE手冊

公司內部編號		

所屬業別：

廣告主名稱：

AE姓名：

小組人員

所屬部門	主管姓名	小組人員姓名	電話號碼

活動預定表

月	月
月	月
月	月
月	月
月	月
月	月

備忘錄：

查對項目	查對欄
1.對客戶公司	
1-1　對公司概況	
1-2　對人事關係	
1-3　對公司組織	
2.對商品	
2-1　對商品的一般名稱、品牌名稱	
2-2　對商品的特性	
2-3　對商品的必要程度	
2-4　對商品的用途	
2-5　對商品的優劣點	
2-6　對競爭商品（含所能預測到的）的優劣點	
2-7　對商品將來性之意見	
3.對商品生產及銷售	
3-1　對生產	
3-2　對銷售	
3-3　對主要國家競爭商品之生產及銷售	
3-4　對同類商品之進口情形	
4.對於市場	
4-1　對使用單位	
4-2　對購買者階層及使用者階層	
4-3　對銷售地區	
4-4　對購買頻度、時期	

查對項目	查對欄
4-5　對購買習慣	
4-6　對消費者選擇品牌	
4-7　對市場占有率	
4-8　對國內年間總需要量	
4-9　對今後市場之開發	
4-10　對出口市場	
5.對銷售	
5-1　對銷售政策	
5-2　對銷售通路	
5-3　對銷售促進	
5-4　對競爭商品的銷售活動	
6.對過去的廣告活動	
6-1　對廣告主的廣告部門人員及其活動	
6-2　對國內廣告活動之全盤情形	
6-3　對目前使用各種媒體的方法	
6-4　對其出口廣告	
6-5　對PR，publicity活動	
6-6　對競爭商品之廣告活動	
6-7　對競爭商品所用之媒體及其使用方法與表現上主要特點	
7.對今後之廣告活動	

查對項目	查對欄
7-1　對廣告主廣告部門人員及其所預料到的廣告活動之變化	
7-2　對所能預料到的國內市場廣告活動之方向全盤情形	
7-3　對今後使用各媒體的方針	
7-4　對出口廣告之方針	
7-5　對PR，publicity活動之方針	
8.對廣告主活動	
8-1　對廣告主過去的活動	
8-2　對廣告主今後的活動	

核對內容

1.關於客戶公司

1-1對於公司概況

(1)創業時期？　　　　　　　　　　　　　年　　　月　　　日

(2)創業者？

(3)資金及增資情形？

(4)決算期？

(5)決算之廣告所刊載之報紙名稱？

(6)營業實績？

(7)營業品目？

(8)主要品目（含近期開發的品目）？

(9)業界地位？

(10)從業人員數？

(11)主要營業所、工廠所在地？

(12)今後的發展計畫？

(13)金融往來情形？

(14)企業系列？

(15)康比那特（Kombinat）關係？

(16)其他應當注意之點？

1-2對於人事關係方面

(1)董事長？

(2)總經理？

(3)其他負責人員？

(4)庶務、文書關係者？

(5)銷售關係者？

(6)廣告關係者？

1-3對於公司組織、機構

2.對於商品方面

2-1關於商品之一般名稱、品牌名稱

    (1)一般名稱？

    (2)品牌名稱？

2-2關於商品性格

    (1)如果是既有的商品

      A.發售時期？

      B.今後之目標？

        □a.市場之擴大　□b.促進變更購買　□c.擴大新用途

    (2)如果是改良品時

      A.發售時期？

      B.改良點？

      C.如困有改良點，被擴大的新用途？

    (3)如果是新商品時

      A.發售時期？

2-3對商品之必要程度

    □a.必需品　□b.嗜好品　□c.奢侈品

2-4關於商品之用途

    (1)過去所強調的用途？

    (2)容易誤用及其誤用之程度？

2-5關於商品之優點、缺點

	優點	缺點
(1)品質？		
(2)用途？		
(3)性能？		
(4)壽命？		
(5)設計？		
(6)色彩？		
(7)包裝？		
(8)規格？		
(9)批發價格？		
(10)零售價格？		
(11)使用上之難易？		
(12)保證之有無？		
(13)其他？		

2-6關於競爭商品（含所能預測的）之優點、缺點

項目　　　公司名稱　品牌名稱				
(1)品質				
(2)用途				
(3)性能				
(4)壽命				
(5)設計				
(6)色彩				
(7)包裝				
(8)規格				
(9)批發價格				
(10)零售價格				
(11)使用上之難易				
(12)保證之有無				
(13)其他				

2-7關於商品將來性之意見

　(1)擔任者之意見？

　(2)同業者間之意見？

　(3)專家意見？

3.關於商品之生產及銷售

3-1關於生產

    (1)關於過去之生產實績

        A.年間生產量？

        B.年間生產成長率？

    (2)關於今後之生產計畫

        A.月間生產能力？

        B.月間生產量？

        C.預定年間生產總量？

        D.將來之增產計畫？

    (3)關於原料關係

        A.主原料時？

            □a.國產　　□b.進口　　□c.兩者兼之

        B.副原料時？

            □a.國產　　□b.進口　　□c.兩者兼之

3-2關於銷售

    (1)關於過去之銷售實績

        A.年間銷售量？

        B.國內銷售量？

        C.出口量？

        D.年間銷售額？

        E.利潤？

        F.銷售額成長率？

    (2)關於今後之銷售計畫

        A.預定年間銷售總量？

The Principles Of Advertising

B.預定國內銷售量？

C.預定出口量？

D.增產計畫後之銷售目標總額？

E.年間銷售總額之目標？

3-3關於主要國家之競爭商品生產及銷售

項目 公司名稱 品牌名稱					
生產	過去	年間生產量			
		年間生產成長率			
	今後	月間生產能力			
		預定月間生產量			
		預定年間生產總量			
		增產計畫			
銷售	過去	年間銷售量			
		國內銷售量			
		出口量			
		年間銷售總額			
		利潤			
		銷售額成長率			
	今後	預定年間銷售總量			
		預定國內銷售量			
		預定出口量			
		年間銷售總額			
		增產後銷售目標額			

3-4關於同類商品進口的情形

　(1)關於過去的進口情形

出口國	進口廠商 或代理商	生產公 司名稱	品牌名稱	數量

　(2)關於今後所能料到的進口情形

出口國	進口廠商 或代理商	生產公 司名稱	品牌名稱	數量

4.關於市場

4-1關於使用單位

　　□a.個人　□b.家族　□c.辦公廳

4-2關於購買者階層及使用者階層

	購買者階層		使用者階層	
性別	男	男	男	男
	已婚 未婚 □　　□	已婚 未婚 □　　□	已婚 未婚 □　　□	已婚 未婚 □　　□
年齡階層 職業	歲左右		歲左右	
生活程度	□上　　□中　　□下		□上　　□中　　□下	
教育程度	□小　□中　□高　□大		□小　□中　□高　□大	

4-3關於銷售地區

　　(1)國內？

　　　　□a.全國　□b.地方　□c.城市　□d.市郊　□e.鄉村

　　(2)國外？

4-4關於銷售頻度、時期

　　□a.一生一次　□b.數年一次　□c.一年一次　□d.每季一　□e.每月　□f.每週　□g.每日

4-5關於購買習慣

　　(1)購買態度？

　　　　□a.愼重的購買　□b.衝動的購買

　　(2)購買的規則性？

　　　　□a.固定的購買　□b.不規則的購買

The Principles Of Advertising

4-6關於消費者對品牌之選擇

　　(1)固定率？

　　　　□a.高　　□b.普通　　□c.低

4-7關於市場占有率

　　(1)最近的調查結果？

地區	普及率	品牌別占有率				
全省						
台北縣						
台中縣						
宜蘭縣						
桃園縣						
新竹縣						
苗栗縣						
彰化縣						
南投縣						
嘉義縣						
台南縣						
高雄縣						
屏東縣						

(2)與同類商品比較，占有率偏低

    A.地區？

    B.所能想出的原因？

(3)與同類商品比較，占有率偏高

    A.地區？

    B.所能想出的原因？

4-8關於國內年間總需要

(1)關於過去之總需要

    A.數量？

    B.金額？

(2)預估今後之總需要

    A.數量？

    B.金額？

4-9關於今後之市場推廣

(1)地區？

(2))購買者階層？

(3)購買量頻度？

4-10關於出口市場

(1)過去的出口市場？

(2)預定今後的出口市場？

The Principles Of Advertising

5.關於銷售

5-1關於銷售政策

(1)地區？

☐a.全國同時

☐b.從特定地區　　地區名

☐c.僅特定地區　　地區名

5-2關於行銷通路

(1)目前的行銷通路？

a.一般批發業 ⤅ 1.零售店　　　　消費者

b.特約商

c.專屬代理商 ⤅ 2.連鎖店

(2)預定今後所要開發的銷售通路？

(3)系列化的情形？

(4)出口通路？

5-3關於銷售促進

(1)銷售促進費用？

(2)對業者銷售促進方面？

A.經銷商經營支援指導

☐a.店鋪佈置　☐b.經營管理　☐c.照明　☐d.裝飾　☐e.陳列　☐f.其他

B.經銷商銷售支援

☐a.POP廣告　☐b.傳單　☐c.市招　☐d.其他之提供

C.郵寄資料

☐a.型錄　☐b.小冊子　☐c.廣告之拷貝　☐d.機關雜誌等

D.召開經銷商會議

☐a.新產品時　☐b.廣告活動時　☐c.解說銷售比賽時

E.支援經銷商所做的廣告

F.促進店面之營業活動

　　□a.實際操作演習　　□b.表演　　□c.店面展示說明會　　□d.分

　　發廣播電視節目單　　□e.廣告車

G.其他

　　□a.特賣　　□b.贈獎　　□c.競賽

(3)主要經銷業者商品處理情形？

項目 ＼ 業者名稱			
進貨時期			
每次平均進貨量			
平均庫存量			
陳列方法			

(4)對消費者之銷售促進活動？

　　□a.附帶贈品之競賽　　□b.廣告函件　　□c.特賣、贈獎

　　□d.機關雜誌（報）、宣傳小冊　　□e.PR影片　　□f.參觀工廠

　　□g.表演、展示會　　□h.愛用者優待會　　□i.抱怨處理

5-4關於競爭商品之銷售活動

(1)銷售政策？

(2)銷售路徑？

(3)對業者銷售促進之要點？

(4)對消費者銷售促進之要點？

6.關於過去之廣告活動

6-1關於廣告主之廣告部門從業人員及其活動

　　(1)對全盤的廣告活動？

　　　　□a.積極的　□b.消極的　□c.普通

　　(2)廣告部門之從業人員？

　　　　□a.充分　□b.不足　□c.不定

　　(3)公司處理廣告活動之情形？

　　　　□a.至預算決定階段

　　　　□b.至媒體選擇階段

　　　　□c.至發稿計畫階段

　　　　□d.至文案作成階段

6-2關於對國內之廣告活動全盤情形

　　(1)主要目的？

　　　　□a.商品廣告　□b.企業廣告　□c.告知廣告

　　(2)主要的廣告地區？

　　　　□a.全國　□b.地方　□c.城市　□d.市郊　□e.鄉村

　　(3)主要之廣告對象？

　　　　□a.業界　□b.銷售業者　□c.消費者

性別	男		女	
	已婚	未婚	已婚	未婚
	□	□	□	□
年齡階層		歲左右		
職業				
生活程度	□上	□中	□下	
教育程度	□小	□中	□高	□大

6-3 目前所用各種媒體之方法

(1)對於報紙

A.主要訴求對象？

B.使用報紙名稱及其使用方法？

報紙名稱	日晚報別	篇幅大小	使用版面	段數契約	每月頻度	廣告代理業

6-4 關於出口廣告

(1)年間出口廣告費總額？

(2)使用媒體市場別及廣告費？

報紙名稱	日晚報別	篇幅大小	使用版面	段數契約	每月頻度	廣告代理業

(3)出口廣告原稿製作方法？

□a.設計、文案均由自己公司

□b.自己公司設計，文案委託國內廣告代理業製作

□c.設計、文案都交由國內廣告代理業製作

□d.設計由國內，文案則交由當地廣告代理業製作

□e.設計，文案都交由當地廣告代理業製作

6-5關於PR、發布訊息活動

  (1)主要的主題？

  (2)實施時期？

6-6關於競爭商品之廣告活動

	公司名稱 品牌名稱			
項目				
目的				
地區				
對象				
訴求點				
期間				
廣告費				
使用媒體別廣告費	報紙			
	雜誌			
	廣播			
	電視			
	其他			

6-7關於競爭商品各媒體之使用方法及表現上之主要特點

7.關於今後之廣告活動

7-1對廣告主廣告部門人員及其活動所能預料到的變化

    (1)關於全盤的廣告活動？

        □a.積極化　□b.消極化

    (2)廣告部門之從業人員？

        □a.預定擴充　□b.預定裁減　□c.預定組織化

    (3)公司內部處理廣告活動之程度？

        □a.預定擴大到……階段

        □b.預定縮小到……階段

        □c.預定全權委託廣告公司

7-2關於國內全盤的廣告活動，所能預料的方向

    (1)所預料的廣告目的？

        □a.商品廣告　□b.企業廣告　□c.告知廣告

    (2)主要的廣告地區？

        a.預定向……擴大

        b.預定縮小到……

    (3)主要的廣告對象？

        A.預定向……擴大　　　B.預定集中在……

        □a.業界　□b.經銷業者　□c.消費者

性別	男		女	
	已婚	未婚	已婚	未婚
	□	□	□	□
年齡階層		歲左右		
職業				
生活程度	□上	□中	□下	
教育程度	□小	□中	□高	□大

(4)訴求點？

(5)廣告期間？

　A.透過全年時

　　□a.一定　□b.置重點於（　　）月

　B.僅特定期間時

　　□a.（　　）月　□b.僅特定時期（　　　　　　　）

(6)年間廣告費？

(7)所用媒體及其大概費用？

　a.報紙

　b.雜誌

　c.電視

　d.專業雜誌（報）

　e.DM

　f.交通廣告

　g.戶外廣告

　h.POP廣告

　i.展示、店鋪裝潢

　j.印刷關係

　k.PR影片

(8)今後可能的主要訴求點？

　　□a.耐久性　□b.快樂性　□c.使用上難易　□d.形式　□e.魅力性　□f.價格　□g.感情上特性　□h.其他

(9)廣告期間？

　A.全年時

　　□a.年間一定　□b.以（　　）月為重點

　B.僅特定期間時

　　□a.（　　）月　□b.僅特定的時期

(10)預定年間廣告費？

_____

(11)公司對媒體使用的方針？

　　□a.已決定　　□b.未定

(12)從預算的觀點選擇媒體方針？

媒體名稱	維持現狀	預定增加	預定減少
報紙			
雜誌			
廣播			
電視			
業界雜誌（報紙）			
DM			
交通廣告			
戶外廣告			
POP廣告			
展示‧店舖裝飾			
印刷關係			
月曆			
PR電影			
電影廣告、幻燈片			
其他的事業關係			

7-3對於今後使用各種媒體之方針

(1)對於報紙之方針

A.主要之訴求對象？

B.預定使用報紙名稱及其使用方針？

報紙名稱	日晚報別	篇幅大小	使用版面	段數契約	每月刊載頻度

C.發稿的季節變化如何？

D.今後的表現政策？

■以商品為中心主題

□a.強調功能面 □b.強調使用面 □c.強調價格面 □d.強調氣氛面 □e.綜合以上各方面（綜合的方法）_____

■以企業為中心主題

□a.以企業為中心之PR □b.商品之PR □c.服務之PR □d.綜合以上各方面（綜合的方法）_____

E.對今後廣告表現之方針
- ■文案的量？
  - □a.打算多　□b.照目前的情形　□c.打算少
- ■照片？
  - □a.打算使用　□b.不打算使用
- ■插圖
  - □a.打算使用　□b.不打算使用
- ■特定的模特兒或eye catcher？
  - □a.照現在用的　□b.考慮用新的　□c.不打算使用
  - 希望用的姓名（　　　　　）
- ■原稿上使用商標的情形？
  - □a.按照現狀　□b.打算放大　□c.打算縮小　□d.不打算使用
- ■原稿上出現公司名稱的情形？
  - □a.按照現狀　□b.打算放大　□c.打算縮小
- ■商品出現在原稿上的情形？
  - □a.按照現狀　□b.打算放大　□c.打算縮小　□d.不打算出現
- ■catch phrase？
  - □a.照現在用的　□b.考慮用新的　□c.每次另想
- ■揭露商品數？
  - □a.單一　□b.多數
- ■和其他商品聯合廣告？
  - □a.做過　□b.未做過
- ■所用的美工、撰文人員？
  - □a.特定　□b.不特定
  - 姓名（　　　　　）
■廣告表現全體的印象？

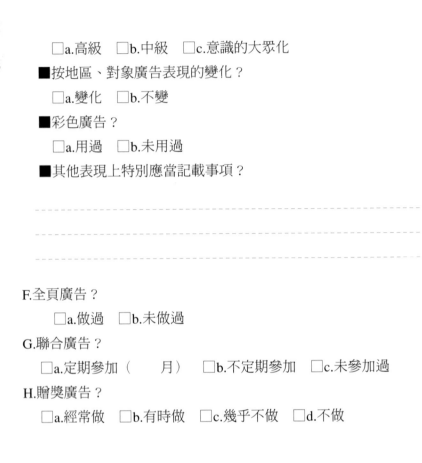

□a.高級　　□b.中級　　□c.意識的大眾化

■按地區、對象廣告表現的變化？

　　□a.變化　　□b.不變

■彩色廣告？

　　□a.用過　　□b.未用過

■其他表現上特別應當記載事項？

F.全頁廣告？

　　□a.做過　　□b.未做過

G.聯合廣告？

　　□a.定期參加（　　月）　　□b.不定期參加　　□c.未參加過

H.贈獎廣告？

　　□a.經常做　　□b.有時做　　□c.幾乎不做　　□d.不做

(2)對雜誌的方針

　　A.主要的訴求對象？

　　B.預定使用雜誌之名稱及使用方針？

	雜誌名稱	篇幅內容	頻度
週刊			
月刊			

　　C.發稿的季節變動？

　　D.今後的表現政策？

　　　■以商品為中心主題

　　　　□a.強調功能面　　□b.強調使用面　　□c.強調價格面

　　　　□d.強調氣氛面　　□e.綜合以上各方面（綜合的方法）＿＿＿

　　　　＿＿＿＿

　　　■以企業為中心主題

　　　　□a.以企業為中心的PR　　□b.商品的PR　　□c服務的PR

　　　　□d.綜合以上各方面（綜合的方法）＿＿＿＿＿＿

E.對今後廣告表現之方針
- ■文案的量？
  - □a.打算多　□b.照目前情形　□c.打算少
- ■照片？
  - □a.打算用　□b.不打算用
- ■插圖？
  - □a.打算用　□b.不打算用
- ■特定的模特兒或eye catcher？
  - □a.照目前情形　□b.考慮用新的　□c.不打算用
- ■商標出現在原稿上的情形？
  - □a.照目前情形　□b.打算放大　□c.打算縮小　□d.不打算出現
- ■公司名稱出現在原稿上的情形？
  - □a.照現在情形　□b.打算放大　□c.打算縮小
- ■商品出現在原稿上的情形？
  - □a.按照目前　□b.打算放大　□c.打算縮小　□d.不打算出現
- ■catch phrase？
  - □a.按照目前　□b.考慮用新的　□c.不要
- ■揭露商品數？
  - □a.單一　□b.多數
- ■和其他商品聯合廣告？
  - □a.打算做　□b.不打算做
- ■所使用之美工及撰文人員？
  - □a.照目前情形　□b.打算指定　□c.不打算特別指定
    - 所希望之人選姓名（　　　　　　）
- ■廣告表現全盤的印象？
  - □a.高級　□b.中級　□c.意識的大眾化

■按使用雜誌或對象其廣告表現之變化？

　　□a.變化　　□b.不變

■在表現上應記錄之其他事項？

F.多頁廣告？

　　□a.做過　　□b.未做過

G.聯合廣告？

　　□a.定期參加（　　　月）　　□b.不定期參加　　□c.從未參加

H.贈獎廣告？

　　□a.經常做　　□b.有時做　　□c.幾乎不做

(3)對於廣播

　A.主要訴求對象？

　B.提供內容及電台名稱、時段、收聽率？

內容	電台名稱	星期・時間	收聽率	代理業

C.對於廣播之方針

　■.主要訴求對象？

　■提供內容？

　　□a.節目　　□b.插播

　■對提供節目及插播之希望？

	節目		插播
	第一希望	第二希望	
星期幾播放			
播放時間			
節目類別			
希望演員			

　■提供期間？

　■目前每次製作費？

　■對於CM

　・CM方針

	節目			插播
	前CM	中CM	後CM	
企業廣告				
商品廣告				
印象廣告				
說服廣告				

．CM個性（character）？

　□a.一定　　□b.不定

・CM song？

　□a.用過　　□b.未用過

■現在所用的（演出者、作家、音樂家）？

　□a.一定（姓名　　　　）　　□b.不定

■決定（變更）播放內容的過程？

(4)對於電視

A.主要訴求對象？

B.提供內容及電視台、時段、視聽率？

內容	電視台名稱	時間	視聽率	代理業

C.提供期間？

D.目前每次之製作費？

E.關於CM

■CM的方針？

	節目			插播
	前CM	中CM	後CM	
企業廣告				
商品廣告				
印象廣告				
說服廣告				

■提供CM？

　□a.現場CM　　□b.Film CM　　□c.VTR-CM

■Film CM

　□a.實際拍攝　　□b.動畫　　□c.合成

■CM個性？

　□a.一定　□b.不定

■CM song？

　□a.用過　□b.未用過

F.正在使用的演員（演出者、作家、音樂家）？

　□a.一定　□b.不定

　姓名（　　　　　　　　　）

G.決定（變更）播映內容之過程？

H.獨家提供？

I.聯合提供？

(5)關於業界雜誌（報紙）

雜誌（報紙）名稱	廣告訴求對象	頻度	代理業

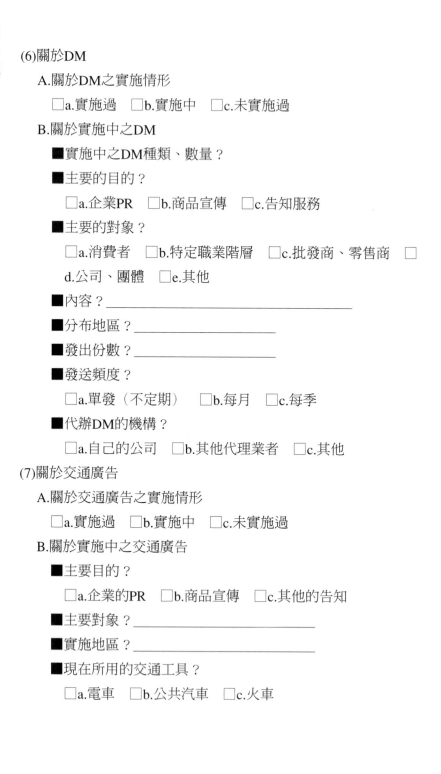

(6)關於DM

   A.關於DM之實施情形

      □a.實施過　□b.實施中　□c.未實施過

   B.關於實施中之DM

    ■實施中之DM種類、數量？

    ■主要的目的？

      □a.企業PR　□b.商品宣傳　□c.告知服務

    ■主要的對象？

      □a.消費者　□b.特定職業階層　□c.批發商、零售商　□

      d.公司、團體　□e.其他

    ■內容？_____

    ■分布地區？_____

    ■發出份數？_____

    ■發送頻度？

      □a.單發（不定期）　□b.每月　□c.每季

    ■代辦DM的機構？

      □a.自己的公司　□b.其他代理業者　□c.其他

(7)關於交通廣告

   A.關於交通廣告之實施情形

      □a.實施過　□b.實施中　□c.未實施過

   B.關於實施中之交通廣告

    ■主要目的？

      □a.企業的PR　□b.商品宣傳　□c.其他的告知

    ■主要對象？_____

    ■實施地區？_____

    ■現在所用的交通工具？

      □a.電車　□b.公共汽車　□c.火車

■使用媒體之位置？

　⊙車內

　　□a.懸掛　　□b.匾額　　□c.窗隔

　⊙車外

　　□a.車站　　□b.車外招牌

　⊙車站外

　　□a.招牌　　□b.座椅

　⊙其他

■實施期間及頻度？

　□a.年間繼續（更換　　　次）

　□b.特定期間　　　　　　　　更換次數

　　□春季　　　　　　　　（　　　　　）

　　□夏季　　　　　　　　（　　　　　）

　　□秋季　　　　　　　　（　　　　　）

　　□冬季　　　　　　　　（　　　　　）

　　□中元期間　　　　　　（　　　　　）

　　□歲末期間　　　　　　（　　　　　）

　　□發售期間　　　　　　（　　　　　）

　　□僅特定活動期間　　　（　　　　　）

(8)關於戶外廣告

A.實施中的戶外廣告之情形？

　□a.霓虹　　□b.招牌　　□c.其他

B.承攬業者？

霓虹	
招牌	
其他	

(9)關於POP廣告

A.實施中之POP廣告種類、數量？

B.分配地區？

C.分配對象？

D.分配數量？

E.所使用的材料品質？

　□a.紙器　　□b.金屬　　□c.塑膠　　□d.木材　　□e.其他

F.是否使用電動？

　□a.使用　　□b.未用

G是否使用照明？

□a.使用　□b.未用

(10)關於展示、店鋪裝飾

A.對象？

B.展示場所？

C.所用的材料？

D.是否使用電動？

□a.使用　□b.未用

E.是否使用照明？

□a.使用　□b.未用

F.如何獲得企劃展示必要的資料？

(11)關於月曆之製作

A.企劃單位？

B.印刷份數？

C.目前所使用的印刷單位？

(12)關於印刷關係

A.現在發行中主要的印刷品？

B.其中定期發行品？

C.印刷份數？

D.印刷品使用方法？

E.該印刷品之企劃？

F.長期所使用的印刷公司？

(13)關於PR影片
　　A.過去製作數目？

　　B.製作頻度？
　　　　□a.單發（不定期）　　□b.定期的
　　C.製作機構？
　　　　□a.自己公司　□b.其他
　　D.PR影片的主題？

　　E.每支PR影片的大概製作費？

　　F.運用情形？

　　G.公司內部的批評？

　　H.公司外部一般的批評？

(14)關於電影廣告
　　A.過去的實施經驗？
　　　　□a.常常做　□b.少做　□c.未做
　　B.實施的主要目的？
　　　　□a.企業PR　□b.商品宣傳　□c.其他的告知
　　C.主要對象？

D.主要實施地區？

E.實施頻度？

　　□a.單發（不定期）　　□b.定期的

F.製作機構？

　　□a.本公司　□b.其他

(15)關於幻燈片

　A過去的實施經驗？

　　□a.常常做　□b.少做　□c.全無

　B實施之主要目的？

　　□a.企業PR　□b.商品宣傳　□c.其他的告知

　C.主要對象？

　D.實施之主要地區？

　E.實施頻度？

(16)關於其他事業關係

7-4關於出口廣告之方針

(1)年間出口廣告預算額？

- -

- -

(2)廣告費市場別及所欲使用的媒體（名稱）？

國家名稱	所欲使用的媒體（名稱）	預算額

(3)出口廣告原稿製作方針？

　　□a.設計、文案都由自己公司製作

　　□b.設計由自己公司製作，文案則委託國內廣告代理業者製作

　　□c.設計、文案都由國內廣告代理業者製作

　　□d.設計由國內公司製作，文案則委託當地廣告代理業者製作

　　□e. 設計、文案都由當地廣告代理業者製作

7-5關於PR，發布訊息活動之方針

(1)希望打出的主要主題？

(2)預定實施時期

8.關於廣告主之活動

8-1關於廣告主過去之活動

(1)從經辦業務之比率看

媒體名稱	年間廣告費	經辦業務比率		主要競爭代
		自己公司	其他公司	理業者名稱
總計				
報紙媒體				
雜誌媒體				
廣播媒體				
電視媒體				
事業關係				
國際廣告				
參加其他聯合企劃				

(2)從廣告主請求本公司服務方面來看

	提出	否
A.廣告計畫書之作成？	☐	☐
B.為廣告計畫提出基本資料？	☐	☐
C.提出發稿計畫表？	☐	☐
D.關於廣播電視企劃方面？	☐	☐
E.廣告表現技術之照會？	☐	☐
F.提出廣告活動創意？	☐	☐
G.提出廣告統計及其他部分資料？	☐	☐

	經常	常常	偶爾	皆無
H.調查實施與統計作業？	☐	☐	☐	☐
a.消費者調查	☐	☐	☐	☐
b.銷售店調查	☐	☐	☐	☐
c.事業所調查	☐	☐	☐	☐
d.消費動向調查	☐	☐	☐	☐
e.購買動機調查	☐	☐	☐	☐
f.印象調查	☐	☐	☐	☐
g.小組面談調查	☐	☐	☐	☐
h.商品試驗	☐	☐	☐	☐
i.文案測驗	☐	☐	☐	☐
j.讀者率調查	☐	☐	☐	☐
k.廣播、電視視聽率電話調查	☐	☐	☐	☐
l.流通通路調查	☐	☐	☐	☐
m.觀察調查	☐	☐	☐	☐
n.廣告效果調查	☐	☐	☐	☐
o.應徵信函統計	☐	☐	☐	☐
p.商品名稱、公司名稱、標誌之選定及改訂				
	☐	☐	☐	☐
q.關於包裝、標籤	☐	☐	☐	☐
r.其他	☐	☐	☐	☐
I.市場分析作業及其他？	☐	☐	☐	☐
a.銷售額分析	☐	☐	☐	☐
b.需要分析	☐	☐	☐	☐
c.需要預測	☐	☐	☐	☐
d.商品計畫問題	☐	☐	☐	☐
e.分配通路問題	☐	☐	☐	☐
f.銷售促進問題	☐	☐	☐	☐

g.PR、發布訊息問題 ☐ ☐ ☐ ☐

h.國外市場資料 ☐ ☐ ☐ ☐

i.色彩研究方面 ☐ ☐ ☐ ☐

j.其他 ☐ ☐ ☐ ☐

(3)其他代理業者之服務活動？

_____

_____

_____

(4)廣告主方面對服務活動之評價

A.對本公司？

_____

_____

_____

_____

B.對其他代理業者？

_____

_____

_____

8-2對今後廣告主之活動

(1)廣告主利用廣告代理業者之方針？

☐a.維持現況 ☐b.集中化 ☐c.分散化 ☐d.不定

(2)團體活動之必要性？

☐a.已經從事團隊活動 ☐b.今後編成團隊之必要 ☐c.不必編成團隊

(3)提出廣告計畫書之必要性？

☐a.已提出 ☐b.今後必須提出 ☐c.現在提出並非時機

(4)廣告計畫書之提出次數及時期？

☐a.一年一次（ 月）☐b.一年兩次（ 月及 月）

(5)今後之推廣方針？

　　□a.一手包辦？

　　--

　　□b.報紙？

　　--

　　□c.雜誌？

　　--

　　□d.廣播？

　　--

　　□e.電視？

　　--

　　□f.事業關係？

　　--

(6)今後必須加強服務方面？

　　□A.廣告計畫書之作成
　　□B.為廣告計畫提出基本資料
　　□C.發稿計畫表之提出
　　□D.廣播電視節目之企劃
　　□E.廣告表現技術
　　□F.廣告活動創意之提出
　　□G.廣告統計及其他資料之提出
　　□H.調查之實施及統計作業
　　　　□a.消費者調查
　　　　□b.經銷店調查
　　　　□c.事業所調查
　　　　□d.消費動向調查
　　　　□e.購買動機調查
　　　　□f.印象調查

□g.小組面談調查

□h.商品試驗

□i.文案測驗

□j.讀者率調查

□k.廣播、電視視聽率電話調查

□l.流通通路調查

□m.觀察調查

□n.廣告效果調查

□o 應徵信函之統計

□p.商品名稱、公司名稱、標誌之選定或改訂

□q.其他

I.市場分析作業及其他

□a.銷售額分析

□b.需要分析

□c.需要預測

□d.商品計畫問題

□e.分配通路問題

□f.銷售促進問題

□g.PR，發布訊息問題

□h.國外市場資料

□i.色彩研究方面

□j.關於包裝、標籤

□k.其他

資料來源：本附錄取材自樊志育《廣告學原理》一書，原設計者爲日本電通
　　　　　廣告公司。

參考書目

1. 李永清譯，《廣告表現的科學》，1993，朝陽堂文化。

2. 吳岳剛著，〈平面廣告中圖像與產品種類的關係對於記憶的影響〉，政大廣告研討會，1999。

3. 吳宜蓁、李素卿譯，《整合行銷傳播》，1999，五南出版社。

4. 胡光夏著，〈依賴理論與國際廣告的再省思：從依賴到匯合〉，中華傳播年會，2000。

5. 施東河、陳宇佐著，〈即時互動式媒體在網路行銷上之應用〉，中山傳管所研討會，1998。

6. 許水富著，《廣告學》，1987，龍騰出版公司。

7. 許安琪著，《整合行銷傳播引論》，2001，學富文化事業。

8. 陳尚永著，〈影響消費者廣告記憶的訊息因素探討：以台灣地區大學生為例〉，政大廣告研討會，1998。

9. 郭貞著，〈消費者購物傾向對其選擇網際網路、型錄與零售商店做為資訊與購買管道之影響〉，政大廣告研討會，2000。

10. 《第七屆時報世界華文廣告獎專輯》，2000，時報廣告獎執行委員會。

11. 《第二十一屆時報廣告金像獎專輯》，1999，時報廣告獎執行委員會。

12. 《第二十二屆時報廣告金像獎專輯》，2000，時報廣告獎執行委員會。

13. 漆梅君譯，《廣告學》，1994，亞太出版社。

14. 楊裕富著，〈國內近期廣告設計的創意分析：兼論傳播學科對視覺傳達設計的影響〉，政大廣告研討會，1998。

15. 劉美琪著，〈整合行銷傳播在國內廣告代理業的應用情形研究〉，

政大廣告研討會，2000。

16.劉美琪等著，《當代廣告——概念與操作》，2000，學富文化事業。

17.蕭富峰著，《廣告行銷讀本》，1998，遠流出版社。

18.羅文坤，鄭英傑著，《廣告學——策略與創意》，1989，華泰書局。

19.*10th Times Asia-Pacific Advertising Awards Annual*, Times Asia-Pacific Advertising Awards Executive Committee, 2000.

20.Don E. Schultz著，《新廣告運動》，1996，朝陽堂文化。

21.Larry Percy著，王鏑、洪敏莉譯，《整合行銷傳播策略》，2000，遠流出版社。

廣告經典系列 2

廣告學原理

作　　　者／許安琪、樊志育
出　版　者／揚智文化事業股份有限公司
發　行　人／葉忠賢
總　編　輯／林新倫
執行編輯／閻富萍
美術編輯／周淑惠
登　記　證／局版北市業字第 1117 號
地　　　址／台北市新生南路三段 88 號 5 樓之 6
電　　　話／(02)2366-0309
傳　　　真／(02)2366-0310
網　　　址／http://www.ycrc.com.tw
　E-mail ／yangchih@ycrc.com.tw
郵撥帳號／19735365
戶　　　名／葉忠賢
法律顧問／北辰著作權事務所　蕭雄淋律師
印　　　刷／鼎易印刷事業股份有限公司
　ISBN ／957-818-442-5
初版一刷／2002 年 11 月
初版二刷／2003 年 9 月
定　　　價／新台幣 550 元

國家圖書館出版品預行編目資料

廣告學原理＝The principles of advertising／許
安琪,樊志育著.－－初版.－－臺北市：揚智文
化，2002〔民91〕
　　面：　公分.－－（廣告經典系列；2）

ISBN 957-818-442-5（平裝）

1.廣告

497　　　　　　　　　　　　　　　91016949